国家"十三五"重点图书出版规划项目

新型建筑工业化丛书·吴刚　王景全　主编

国家出版基金资助项目

装配式混凝土建筑技术基础理论丛书·吴刚　主编

国家出版基金项目
NATIONAL PUBLICATION FOUNDATION

装配式混凝土结构抗强震与防连续倒塌

李全旺　张望喜　著

东南大学出版社
SOUTHEAST UNIVERSITY PRESS

·南京·

内 容 提 要

本书从模型试验、数值模拟、理论研究三个方面,对装配式混凝土结构的抗震性能和防连续倒塌性能进行了较为系统的研究,内容涵盖装配式混凝土结构强非线性行为的数值分析方法,灌浆套筒连接在常温、高温和存在施工缺陷时的力学性能,各类子结构防连续倒塌性能及提升技术,强震下的结构安全性分析方法及性能评价这几方面的最新研究成果。本书既提供了相关研究翔实可靠的试验数据,也介绍了各种数值模拟和性能分析的理论和方法。本书可供从事装配式混凝土结构的科研、设计人员参考,也可为高校相关专业师生开展本领域的教学研究提供借鉴。

图书在版编目(CIP)数据

装配式混凝土结构抗强震与防连续倒塌 / 李全旺,
张望喜著. —南京:东南大学出版社,2020.4
(新型建筑工业化丛书/吴刚,王景全主编)
ISBN 978 - 7 - 5641 - 8569 - 5

Ⅰ.①装… Ⅱ.①李… ②张… Ⅲ.①装配式混凝
土结构-防震设计②装配式混凝土结构-坍塌-防治-结构
设计 Ⅳ.①TU370.4

中国版本图书馆 CIP 数据核字(2019)第 219705 号

装配式混凝土结构抗强震与防连续倒塌
Zhuangpeishi Hunningtu Jiegou Kangqiangzhen Yu Fang Lianxu Daota
著　　　者 李全旺　张望喜

出版发行	东南大学出版社
社　　址	南京市四牌楼 2 号　邮编:210096
出 版 人	江建中
责任编辑	丁　丁
编辑邮箱	d.d.00@163.com
网　　址	http://www.seupress.com
电子邮箱	press@seupress.com
经　　销	全国各地新华书店
印　　刷	江阴金马印刷有限公司
版　　次	2020 年 4 月第 1 版
印　　次	2020 年 4 月第 1 次印刷
开　　本	787 mm×1 092 mm　1/16
印　　张	18.5
字　　数	405 千
书　　号	ISBN 978-7-5641-8569-5
定　　价	98.00 元

序

改革开放近四十年以来,随着我国城市化进程的发展和新型城镇化的推进,我国建筑业在技术进步和建设规模方面取得了举世瞩目的成就,已成为我国国民经济的支柱产业之一,总产值占 GDP 的 20% 以上。然而,传统建筑业模式存在资源与能源消耗大、环境污染严重、产业技术落后、人力密集等诸多问题,无法适应绿色、低碳的可持续发展需求。与之相比,建筑工业化是采用以标准化设计、工厂化生产、装配化施工、一体化装修和信息化管理为主要特征的生产方式,并在设计、生产、施工、管理等环节形成完整有机的产业链,实现房屋建造全过程的工业化、集约化和社会化,从而提高建筑工程质量和效益,实现节能减排与资源节约,是目前实现建筑业转型升级的重要途径。

"十二五"以来,建筑工业化得到了党中央、国务院的高度重视。2011 年国务院颁发《建筑业发展"十二五"规划》,明确提出"积极推进建筑工业化";2014 年 3 月,中共中央、国务院印发《国家新型城镇化规划(2014—2020 年)》,明确提出"绿色建筑比例大幅提高""强力推进建筑工业化"的要求;2015 年 11 月,中国工程建设项目管理发展大会上提出的《建筑产业现代化发展纲要》中提出,"到 2020 年,装配式建筑占新建建筑的比例 20% 以上,到 2025 年,装配式建筑占新建建筑的比例 50% 以上";2016 年 8 月,国务院印发《"十三五"国家科技创新规划》,明确提出了加强绿色建筑及装配式建筑等规划设计的研究;2016 年 9 月召开的国务院常务会议决定大力发展装配式建筑,推动产业结构调整升级。"十三五"期间,我国正处在生态文明建设、新型城镇化和"一带一路"倡议实施的关键时期,大力发展建筑工业化,对于转变城镇建设模式,推进建筑领域节能减排,提升城镇人居环境品质,加快建筑业产业升级,具有十分重要的意义和作用。

在此背景下,国内以东南大学为代表的一批高校、科研机构和业内骨干企业积极响应,成立了一系列组织机构,以推动我国建筑工业化的发展,如:依托东南大学组建的新型建筑工业化协同创新中心、依托中国电子工程设计院组建的中国建筑学会工业化建筑学术委员会、依托中国建筑科学研究院组建的建筑工业化产业技术创新战略联盟等。与此同时,"十二五"国家科技支撑计划、"十三五"国家重点研发计划、国家自然科学基金等,对建筑工业化基础理论、关键技术、示范应用等相关研究都给予了大力资助。在各方面的支持下,我国建筑工业化的研究聚焦于绿色建筑设计理念、新型建材、结构体系、施工与信息化管理等方面,取得了一系列创新成果,并在国家重点工程建设中发挥了重要作用。将这些成果进行总结,并出版"新型建筑工业化丛书",将有力推动建筑工业化基础理论与技术的发展,促进建筑工业化的推广应用,同时为更深层次的建筑工业化技术标准体系的研究奠定坚实的基础。

　　"新型建筑工业化丛书"应该是国内第一套系统阐述我国建筑工业化的历史、现状、理论、技术、应用、维护等内容的系列专著，涉及的内容非常广泛。该套丛书的出版，将有助于我国建筑工业化科技创新能力的加速提升，进而推动建筑工业化新技术、新材料、新产品的应用，实现绿色建筑及建筑工业化的理念、技术和产业升级。

　　是以为序。

清华大学教授
中国工程院院士

2017 年 5 月 22 日于清华园

丛书前言

建筑工业化源于欧洲,为解决战后重建劳动力匮乏的问题,通过推行建筑设计和构配件生产标准化、现场施工装配化的新型建造生产方式来提高劳动生产率,保障了战后住房的供应。从 20 世纪 50 年代起,我国就开始推广标准化、工业化、机械化的预制构件和装配式建筑。70 年代末从东欧引入装配式大板住宅体系后全国发展了数万家预制构件厂,大量预制构件被标准化、图集化。但是受到当时设计水平、产品工艺与施工条件等的限制,导致装配式建筑遭遇到较严重的抗震安全问题,而低成本劳动力的耦合作用使得装配式建筑应用减少,80 年代后期开始进入停滞期。近几年来,我国建筑业发展全面进行结构调整和转型升级,在国家和地方政府大力提倡节能减排政策引领下,建筑业开始向绿色、工业化、信息化等方向发展,以发展装配式建筑为重点的建筑工业化又得到重视和兴起。

新一轮的建筑工业化与传统的建筑工业化相比又有了更多的内涵,在建筑结构设计、生产方式、施工技术和管理等方面有了巨大的进步,尤其是运用信息技术和可持续发展理念来实现建筑全生命周期的工业化,可称为新型建筑工业化。新型建筑工业化的基本特征主要有设计标准化、生产工厂化、施工装配化、装修一体化、管理信息化五个方面。新型建筑工业化最大限度地节约建筑建造和使用过程中的资源、能源,提高建筑工程质量和效益,并实现建筑与环境的和谐发展。在可持续发展和发展绿色建筑的背景下,新型建筑工业化已经成为我国建筑业发展方向的必然选择。

自党的十八大提出要发展"新型工业化、信息化、城镇化、农业现代化"以来,国家多次密集出台推进建筑工业化的政策要求。特别是 2016 年 2 月 6 日,中共中央、国务院印发《关于进一步加强城市规划建设管理工作的若干意见》,强调要"发展新型建造方式,大力推广装配式建筑,加大政策支持力度,力争用 10 年左右时间,使装配式建筑占新建建筑的比例达到 30%";2016 年 3 月 17 日正式发布的《国家"十三五"规划纲要》,也将"提高建筑技术水平、安全标准和工程质量,推广装配式建筑和钢结构建筑"列为发展方向。在中央明确要发展装配式建筑、推动新型建筑工业化的号召下,新型建筑工业化受到社会各界的高度关注,全国 20 多个省市陆续出台了支持政策,推进示范基地和试点工程建设。科技部设立了"绿色建筑与建筑工业化"重点专项,全国范围内也由高校、科研院所、设计院、房地产开发和部构件生产企业等合作成立了建筑工业化相关的创新战略联盟、学术委员会,召开各类学术研讨会、培训会等。住建部等部门发布了《装配式混凝土建筑技术标准》《装配式钢结构建筑技术标准》《装配式木结构建筑技术标准》等一批规范标准,积极推动了我国建筑工业化的进一步发展。

　　东南大学是国内最早从事新型建筑工业化科学研究的高校之一，研究工作大致经历了三个阶段。第一个阶段是海外引进、消化吸收再创新阶段：早在 20 世纪末，吕志涛院士敏锐地捕捉到建筑工业化是建筑产业发展的必然趋势，与冯健教授、郭正兴教授、孟少平教授等共同努力，与南京大地集团等合作，引入法国的世构体系；与台湾润泰集团等合作，引入润泰预制结构体系；历经十余年的持续研究和创新应用，完成了我国首部技术规程和行业标准，成果支撑了全国多项标志性工程的建设，应用面积超过 500 万 m²。第二个阶段是构建平台、协同创新：2012 年 11 月，东南大学联合同济大学、清华大学、浙江大学、湖南大学等高校以及中建总公司、中国建筑科学研究院等行业领军企业组建了国内首个新型建筑工业化协同创新中心，2014 年入选江苏省协同创新中心，2015 年获批江苏省建筑产业现代化示范基地，2016 年获批江苏省工业化建筑与桥梁工程实验室。在这些平台上，东南大学一大批教授与行业同仁共同努力，取得了一系列创新性的成果，支撑了我国新型建筑工业化的快速发展。第三个阶段是自 2017 年开始，以东南大学与南京市江宁区政府共同建设的新型建筑工业化创新示范特区载体（第一期面积 5 000 m²）的全面建成为标志和支撑，将快速推动东南大学校内多个学科深度交叉，加快与其他单位高效合作和联合攻关，助力科技成果的良好示范和规模化推广，为我国新型建筑工业化发展做出更大的贡献。

　　然而，我国大规模推进新型建筑工业化，技术和人才储备都严重不足，管理和工程经验也相对匮乏，亟须一套专著来系统介绍最新技术，推进新型建筑工业化的普及和推广。东南大学出版社出版的"新型建筑工业化丛书"正是顺应这一迫切需求而出版，是国内第一套专门针对新型建筑工业化的丛书，丛书由十多本专著组成，涉及建筑工业化相关的政策、设计、施工、运维等各个方面。丛书编著者主要是来自东南大学的教授，以及国内部分高校科研单位一线的专家和技术骨干，就新型建筑工业化的具体领域提出新思路、新理论和新方法来尝试解决我国建筑工业化发展中的实际问题，著者资历和学术背景的多样性直接体现为丛书具有较高的应用价值和学术水准。由于时间仓促，编著者学识水平有限，丛书疏漏和错误之处在所难免，欢迎广大读者提出宝贵意见。

丛书主编　吴　刚　王景全

前　言

装配式混凝土结构(Precast Concrete Structure)由预制混凝土构件通过可靠的连接方式装配而成,包括装配整体式混凝土结构、全装配式混凝土结构等。预制装配式混凝土结构在承载能力、结构刚度、使用寿命等方面能够做到与传统现浇钢筋混凝土结构(Reinforced Concrete Structure)相当,且具有施工周期短、节能环保等优点,能够克服传统建筑业环境污染、技术落后、人力密集等问题,因而具有较好的发展潜力。不同于传统现浇混凝土结构,装配式混凝土结构中的各主要构件在工厂预制,运到场地后依靠现场施工的连接/节点形成整体,连接性能便成为影响结构整体性能的关键因素,也导致装配式混凝土结构的抗震和防连续倒塌性能与现浇结构相比产生了一些明显的变化,值得深入研究。

围绕装配式混凝土结构的抗震和防连续倒塌研究中涉及的数值模拟、试验研究和性能评价等问题,本书系统总结了极端荷载下结构强非线性分析的数值模拟技术,灌浆套筒连接在常温、高温及存在施工缺陷时的力学性能,连续倒塌的试验现象、性能分析及提升技术,考虑施工缺陷的地震安全性分析方法及抗震性能评价。本书内容丰富,结构完整,既提供了试验研究中翔实可靠的数据,也介绍了各类数值模拟、性能分析的理论和方法,可为相关领域科研人员提供参考和借鉴。

本书由李全旺(清华大学)、张望喜(湖南大学)、丁然(清华大学)、冯德成(东南大学)、王建(哈尔滨工业大学)、王曙光(南京工业大学)、黄远(湖南大学)、周云(湖南大学)、李易(北京工业大学)和潘建伍(南京航空航天大学)共同撰写,由李全旺和张望喜负责统稿。其中,第1章绪论,介绍装配式混凝土结构的发展现状和抗震、防连续倒塌设计原则,由李全旺和张望喜共同完成;第2章研究装配式结构在极端荷载下大变形数值分析方法,由丁然、冯德成和王建共同完成;第3章研究灌浆套筒连接在常温、高温及存在施工缺陷时的力学性能,由张望喜、黄远、王曙光和李全旺共同完成;第4章介绍装配式混凝土框架结构在防连续倒塌方面的最新研究成果,由张望喜、周云、李易、潘建伍共同完成;第5章研究连接性能不确定性条件下装配式混凝土结构强震风险性分析方法和抗震性能评价,由李全旺负责完成。

本书的工作是在国家重点研发计划项目"装配式混凝土工业化建筑技术基础理论(2016YFC0701400)"的资助下完成,特此致谢。

感谢东南大学土木工程学院的领导和同事,尤其是国家重点研发计划项目负责人吴刚教授和项目管理专员王春林教授,在项目执行和本书撰写过程中,他们给予了大力的支持和无私的帮助,是笔者完成本书的坚强后盾。

在本书的写作过程中,参考了近年来国内出版的相关教材和专著,引用了学术论文中与连续倒塌试验及研究相关的内容,特此表示感谢。

由于笔者的水平与实践经验有限,书中难免有不当和遗漏之处,敬请读者批评指正。

2019 年 5 月
北京,清华园

目　　录

第**1**章

绪 论

1.1 装配式结构的发展概况

1.1.1 国外的发展历史及现状

装配式结构的发展离不开建筑工业化这个大趋势的推动。建筑工业化的概念起源于欧洲。20世纪三四十年代,欧洲工业革命和新建筑运动形成了建筑工业化的新概念,其基本理念是"实行工厂预制、现场机械装配",即由专业化的工厂成批生产可供安装的构件,通过现场组装的途径完成结构建造,不再把全部工序都安排到施工现场完成。

虽然早在1903年,世界著名的巴黎"富兰克林大街公寓"就已经运用了预制混凝土技术,但直到第二次世界大战之后,在住房短缺和劳动力缺乏这两个因素的推动下,预制装配式混凝土技术才真正得以运用和发展。到了60年代,法国、丹麦、德国等欧洲国家已经出现了各种类型的大板住宅建筑体系,美国和日本也出现了预制盒子结构和高层预制住宅。通过相关试验的研究,北美地区逐步形成了相对完善的预制混凝土相关技术标准。70年代的装配式住宅建筑技术变得愈发成熟,低松弛钢绞线的出现,为建造更大跨度、更小截面的预制构件提供了可能,使得预制剪力墙、预制混凝土梁柱及大跨度楼板等构件得到了越来越广泛的应用,装配式技术也开始应用于学校、医院、体育馆等公共建筑。80年代出现了预制混凝土双T板楼盖体系,以及钢筋桁架式叠合楼板,将预制和现浇的优点完美结合起来,对装配式建筑的发展起到了强有力的推动作用。

一直以来,预制装配式混凝土结构主要用于低层非抗震设防地区。进入21世纪以来,随着研究的逐渐深入,装配式混凝土结构在地震高烈度区得到越来越多的应用。美国房屋建筑混凝土结构规范(ACI 318)提出了装配式混凝土结构应用在高烈度区的抗震设计方法[1];另外,美国预制与预应力协会编制了《PCI手册》[2],该手册成为国际上有较大影响力的技术标准。一座39层的预应力预制混凝土框架结构也于2001年在旧金山(北美高烈度地震区)建成。

我国的近邻日本借鉴了美国的成功经验,基于等同现浇的理论体系,在预制结构体系抗震和隔震的设计方面取得了显著进展,编写了"预制建筑技术集成"丛书[3-4]。日本的大量预制装配式混凝土结构都经历了几次大地震的检验。震后调查发现,只要结构设计符合抗震规范的要求,施工中预制构件的连接质量较好,预制混凝土结构就体现出了较好的抗震性能,基本达到与现浇结构类似的安全等级。

总的来说,装配式结构的发展在国外主要经历了三个阶段:

20世纪五六十年代,大模板预制混凝土构件和大模板现浇混凝土工艺得到快速发展,但结构体系混杂,尚未形成通用的标准产品体系。

20世纪七八十年代,用于现场拼装的各式构配件产品和相关机械设备大量出现,促进了装配式结构体系多样化的发展,生产施工的机械化、自动化水平明显提高。

20世纪90年代之后,装配式结构进入成熟期,在推动建筑构配件和建筑部品标准化、体系化和通用化的同时,装配式结构质量认定体系和规范标准体系逐步完善;国际通用的模数协调标准正在世界各个国家推广;具有专业设计、构件制作、运输、安装、装修一体化的建筑企业大量涌现;环保、节能、耐久、多功能及舒适性等新理念逐渐引入,标志着建筑工业化正在进入更高的发展阶段。

1.1.2 国内的发展历史及现状

我国建筑工业化的发展始于20世纪50年代,大致经历了四个发展阶段。

第一阶段:20世纪五六十年代的尝试发展期。借鉴苏联和东欧国家的经验,我国开始了对预制装配式结构的研究。国务院在1956年5月发布《关于加强和发展建筑工业的决定》,明确提出"为了从根本上改善我国的建筑工业,必须积极地有步骤地实现工业化、机械化施工,逐步完成对建筑工业的技术改造,逐步完成向建筑工业化的过渡"。随即在全国建筑行业推行了工厂化、装配化、标准化的建造方式,大力发展工业化装配式住宅,并开始制造整体式和块拼式屋面梁、吊车梁、大型屋面板等。在此期间建造了大批预制装配式单层厂房和多层框架结构,建立了建筑生产工厂化和机械化的初步基础,在当时的国家建设中发挥了显著作用。

第二阶段:20世纪七八十年代的初步推广期。在此期间推广了一系列用于预制装配式建筑的新工业、新体系,对建筑工业化发展起到了有益的推动作用。我国在学习苏联经验的同时进行了大量的力学和工艺试验,例如:针对混凝土装配式框架、装配式大板、升板、盒子结构等预制安装技术进行了研究,建立了相应的技术体系及规范标准;我国引进了南斯拉夫的预制预应力混凝土板柱结构体系,即IMS体系;预制混凝土空心楼板也得到了普遍应用。至70年代末期,北京装配式建筑比例已达30%,上海达到了50%。1978年国家基本建设委员会正式提出,建筑工业化以建筑设计标准化、构配件生产工厂化、施工机械化以及墙体材料改革为重点,即所谓的"三化一改"方针政策。此后很长一段时间内,我国一直沿用建筑工业化的提法,建筑工业化也作为我国建筑业发展的指导思想,成为我国建筑业追赶世界先进水平的着眼点和着力点。

第三阶段:1990—2005年的休眠期。随着预制装配式建筑的推广应用,一系列问题也逐渐暴露出来,人们对建筑工业化的看法也出现了分歧,装配式建筑的发展停滞不前,预制构件及建筑部品在建筑领域几乎消亡殆尽。例如:由于过分强调设计标准化和装配化,导致大量房屋出现漏水、透风、不隔音、保温隔热性能差等问题;由于施工组织能力没能跟上发展的步伐,与预制生产相脱节,降低了装配式建筑施工进度快的优越性;特别是几次地震中,大量预制装配式混凝土结构遭到破坏,使人们对预制结构的应用更加保守。所以自 80 年代中期开始,预制装配式建筑的推广开始出现严重滑坡,至 90 年代初,原有的生产预制构件的工厂大部分停产、转产,中国预制装配式混凝土住宅开始进入休眠期,预制装配式建筑在我国的应用比例不断下降,远远滞后于世界先进水平。

第四阶段:2005 年之后的推动期。预制装配式建筑的推广重新崛起。在市场环境方面,我国经过三十年的改革开放,市场机制初步建立,住宅产业链基本形成。在政策方面,中央政府大力支持,地方政府积极推动,多地出台政策,企业积极参与。在技术方面,住宅建造过程的细分和专业承建商的出现,进一步提高了住宅产业的技术水平、生产效率和工业化程度,代表后工业化时代的信息技术在住宅中也得到应用,如智能化小区、住宅等开始出现。这些因素都为以现代装配式建筑为主要发展对象的新型工业化住宅建设提供了有利条件。

目前预装装配式混凝土结构的国家标准和行业标准已基本齐备,地方标准也正在陆续推出,涵盖设计、生产、施工、验收等多方面内容。但由于发展时间尚短,各类标准在科学性和实践性上存在一定的不足,需要随着行业的发展和装配式结构的推广应用逐渐完善;同时,许多专业人员缺乏装配式混凝土结构的工程实践经验,对标准的理解不够充分,专业素养亟须提高。

1.2　装配式混凝土结构体系

装配式混凝土结构体系可简单归纳为全装配体系和部分装配体系。由于地震作用对结构整体性有较高的要求,以及抗震性能"等同现浇"的设计理念,目前有较高抗震要求的装配式混凝土结构大多采用部分装配体系,即后浇整体式结构体系。

从满足结构抗震要求出发,未来值得推广的装配式混凝土结构应能够完全满足包括抗震规范在内的各类现行国家标准,并且具有足够的安全性、适用性和耐久性。无论是全装配体系还是部分装配体系,装配式混凝土结构与现浇结构一样可划分为框架结构体系、剪力墙结构体系、框架-剪力墙结构体系三大类。

1.2.1　装配式混凝土框架结构

部分或全部由预制混凝土梁、柱通过可靠的连接方式装配而成的混凝土框架结构称为装配式混凝土框架结构。对于装配式框架结构,其抗震性能在很大程度上取决于梁、柱节点的连接构造和受力性能,因此预制构件的连接节点是整个装配式结构的薄弱环节,也是装配式框架结构抗震性能研究的重点。根据节点连接形式的不同,装配式混凝土框架结构可以分为后浇整体式框架结构和全装配式框架结构。

后浇整体式框架结构是指把预制构件的节点通过现浇混凝土连接而成的结构,也称湿式连接框架结构。湿式连接可以实现"等同现浇"的节点抗震性能。从结构抗震的角度,"等同现浇"是指装配式框架的节点/结构具有与现浇混凝土框架的节点/结构相同的刚度、强度和耗能能力,地震反应与现浇混凝土结构没有明显差别。这样,工程师在结构设计中,可以很容易地把原来设计的现浇混凝土构件替换为预制混凝土构件,而不需要在设计方法上做较大的改变。装配式混凝土框架结构的整体抗震性能则取决于各类节点的连接质量和受力性能,包括梁-柱节点、柱-柱节点和梁-梁节点。

典型后浇整体式梁-柱节点连接可参照《装配式混凝土结构技术规程》(JGJ 1—2014)[5]实现,如图 1-1 所示。关于梁-柱节点,已有文献[6-7]研究了后浇整体式梁-柱节点的抗震性能,包括位移节点刚度、承载能力、强度退化等,并通过与现浇节点的对比,表明后浇整体式梁-柱节点的承载力和耗能能力可以达到与现浇节点相当的水平,只是承载力退化速度快于现浇节点。在此基础上,大量研究对该类节点进行了改进,达到"超过现浇"的目的。例如:把节点区后浇带混凝土替换为高强度的钢纤维混凝土[8],节点的刚度、延性和耗能能力均有较大的提升;或者通过在预制柱内预埋高延性合金连杆来提高框架结构的耗能能力[9-10]。

柱-柱节点最常用的连接方式是浆锚套筒灌浆连接。试验结果表明[11-12],这种节点可以实现与现浇节点相近的抗震性能,从而按照"等同现浇"的设计原则进行装配式混凝土节点的设计。除了套筒灌浆连接外,焊接连接也可用于柱-柱节点连接。研究发现[13-14],当节点的固结系数大于 0.8 时,预制混凝土结构具有和现浇混凝土结构相近的抗震能力。

梁-梁节点的连接可参照《装配式混凝土结构技术规程》(JGJ 1—2014),通用的连接方法如图 1-2 所示。这种节点连接的受弯性能表明[15],其破坏模式接近现浇结构,只是屈服荷载和极限承载力略低于现浇梁。为了改善梁-梁节点的连接性能,可将节点设置在 1/3 跨长处[16]。拟动力试验结果表明,梁的塑性铰不再出现在节点连接处,结构的抗震性能有所提高。节点连接性能还可以通过改变节点区的截面形式加以提升,例如:薛伟辰等[17]提出了两种新型的梁-梁节点连接方法,不但改善了节点连接的受力性能,施工也更加方便。

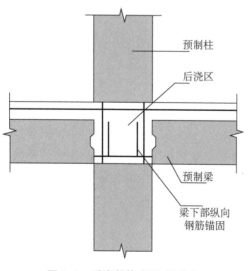

图 1-1 后浇整体式梁-柱节点

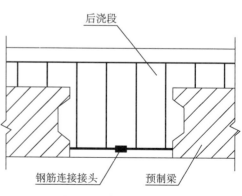

图 1-2 叠合梁连接节点

虽然大量的试验研究表明,湿式连接可以实现"等同现浇"的节点抗震性能,但需要特别指出的是,这些结果都是在实验室条件下做出的。到了施工现场,由于施工环境和施工条件的限制,特别是节点区二次浇筑及套筒灌浆不密实,再加上施工质量难以检测等因素,装配式混凝土框架结构的梁-柱节点连接相比现浇结构有一定程度的弱化。已有研究指出[18],装配整体式框架节点的弯曲刚度比现浇结构降低 8.65%～21.25%,在弹塑性阶段甚至降低 50% 左右。因此,对于后浇整体式框架结构,施工现场的节点连接质量尤其值得关注。

与后浇整体式框架结构不同,全装配式框架结构采用焊接、栓接、榫接等干式连接方法对预制构件进行连接,进而形成整个框架结构体系。该种连接方式基本上不需要现浇混凝土,在缩短工期和加快施工进度方面具有很大的优势。

焊接连接具有施工速度快的优点,但缺点也很明显,例如,焊缝质量难以控制、焊接节点刚性较大、延性不足等。

螺栓连接安装迅速,可大幅度缩短工期,但对预制构件的制作精度(例如螺栓孔的位置)有比较高的要求,并且连接节点处容易出现应力集中现象。

牛腿连接通过柱子上的外挑结构支撑上部的梁或板,形成连接。它具有承载能力高、施工速度快等优点,是一种常见的干式连接。根据不同的节点构造方法,牛腿连接还可以分为明牛腿连接、暗牛腿连接、型钢暗牛腿连接等。

为了提高全装配式混凝土框架结构的整体性能和抗震能力,研究人员又相继研发出了预压装配式预应力混凝土结构和有耗能装置的装配式框架结构[19-21],使得装配式混凝土框架结构的抗震性能有了大幅度提高。全装配式结构制作简便,施工快速,是装配式混凝土框架结构发展的趋势,但目前对该种连接形式节点的研究与应用还稍显不足。特别是全装配式混凝土框架结构基本属于"非等同现浇"的结构体系,目前尚无成熟的抗震设计理念、原则和方法。

1.2.2 装配式混凝土剪力墙结构

混凝土剪力墙结构体系具有抗侧刚度大、承载力强、室内空间规整、建筑立面丰富等优势,在我国混凝土高层住宅中应用最为广泛。按照预制构件所占比例,装配式剪力墙结构可以分为全预制剪力墙结构和部分预制剪力墙结构。根据墙体构造的不同,又可将装配式混凝土剪力墙结构体系分为预制实心剪力墙、叠合剪力墙和预制夹心保温剪力墙三大类[22]。

预制实心剪力墙结构是目前国内外应用最广泛的预制混凝土剪力墙结构体系,上下层预制剪力墙的竖向连接是影响该结构体系受力性能的最关键因素。常用的连接方式主要包括"湿式"的套筒灌浆连接(灌浆套筒按接头两端连接钢筋方式的不同分为全灌浆套筒和半灌浆套筒)、浆锚搭接连接、环筋扣合锚接、套筒挤压连接等,以及"干式"的螺栓连接、预应力连接等。研究结果表明,预制剪力墙的"湿式"连接虽然不同程度地增加了现场湿作业工作量,但在受力性能上基本能够实现与现浇剪力墙的"等同"[23-31]。螺栓连接是一种"干式"连接构造,操作简便,安装质量可控,主要包括基于螺栓连接器的螺栓连接方式和基于暗梁的螺栓连接方式。无论采用哪种方式对预制剪力墙进行全螺栓连接,承载力均略低于现浇剪力墙,但位移延性系数略高于相应的现浇剪力墙[32-33]。通过张拉竖向和水平预应力筋对预制剪力墙构件进行连接具有施工便捷、变形恢复能力好的优点。但研究表明,仅通过预应力连接的预制剪力墙的耗能能力较差,应用在强震区时,应适当配置耗能器件以改善结构的抗震性能[34-35]。常用的耗能器件配置方案包括在剪力墙竖缝处设置阻尼器、在双肢剪力墙连梁处设置阻尼器等[36]。

叠合剪力墙结构体系是指将预制墙板构件在现场拼装就位,然后利用后浇混凝土叠合层连接形成整体的剪力墙体系。按照墙体构造的不同,叠合剪力墙主要包括双面叠合剪力墙和单面叠合剪力墙两种。双面叠合剪力墙具有预制构件自重轻、便于运输与吊装、综合经济成本较低等优点。模型试验与模拟研究表明[37-40],双面叠合剪力墙在抗震性能方面与现浇剪力墙大致相当,可采用与现浇剪力墙相同的方法进行抗震设计,墙体厚度按实际墙厚选取。相比双面叠合剪力墙,单面叠合剪力墙在施工现场的湿作业量大,目前工程中主要作为双面叠合剪力墙结构体系的补充,用在纵、横向剪力墙的相交部位。试验和理论分析结果表明,单面叠合剪力墙具有良好的抗震性能,其承载力、延性、耗能和刚度退化规律等均与现浇剪力墙基本一致,但纵、横向剪力墙 T 形和 L 形相交处的构造措施对于结构整体性影响较大,需重点加强[41-42]。

预制夹心保温剪力墙是一种集保温、承重、装饰多功能于一体的预制剪力墙,由内叶预制剪力墙板、外叶预制围护墙板、夹心保温层和保温连接件等组成。按照内叶预制剪力墙板构造的不同,可分为夹心保温实心剪力墙和夹心保温叠合剪力墙两类。我国学者对夹心保温实心剪力墙的平面内抗震性能、平面外静力性能以及墙体热工性能进行了试验研究[43-45],结果表明其承载力和位移延性与现浇剪力墙和非夹心保温实心剪力墙接近,具有良好的抗震性能,可按现有规范《装配式混凝土结构技术规程》(JGJ 1—2014)和《装配式混凝土建筑技术标准》(GB/T 51231—2016)进行设计[46]。对夹心保温叠合剪力墙的低周反复荷载试验研究也得到了类似的结论[47-49]:夹心保温叠合剪力墙具有良好的抗震性能,其承载力和位移延性均与现浇剪力墙相近。

总体上,采用"湿式"连接的装配式剪力墙结构可以基于"等同现浇"原则进行抗震设计。而采用"干式"连接的剪力墙受力性能则与现浇剪力墙有一定差别,属于"非等同现浇"的情况,其设计计算方法有待进一步研究。

1.2.3 装配式混凝土框架-剪力墙结构

框架-剪力墙结构兼有框架结构平面布置灵活和剪力墙结构抗侧刚度大的优点,在我国高层建筑中属于应用量大面广的结构形式。对于装配式混凝土框架-剪力墙结构,《装配式混凝土结构技术规程》(JGJ 1—2014)给出的推荐建议是:剪力墙采用现浇,框架采用装配,即采用半装配形式。但是在实际施工中,现浇剪力墙的施工过程烦琐,影响整体施工进度,无法发挥装配式结构缩短施工周期、提高施工效率的优点。因此在建筑工业化的背景下,全装配式混凝土框架-剪力墙结构将是未来科学研究和市场推广的重点,即结构中的框架、剪力墙均采用预制构件,进而减少湿作业量,加快施工速度,发挥装配式结构的优势。

框架-剪力墙结构中,剪力墙是抵抗水平地震作用最关键、最核心的部分,提供了结构整体大部分抗侧刚度和地震作用力,因此装配式混凝土框架-剪力墙结构的技术核心和难点是剪力墙连接的可靠性。目前已有的研究结果表明,预制剪力墙的"湿式"连接虽然不同程度地增加了现场湿作业工作量,但在受力性能上基本能够实现与现浇剪力墙的"等同"[23-31],因此装配式混凝土框架-剪力墙结构中的剪力墙可采用预制形式。国外学者对采用"干式"节点连接的混凝土框架-剪力墙结构进行了抗震性能试验研究[50-51],发现其有良好的地震延性和耗能能力。对于采用"湿式"节点连接的混凝土框架-剪力墙结构,国内学者的试验结果也展现出了稳定的滞回耗能性能和良好的延性[52]。这说明设计合理、施工良好的全装配式混凝土框架-剪力墙结构的承载力、位移延性、耗能能力等可以满足结构抗震的要求。但在抗震设计方面,采用"湿式"节点连接的全装配式混凝土框架-剪力墙结构,可基于"等同现浇"的原则进行设计;而采用"干式"节点连接的混凝土框架-剪力墙结构,由于其设计原则与现浇混凝土结构存在较大不同,须做专门研究。

1.3 装配式混凝土结构抗震设计的基本原则

目前装配式混凝土结构设计的基本原则基于"等同现浇"的理念,即采用性能可靠的连接技术与必要的构造措施,使装配式混凝土结构与现浇混凝土结构达到基本相同(甚至更加优越)的力学性能,进而可以利用现浇结构的分析方法进行装配式混凝土结构体系的内力分析与设计计算。在地震荷载作用下,要实现抗震性能"等同现浇"甚至"优于现浇",预制构件的连接必须具有与现浇混凝土结构一样稳定而可靠的力学性能,这是多年来国内外众多学者集中研究要解决的问题。

根据已有研究成果,采用"湿式"连接的装配整体式结构,通过严格控制节点/接缝的连接质量,其抗震性能能够满足"等同现浇"的要求。但是由于结构中的节点/接缝众多,连接复杂,并且目前缺乏成熟可靠的检测技术对连接的质量进行监控,导致现场连接的施工质量对结构整体抗震性能的影响较大。再加上缺乏成熟的、可借鉴的工程经验,因此从实际施工完成质量来讲,装配式混凝土结构很难完全实现与现浇混凝土结构的等同。所以与现浇结构相比,装配式混凝土结构的最大适应高度有所降低,如表1-1所示。当预制剪力墙构件底部承担的总剪力大于该层总剪力的80%时,最大适用高度应取表1-1中括号内的数值。超过最大高度的房屋,应进行专门研究和论证,采取有效的加强措施。

表 1-1　装配整体式结构房屋的最大适用高度　　　　　　　　（单位:m）

结构类型	非抗震设计	抗震设防烈度			
		8度(0.3g)	8度(0.3g)	8度(0.3g)	8度(0.3g)
装配整体式框架结构	70	60	50	40	30
装配整体式框架-现浇剪力墙结构	150	130	120	100	80
装配整体式剪力墙结构	140(130)	130(120)	110(100)	90(80)	70(60)
装配整体式部分框支剪力墙结构	120(110)	110(100)	90(80)	70(60)	40(30)

1.3.1　框架结构抗震设计基本原则

装配式混凝土框架结构通常适用于非抗震设计或低烈度区的多层建筑(7 度区以下)。在地震高烈度区的高层建筑(6 层以上)一般不采用纯框架结构,而是采用框架-剪力墙结构。目前国家规范推荐的装配整体式剪力墙结构中的剪力墙为现浇剪力墙。根据国内外多年的研究成果,当采取了可靠的节点/接缝的连接方式和合理的构造措施后,其性能可等同于现浇混凝土框架结构。装配式混凝土框架结构在满足现行国家标准《装配式混凝土结构技术规程》[5](JGJ 1—2014)、《装配式混凝土建筑技术标准》[53](GB/T 51231—2016)的相关规定时,可采用与现浇混凝土框架结构相同的方法进行结构整体分析。当同一层内既有预制又有现浇抗侧力构件时,地震荷载工况下宜对现浇抗侧力构件在地震作用下的弯矩和剪力进行适当放大。

进行结构内力和变形计算时,均按无限刚性的假定考虑现浇楼盖和叠合楼盖的作用,并考虑填充墙及外围护墙对结构刚度的影响,此外还需考虑外挂墙板自重产生的不利影响。

在预制构件的连接方面,《装配式混凝土建筑技术标准》(GB/T 51231—2016)规定:装配式混凝土结构中,节点及接缝处的纵向钢筋连接宜根据接头受力、施工工艺等要求选用套筒灌浆连接、机械连接、浆锚搭接连接、焊接连接、绑扎连接等连接方式。各种连接方式均需符合现行行业标准,例如《钢筋套筒灌浆连接应用技术规程》[54](JGJ 355—2015)、《钢筋机械连接技术规程》[55](JGJ 107—2016)、《钢筋焊接及验收规程》[56](JGJ 18—2012)等。直径大于 20 mm 的钢筋不宜采用浆锚搭接连接,直接承受动力荷载的构件纵向钢筋不应采用浆锚搭接连接。此外,预制构件的拼接还应符合下列规定:

(1) 预制构件拼接部位的混凝土强度等级不应低于预制构件的混凝土强度等级;

(2) 预制构件的拼接位置宜设置在受力较小的部位;

(3) 预制构件的拼接应考虑温度作用和混凝土收缩徐变的不利影响,宜适当增加配筋。

1.3.2　剪力墙结构抗震设计基本原则

装配式混凝土剪力墙结构,由于墙体之间的接缝多、连接复杂,接缝的施工质量难以保证且对结构整体抗震性能的影响较大,因此装配整体式混凝土剪力墙结构的抗震性能很难实现与现浇混凝土剪力墙结构的"等同",只能做到其承载力和抗震性能满足现行国家规范要求,并且不低于对应的现浇混凝土结构。所以与现浇剪力墙结构相比,其最大适应高度有所降低,高宽比比现浇结构的控制稍严。因结构底部加强部位属于结构抗震设计的重要部分,为提高装配整体式剪力墙结构的抗震性能,底部加强区一般采用全现浇结构。此外要严格控制剪力墙墙肢的轴压比和剪压比,避免墙肢出现拉应力。

装配式混凝土框架-剪力墙结构是我国目前在高层公共建筑中应用较为广泛的一种预制混凝土结构体系。对于这种结构,通常情况下通过框架预制、剪力墙现浇的方法以保证结构的整体抗震性能,结构适用高度可等同于现浇框架-剪力墙结构。

在计算分析方面,装配式混凝土剪力墙结构应根据连接节点和接缝的构造方式和性能,确定结构的整体计算模型。装配整体式剪力墙的计算分析方法与现浇剪力墙结构相同,墙采用墙元模型,预制墙板和拼缝作为同一墙肢建模。梁采用叠合梁,板采用叠合板。结构内力计算考虑叠合板对梁刚度的增大作用,中梁刚度增大系数和边梁刚度增大系数可以按实际情况确定,比现浇结构略小。

在连接方面,预制装配整体式剪力墙的连接应符合以下要求:

(1)预制装配整体式剪力墙结构各构件间的连接应能保证结构的整体性;

(2)预制装配整体式剪力墙结构各构件间的连接破坏不应先于构件破坏;

(3)预制装配整体式剪力墙结构各构件间的连接破坏形式不能出现钢筋锚固破坏等脆性破坏形式;

(4)预制装配整体式剪力墙结构各构件间的连接构造应符合整体结构的受力模式及传力途径。

国外的 PCI 预制混凝土设计手册[57]也对装配式混凝土结构的抗震设计进行了详细说明,可供参考。

1.4 装配式混凝土结构抗连续倒塌设计准则

1.4.1 设计方法

目前,结构防连续倒塌的设计方法主要包括概念设计法、拉结强度法、拆除构件法和关键构件法。

(1)概念设计法

国内外规范均有防连续倒塌的概念设计,其主要从结构体系的备用路径、整体性、延性、连接构造和关键构件的判别等方面进行结构方案和结构布置设计,避免存在易导致结构连续倒塌的薄弱环节,具体内容包括但不限于以下方面:①增加结构的冗余度,使结构体系具有足够的备用荷载传递路径;②设置整体性加强构件或设置结构缝,以阻隔连续倒塌的扩展;③加强结构构件的连接构造,保证结构的整体性;④加强结构延性构造措施,保证剩余结构的延性;⑤可能遭受爆炸作用的结构构件,应具有一定的反向荷载承载能力;⑥连接的承载力不应低于被连接构件的承载力,连接应具有允许构件大变形的能力。

(2)拉结强度法

拉结强度设计通过已有构件和连接进行拉结,提供结构的整体牢固性以及荷载的多传递路径。拉结强度法的设计思想:①结构在初始破坏发生后各楼层产生的不平衡荷载由其本层框架梁承担,当每层框架梁能够有效防止本层不平衡荷载引起的倒塌时,整体结构的连续倒塌就被有效地防止;②每个楼层内,结构发生倒塌的极限状态为悬链线破坏机制,当楼层的构件拉结能力能够满足该临界状态的抗力需求时,即能保障本层不倒塌。在目前的规范当中,很多都提及拉结强度法,但细节上存在差异。我国规范《建筑结构抗倒塌设计规范》(CECS 392:2014)[59]按照拉结的位置和作用分为周边水平构件拉结、内部水平构件拉结、内部水平构件对同边竖向构件拉结和竖向构件的竖向拉结,详见图 1-3。

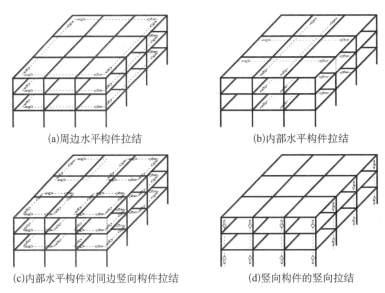

(a)周边水平构件拉结　　　　　　　　　　(b)内部水平构件拉结

(c)内部水平构件对同边竖向构件拉结　　　　(d)竖向构件的竖向拉结

图 1-3　构件拉结示意图

（3）拆除构件法

拆除构件法也称替代荷载路径法,是模拟结构遭遇初始破坏并进行抗连续倒塌能力分析的常用方法,具有直观形象的特点。应用拆除构件法可以验证结构是否具有跨越某关键构件的能力,以预测结构发生连续倒塌的可能性。采用该方法时,可以选择四种方式:线性静力、线性动力、非线性静力及非线性动力。四种方法有各自的优劣性及适用的条件。线性静力分析方法是最简单和最基本的分析方法,主要特点是在对结构加载分析前,先从结构移除柱对结构静态地施加乘以动力系数的静荷载后选用线性方法进行分析计算。

（4）关键构件法

关键构件法也叫局部加强法,当某一构件破坏后容易引发结构的连续倒塌时,则需单独对该承重构件进行设计与加强。即对于无法满足拆除构件法(连续倒塌验收标准)要求的结构构件,设计成关键构件,使其具有足够的强度,能在一定程度上抵御意外荷载作用,实现在一定程度上减轻局部破坏发生的程度,从而降低连续倒塌发生的可能。设计中,通常该方法与拆除构件法结合,既能有效改善结构抵御连续倒塌的能力,也能减少建造成本。

（5）各设计方法的比较

概念设计法是对结构防连续倒塌进行定性设计的方法,依赖工程构造措施,实行起来相对简单,可以取得良好的效果,且不会过多增加建筑造价。相对于其他设计方法而言,设计效果比较依赖于设计人员的水平和经验。拉结构件法是一种被量化的间接设计法,只需对构件与构件的连接进行受力分析,设置专门的拉结钢筋。在拉结强度、荷载组合、层数、接续跨度、材料参数等方面,不同规范做法不一样。设计参数经验性成分也较多,相对其他方法而言,它更加适合工程应用。拆除构件法能对结构的抗连续倒塌进行定量分析,计算分析的工作量较大,分析方法也较复杂,涉及非线性、动力和大变形等环节,设计过程相对烦琐,但精度较高,还可以模拟倒塌过程。设计过程依赖于意外荷载,适用于任何意外事件下的结构破坏。拆除构件法多用于重要性较高的建筑。关键构件法注重偶然荷载对局部构件的破坏,多用于有具体针对荷载作用(大小、方向,甚至性质)的抗连续倒塌设计。

1.4.2 国外规范

在重大"连续倒塌"事故之后,国外规范相继推出或更新,规范数量较多,下面主要就国外规范在界定倒塌范围、荷载组合和验收标准等方面进行讨论。

(1)界定倒塌范围

房屋建筑防连续倒塌设计的目的在于使得局部破坏不致导致与偶然作用或偶然荷载不相匹配的大范围破坏或倒塌,使结构发生连续性倒塌的危险程度减小到一个可接受的水平。目前规范中的分析大多基于备用荷载路径法,结构在单根承重构件移除后引起的倒塌破坏应控制在一定范围,超出这个范围就认为发生了连续性倒塌,各国规范对界定这个破坏倒塌范围存在一定的差异,见表1-2。

(2)荷载组合

各规范提出的防连续倒塌设计和验算均属于直接计算方法,包括备用荷载路径法和局部抵抗特殊偶然荷载法。备用荷载路径法的荷载组合以及局部抵抗特殊偶然荷载法中作用于关键构件的压力值,即需要考虑的荷载类型及组合,各国规范之间也存在一定差异,见表1-3。

表1-2　国外各规范界定连续倒塌破坏的倒塌范围比较[60-65]

	水平传递	竖向传递
BS 5950-1:2000	小于楼板或屋面面积的15%或小于100 m²	初期破坏程序叠加,相邻破坏程度可高可低
Canada-NBCC 1977	桁架、梁、楼板的初期破坏叠加在同一侧或不同侧,一个开间或两个开间的板会变成一个悬挑结构,如同板一端的支撑移去	初期破坏程度叠加,相邻破坏程度可高可低
NYC 1998,NYC 2003	小于楼板或屋面面积的20%或小于100 m²	大于或等于3层
DoD UFC 4-023-03	外部:楼板上方的破坏不小于70 m²或楼板总面积的15%;内部:破坏不小于140 m²或楼板总面积的30%,破坏不能沿附属结构向失效单元、板或移除单元传递	破坏单元正下方的楼板不能破坏
GSA 2003	与移除单元相关联的结构性板	在移除外部柱上方170 m²的楼板或在移除内部柱上方330 m²的楼板

表 1-3　国外各规范连续性倒塌分析荷载组合比较[58-63]

	构件被移除后的荷载组合	偶然荷载
BS 5950-1:2000	$(1\pm0.5)D+L/3+W_n/3$	34 kPa
Eurocode 2003	—	20 kPa
Canada-NBCC 1977	$D+L/3+W_n/3$	—
ASCE 7-98,02,05	(0.9 或 1.2)D+(0.5L 或 0.2S)+0.2W_n(当构件移除) 1.2$D+A_k$+(0.5L 或 0.2S)(局部偶然作用) (0.9 或 1.2)D+A_k+0.2W_n(局部偶然作用)	A_k
DoD UFC 4-010-01	$D+0.5L$	—
DoD UFC 4-023-03	$D+0.5L$ (0.9 或 1.2)D+(0.5L 或 0.2S)+0.2W_n 2.0[(0.9 或 1.2)D+(0.5L 或 0.2S)]+0.2W_n	—
NYC 1998,2003	$2D+0.25L+0.2W_n$	—
GSA 2003	$2.0(D+0.25L)$ $D+0.25L$	—

注:表中 D、L、W_n、S 分别为恒荷载、活荷载、风荷载和雪荷载,A_k 为偶然荷载。

(3) 验收标准

依照各规范给出的荷载组合,采用拆除构件分析法进行线性或非线性、静力或动力分析所得的结果,如何验收或评定,涉及连续倒塌分析验收标准,各规范不完全相同。美国公共事务管理局 GSA 2003《连续倒塌分析和设计指南》(Progressive Collapse Analysis and Design Guidelines)提供了采用拆除构件法对结构进行防连续倒塌能力分析和概念性设计构造措施,包括弹性分析和非线性分析。采用需供比(DCR—Demand-Capacity-Ratio)作为线性分析的验收准则。规则结构要求 DCR 不大于 2.0,不规则结构要求 DCR 不大于 1.5。美国国防部 DoD 2005(UFC 4-023-03)《建筑防连续倒塌设计》(Design of Buildings to Resist Progressive Collapse) 将建筑分为极低、低、中、高四个安全等级,提供了线性静力、非线性静力和非线性动力三种分析方法的具体步骤,给出的验收标准包括抗弯、轴力和弯矩组合作用、抗剪、节点和变形等方面。

1.4.3　国内规范

相对于国外,我国关于防连续倒塌方面的规范体系的建立稍晚一些,并在逐步完善当中。《建筑结构可靠度设计统一标准》(GB 50068—2018)[66]就指导性地要求在设计的偶然事件发生时及发生后,结构在规定的设计年限内仍能保持必需的整体稳定性;对于偶然状况,允许主要结构因出现设计规定的偶然事件而局部破坏,使其剩余部分具有在一段时间内不发生连续倒塌的可靠度。

《混凝土结构设计规范》(GB 50010—2010)[58]给出了防连续倒塌的设计原则,包括概念设计和重要结构的防连续倒塌设计方法(局部加强法、拉结构件法和拆除构件法),并建议在进行偶然作用下结构防连续倒塌验算时,宜考虑动力系数和几何参数变化,混凝土强度取标准值,普通钢筋强度取极限强度标准值,预应力筋强度取极限强度标准值并考虑锚具的影响,必要时考虑材料强化和脆性,并取相应强度特征值。

《高层建筑混凝土结构技术规程》(JGJ 3—2010)[67]给出了防连续倒塌设计的基本要求,安全等级为一级的高层建筑结构应满足防连续倒塌概念设计要求,并给出了概念设计的一些规定;有特殊要求时,可采用拆除构件方法进行防连续倒塌设计,并引入了效应折减系数,用于检验剩余结构构件的承载力;明确给出了结构防连续倒塌设计时,荷载效应设计值的计算公式如下:

$$S_d = \eta_d \left(S_{Gk} + \sum \psi_{qi} S_{Qi,k} \right) + \Psi_w S_{wk} \tag{1-1}$$

式中:S_{Gk}、$S_{Qi,k}$和S_{wk}分别为永久荷载标准值、第i个竖向可变荷载标准值和风荷载标准值产生的效应;ψ_{qi}和Ψ_w分别为可变荷载准永久值系数和风荷载组合值系数;η_d为竖向荷载动力放大系数。

《高层建筑混凝土结构技术规程》同时明确,构件截面承载力计算时,混凝土强度可取标准值;钢材强度、正截面承载力验算时,可取标准值的 1.25 倍,受剪承载力验算时可取标准值。

当拆除某构件不能满足结构防连续倒塌设计要求时,在该构件表面附加 80 kN/m² 侧向偶然作用设计值,此时其承载力应满足下列公式要求:

$$R_d \geqslant S_d = S_{Gk} + 0.6 S_{Qk} + S_{Ad} \tag{1-2}$$

式中:R_d为构件承载力设计值;S_d为作用组合的效应设计值;S_{Gk}、S_{Qk}和S_{Ad}分别为永久荷载标准值的效应、活荷载标准值的效应和侧向偶然作用设计值的效应。

《预制预应力混凝土装配整体式框架结构技术规程》(JGJ 224—2010)[68]要求结构具有良好的整体性,对预制预应力混凝土装配整体式框架结构、框架-剪力墙结构使用阶段计算时可取与现浇结构相同的计算模型。

《装配式混凝土结构技术规程》(JGJ 1—2014)[5]在《混凝土结构设计规范》(GB 50010—2010)的基本要求上,还规定应采取有效措施加强结构的整体性,应根据连接节点和接缝的构造方式和性能确定结构的整体计算模型。

《装配式混凝土建筑技术标准》(GB/T 51231—2016)[53]要求进行装配式混凝土结构弹性分析时,节点和接缝的模拟应符合下列规定:①当预制构件之间采用后浇带连接且接缝构造及承载力满足本标准中的相应要求时,可按现浇混凝土结构进行模拟;②对于本标准中未包括的连接节点及接缝形式,应按照实际情况模拟。进行抗震弹塑性分析时,宜根据节点和接缝在受力全过程中的特性进行节点和接缝模拟。

《建筑结构抗倒塌设计规范》(CECS 392:2014)[59]系统地给出了防爆炸、防撞击引起连续倒塌可采取的措施;要求发生偶然事件时,经防连续倒塌设计的建筑结构局部破坏或个别构件失效不应导致部分结构倒塌或整个结构倒塌。建筑结构防连续倒塌设计可采用概念设计法、拉结强度法、拆除构件法和局部加强法。计算模型应根据结构实际情况确定,应符合实际工作状况。

CECS 392:2014 给出了建筑结构防连续倒塌概念设计详细规定,要求拆除构件后的剩余结构可采用三种方法之一进行防连续倒塌计算:线性静力方法、非线性静力方法和非线性动力方法。采用线性静力方法进行建筑结构防连续倒塌计算时,结构计算模型及结构计算应符合下列规定:采用三维计算模型;采用线弹性材料;计入 P-D 效应;在拆除构件的剩余结构上一次静力施加楼面重力荷载以及水平荷载,进行结构的力学计算。采用非线性静力方法进行建筑结构防连续倒塌计算时,结构计算模型及结构计算应符合下列规定:采用三维计算模型;建立考虑材料非线性的构件力-变形关系骨架曲线;计入 P-D 效应;在拆除构件的剩余结构上分步施加楼面重力荷载以及水平荷载,进行结构的力学计算,荷载由 0 至最终值的加载步不应少于 10 步。采用非线性动力方法进行建筑结构防连续倒塌计算时,结构计算模型及结构计算应符合下列规定:采用三维计算模型;建立考虑材料非线性的构件力-变形关系骨架曲线;计入 P-D 效应;采用剩余结构的 Rayleigh 阻尼;时程分析的积分步长不宜大于 0.005 s。

CECS 392:2014 建议剩余结构荷载组合的效应设计值按下式确定:

$$S_d = S_V + S_L \tag{1-3}$$

式中:S_d、S_V 和 S_L 分别为剩余结构荷载组合、剩余结构重力荷载组合和剩余结构水平荷载的效应设计值。

采用线性静力方法及非线性静力方法进行建筑结构防连续倒塌计算时,剩余结构重力荷载组合的效应按下式计算:

$$S_V = S_{V1} + S_{V2} + S_{V3} \tag{1-4}$$

$$S_{V1} = A_d(S_{Gk} + \Psi_q S_{Qk} \text{ 或 } \gamma_S S_{Sk}) \tag{1-5}$$

$$S_{V2} = S_{Gk} + \Psi_q S_{Qk} \tag{1-6}$$

$$S_{V3} = S_{Gk} + \Psi_q S_{Qk} \text{ 或 } \gamma_S S_{Sk} \tag{1-7}$$

式中:S_{V1}、S_{V2} 分别为与被拆除柱的柱列相连的跨,且在被拆除柱所在层以上、下层的楼面重力荷载组合的效应设计值;S_{V3} 为与被拆除柱的柱列不相连各跨楼面重力荷载组合的效应设计值;S_{Gk}、S_{Qk} 意义同前述;S_{Sk} 为雪荷载效应标准值;Ψ_q 为楼面活荷载准永久值系数;γ_S 为雪荷载分项系数;A_d 为动力放大系数,采用线性静力方法计算时取 2.0,非线性静力计算时,框架、剪力墙、框架-剪力墙分别取 1.22、2.0、1.75。

采用非线性动力方法进行建筑结构防连续倒塌计算时,剩余结构重力荷载组合的效应按下式计算:

$$S_V = S_{VS} + S_{VD} \tag{1-8}$$

$$S_{VS} = \gamma_G S_{Gk} + \gamma_Q S_{Qk} \text{ 或 } \gamma_S S_{Sk} \tag{1-9}$$

式中:S_{VS} 为未拆除构件的原结构重力荷载的效应设计值;S_{VD} 为拆除构件时剩余结构动力荷载向量的效应设计值。

　　采用线性静力方法、非线性静力方法或非线性动力方法进行防连续倒塌计算时,水平荷载的效应按下式计算:

$$S_L = \Psi_L S_{Lk} \tag{1-10}$$

式中:S_L、S_{Lk}为水平荷载的效应设计值、标准值;Ψ_L为水平荷载组合值系数,取 0.2。

　　CECS 392:2014 同时给出了防连续倒塌设计的验收标准,当采用线性静力方法计算时,剩余结构构件的承载力应满足式(1-11);采用非线性静力分析或非线性动力分析方法计算时,剩余结构的水平构件的塑性转角应满足式(1-12)。

$$S_d \leqslant R_d \tag{1-11}$$

$$\theta_{p,e} \leqslant [\theta_{p,e}] \tag{1-12}$$

式中:R_d为剩余结构构件的承载力设计值;$\theta_{p,e}$为剩余结构水平构件组合的塑性转角设计值;$[\theta_{p,e}]$为剩余结构水平构件的塑性转角限值,对抗震设计的钢筋混凝土梁为 0.04。防连续倒塌设计的建筑结构构件截面承载力计算时,材料强度可按下列规定取值:混凝土轴压强度和轴拉强度可取其标准值;正截面承载力计算时钢筋强度可取其屈服强度标准值的 1.25 倍,受剪、受扭承载力计算时钢筋强度可取其屈服强度标准值;在进行建筑结构防连续倒塌计算时,材料强度可采用实测材料强度的标准值。

　　可见,国内外各规范之间,关于防连续倒塌设计的界定、效应组合、抗力计算和验收标准等方面均存在一些细节上的差异。

本章参考文献

[1] Ghosh S K, Hawkins N M. Seismic design provisions for precast concrete structures in ACI 318[J]. PCI Journal, 2001, 46(1): 28-32

[2] Martin L. PCI Design Handbook [Z]. Pre-stressed American Concrete Inst, 2014

[3] 社团法人预制建筑协会. 预制建筑总论:第一册[M]. 北京:中国建筑工业出版社,2012

[4] 社团法人预制建筑协会. R—PC 的设计:第四册[M]. 北京:中国建筑工业出版社,2012

[5] 中华人民共和国住房和城乡建设部.装配式混凝土结构技术规程:JGJ 1-2014[S].北京:中国建筑工业出版社,2014

[6] Restrepo I J, Park R. Design of connections of earthquake resisting precast reinforced concrete perimeter frames [J]. PCI Journal,1995, 23(5): 68-76

[7] 吴从晓,周云,赖伟山,等.现浇与预制装配式混凝土框架节点抗震性能试验[J].建筑科学与工程学报,2015,32(3):60-66

[8] Vasconez R M, Antoine E N. Behavior of HPFRC connections for precast concrete frames under reversed cyclic loading[J]. PCI Journal, 1998, 43(6): 58-71

[9] 李向民,高润东,许清风.预制装配式混凝土高效延性节点试验研究[J].中南大学学报,2013,44(8):53-63

[10] Nakaki S D, Englekirk R E. Ductile connectors for a precast concrete frame [J]. PCI Journal, 1994, 39(4): 46-58

［11］高林,刘英利,张啸驰,等.预制装配式框架结构灌浆套筒式节点试验研究[J].世界地震工程,2016,32(1):75-80

［12］李世达.预制混凝土框架柱及节点抗震性能试验研究[D].哈尔滨:哈尔滨工业大学,2013

［13］Ersoy U, Tankut T. Precast concrete members with welded plate connections under reversed cyclic loading[J]. PCI Journal, 1993, 38(4): 94-100

［14］Sucuoglu H. Effect of connection rigidity on seismic response of precast concrete frames [J]. PCI Journal, 1995, 40(1): 94-103

［15］王俊,田春雨,颜峰,等.拼接混凝土叠合梁受弯性能试验研究[J].建筑科学,2015,31(11):57-61

［16］Khoo J H, Li B, Yip W K. Tests on precast concrete frames with connections constructed away from column faces[J]. ACI Structural Journal, 2006,103(1):18-27

［17］薛伟辰,杨新磊,王蕴,等. 现浇柱叠合梁框架节点抗震性能试验研究[J].建筑结构学报,2008,29(6):9-17

［18］胡庆昌.建筑结构抗震设计与研究[M].北京:中国建筑工业出版社,1999

［19］李振宝,韩建强.预应力装配混凝土框架结构抗震性能研究[J]. 三明学院学报,2008,25(4):361-367

［20］刘猛.新型铅阻尼器与预应力装配式框架节点抗震性能研究[D].北京:北京工业大学,2008

［21］吴从晓,赖伟山,周云,等.新型预制装配式消能减震混凝土框架节点抗震性能试验研究[J].土木工程学报,2015,48(9):23-30

［22］薛伟辰,胡翔.预制混凝土剪力墙结构体系研究进展[J].建筑结构学报,2018,40(2):43-54

［23］钱稼茹,彭媛媛,张景明,等.竖向钢筋套筒浆锚连接的预制剪力墙抗震性能试验[J].建筑结构,2011,14(2):1-6

［24］钱稼茹,韩文龙,赵作周,等.钢筋套筒灌浆连接装配式剪力墙结构三层足尺模型子结构拟动力试验[J].建筑结构学报,2017,38(3):26-38

［25］张微敬,钱稼茹,于检生,等.竖向分布钢筋单排间接搭接的带现浇暗柱预制剪力墙抗震性能试验[J].土木工程学报,2012,5(10):89-97

［26］姜洪斌,陈再现,张家齐,等.预制钢筋混凝土剪力墙结构拟静力试验研究[J].建筑结构学报,2011,32(6):34-40

［27］薛伟辰,胡翔,李阳.螺旋箍筋约束浆锚搭接装配式混凝土剪力墙抗震性能试验研究[R].上海:同济大学土木工程学院,2016:29-79

［28］陈云钢,刘家彬,郭正兴,等.装配式剪力墙水平拼缝钢筋浆锚搭接抗震性能试验[J].哈尔滨工业大学学报,2013,45(6):83-89

［29］李宁波,钱稼茹,叶列平,等.竖向钢筋套筒挤压连接的预制钢筋混凝土剪力墙抗震性能试验研究[J].建筑结构学报,2016,37(1):31-40

［30］焦安亮,张鹏,李永辉,等.环筋扣合锚接连接预制剪力墙抗震性能试验研究[J].建筑结构

学报,2015,36(5):103-109

[31] 刘家彬,陈云钢,郭正兴,等.装配式混凝土剪力墙水平拼缝 U 型闭合筋连接抗震性能试验研究[J].东南大学学报(自然科学版),2013,43(3):55-570

[32] 薛伟辰,古徐莉,胡翔,等.螺栓连接装配整体式混凝土剪力墙低周反复试验研究[J].土木工程学报,2014,47(S2):221-226

[33] 薛伟辰,胡翔,褚明晓.螺栓连接预制混凝土剪力墙低周反复荷载试验研究[R].上海:同济大学土木工程学院,2018:33-94

[34] Soudki K A, Rizkalla S H, Dalkiw R W. Horizontal connections for precast concrete shear walls subjected to cyclic deformations: Part 2: prestressed connections[J]. PCI Journal, 1995, 40(5): 82-96

[35] Kurama Y C, Sause R, Pessiki S, et al. Lateral load behavior and seismic design of unboned post-tensioned precast concrete walls[J]. ACI Structural Journal, 1999, 96(4): 622-632

[36] Prestrepo J I, Rahman A. Seismic performance of self-centering structural walls incorporating energy dissipaters [J]. Journal of Structural Engineering, 2017, 133(11): 1560-1570

[37] 薛伟辰,胡翔,蔡磊.双面叠合混凝土剪力墙抗震性能试验研究[R].上海:同济大学土木工程学院,2015:14-79

[38] 肖波,李检保,吕西林.预制叠合剪力墙结构模拟地震振动台试验研究[J].结构工程师,2016,32(3):119-126

[39] 杨联萍,余少乐,张其林,等.叠合面对叠合剪力墙极限承载力影响的数值分析[J].同济大学学报(自然科学版),2016,44(12):1810-1818

[40] 连星,叶献国,王德才,等.叠合板式剪力墙的抗震性能试验分析[J].合肥工业大学学报(自然科学版),2009,32(8):1219-1223

[41] 潘陵娣,鲁亮,梁琳,等.预制叠合墙抗剪承载力试验分析研究[C].第18届全国结构工程学术会议论文集(第Ⅱ册),广州,2018:116-121

[42] 章红梅,吕西林,段元锋,等.半预制钢筋混凝土叠合墙(PPRC-CW)非线性研究[J].土木工程学报,2010,43(S2):93-100

[43] 杨佳林,秦桁,刘国权,等.板式纤维塑料连接件力学性能试验研究[J].塑料工业,2012,40(8):69-72

[44] 薛伟辰,杨佳林,董年才,等.低周反复荷载下预制混凝土夹心保温剪力墙的试验研究[J].东南大学学报(自然科学版),2013,43(5):1104-1110

[45] 薛伟辰,徐亚玲,朱永明,等.新型预制混凝土无机保温夹心墙体开发及其热工性能研究[J].混凝土与水泥制品,2013(8):55-57

[46] 钱稼茹,宋晓璐,冯葆纯,等.喷涂混凝土夹心剪力墙抗震性能试验研究及有限元分析[J].建筑结构学报,2013,34(10):12-23

[47] 王滋军,刘伟庆,魏威,等.钢筋混凝土水平拼接叠合剪力墙抗震性能试验研究[J].建筑结

构学报,2012,33(7):147-155

[48] 王滋军,刘伟庆,叶燕华,等.钢筋混凝土开洞叠合剪力墙抗震性能试验研究[J].建筑结构学报,2012,33(7):153-163

[49] 王滋军,刘伟庆,翟文豪,等.新型预制叠合剪力墙抗震性能试验研究[J].中南大学学报(自然科学版),2015,46(4):1409-1419

[50] Buddika H A D S, Wijeyewickrema A C. Seismic performance evaluation of posttensioned hybrid precast wall-frame buildings and comparison with shear wall-frame buildings[J]. Journal of Structural Engineering, 2016, 142(6): 04016021

[51] Ioani A M, Tripa E. Structural behavior of an innovative all-precast concrete dual system for residential buildings[J]. PCI Journal, 2012, 57(1): 110-123

[52] 马军卫,潘金龙,尹万云,等.全装配式钢筋混凝土框架-剪力墙结构抗震性能试验研究[J].建筑结构学报, 2017, 38(6): 12-22

[53] 中华人民共和国住房和城乡建设部. 装配式混凝土建筑技术标准:GB/T 51231—2016[S].北京:中国建筑工业出版社,2016

[54] 中华人民共和国住房和城乡建设部. 钢筋套筒灌浆连接应用技术规程:JGJ 355—2015[S].北京:中国建筑工业出版社,2015

[55] 中华人民共和国住房和城乡建设部. 钢筋机械连接技术规程:JGJ 107—2016[S].北京:中国建筑工业出版社,2016

[56] 中华人民共和国住房和城乡建设部. 钢筋焊接及验收规程:JGJ 18—2012[S].北京:中国建筑工业出版社,2012

[57] Precast/Prestressed Concrete Institute (PCI). PCI Design Handbook: precast and prestressed concrete [M]. Chicago: The Donohue Group Inc, 2017

[58] 中华人民共和国国家标准.混凝土结构设计规范(2015 年版):GB 50010—2010[S].北京:中国建筑工业出版社,2015

[59] 中国工程建设协会标准.建筑结构抗倒塌设计规范:CECS 392:2014 [S].北京:中国计划出版社,2014

[60] BS 5950-1:2000. Structural use of steelwork in building, part 1:Code of practice for design rolled and welded sections[S]. London, 2001

[61] Canada-NBCC 1977. National building code of Canada: Canadian commission on building and fire codes[S]. National Research Council Canada, 1977

[62] GSA (General Services Administration). Progressive collapse analysis and design guidelines for new federal office buildings and major modernization projects[S]. Office of Chief Architect, Washington, D C, 2003

[63] DoD (Department of Denfense), Design of buildings to resist progressive collapse. Unified Facilities Criteria (UFC) 4-023-03[S]. Washington, D C, 2009

[64] EC2 Eurocode 2: design of concrete structures. European standard EN 1998-3[S]. European Committee for Standardization (CEN), Brussels, 2003

［65］American Society of Civil Engineers，ASCE Standard. Minimum design loads for buildings and other structures［S］. ASCE 7-02，Reston，VA，2003

［66］中华人民共和国住房和城乡建设部.建筑结构可靠度设计统一标准:GB 50068—2018［S].北京:中国建筑工业出版社,2018

［67］中华人民共和国住房和城乡建设部.高层建筑混凝土结构技术规程(2010 年版):JGJ 3—2010［S].北京:中国建筑工业出版社,2011

［68］中华人民共和国住房和城乡建设部.预制预应力混凝土装配整体式框架结构技术规程:JGJ 224—2010［S].北京:中国建筑工业出版社,2011

第2章
装配式结构大变形数值分析方法

2.1 纤维梁单元

纤维梁单元具有原理简单、使用便捷、计算效率高、计算精度好的优点,因而广泛适用于装配式结构中梁柱等杆系构件的高效精细化数值模拟。以下将简单介绍以大型通用有限元程序 MSC.Marc 为平台开发的纤维梁单元的原理、本构模型和试验验证情况。

2.1.1 纤维梁单元原理

图 2-1 给出了采用梁单元进行基于位移的杆系有限元分析的流程,其中根据单元积分点截面广义应变增量求解广义应力增量是整个过程的关键所在,也就是所谓的截面本构关系。在通用有限元程序 MSC.Marc 中,当用户需要实现一种新的截面本构模型时,可以对其提供的子程序 UBEAM 进行二次开发[1-2]。

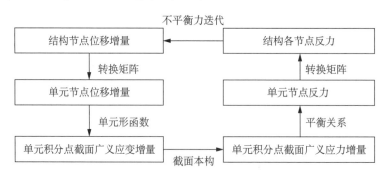

图 2-1 杆系有限元求解流程

如图 2-2 所示,在纤维梁单元中,截面广义应力向量 $\boldsymbol{D}$ 由 6 个分量组成,包括轴力 N、双向剪力 V_x 和 V_y、双向弯矩 M_x 和 M_y、扭矩 T。广义应变向量 $\boldsymbol{d}$ 则由轴向应变 ε、双向剪应变 γ_x 和 γ_y、双向曲率 ϕ_x 和 ϕ_y、扭转角 ω 组成。 其中,1、4、5 分量反映构件的压弯受力行为,2、3、6 分量则反映构件的剪扭受力行为。

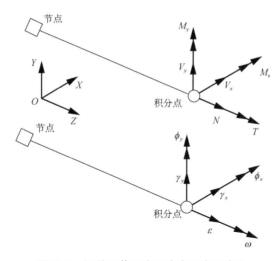

图 2-2 梁单元截面广义应变和广义应力

根据纤维模型的基本原理,截面压弯分量的切线刚度矩阵 k_1 为:

$$k_1 = l^{\mathrm{T}}(E_t A)l \tag{2-1}$$

式中:E_t 为纤维切线刚度向量;$A = \mathrm{diag}(A_1, \cdots, A_i, \cdots, A_n)$,$A_i$ 为第 i 个纤维的截面积;l 为变形协调矩阵:

$$l = \begin{bmatrix} 1 & y_1 & -x_1 \\ \vdots & \vdots & \vdots \\ 1 & y_i & -x_i \\ \vdots & \vdots & \vdots \\ 1 & y_n & -x_n \end{bmatrix} \tag{2-2}$$

式中:x_i 和 y_i 分别为第 i 个纤维中心点在截面局部坐标系中的 x 和 y 坐标。将 k_1 写成矩阵形式为:

$$k_1 = \begin{bmatrix} \sum_{i=1}^n E_{ti}A_i & \sum_{i=1}^n E_{ti}A_i y_i & -\sum_{i=1}^n E_{ti}A_i x_i \\ \sum_{i=1}^n E_{ti}A_i y_i & \sum_{i=1}^n E_{ti}A_i y_i^2 & -\sum_{i=1}^n E_{ti}A_i x_i y_i \\ -\sum_{i=1}^n E_{ti}A_i x_i & -\sum_{i=1}^n E_{ti}A_i x_i y_i & \sum_{i=1}^n E_{ti}A_i x_i^2 \end{bmatrix} \tag{2-3}$$

截面剪扭分量的切线刚度矩阵 k_2 为:

$$k_2 = \begin{bmatrix} \sum_{i=1}^n G_i A_i & 0 & 0 \\ 0 & \sum_{i=1}^n G_i A_i & 0 \\ 0 & 0 & \sum_{i=1}^n G_i I_{pi} \end{bmatrix} \tag{2-4}$$

式中：E_i 和 G_i 为第 i 个纤维的初始弹性模量和初始剪切模量；I_{pi} 为第 i 个纤维相对于截面形心的极惯性矩。

截面广义应力向量为：

$$\boldsymbol{D} = \left[\sum_{i=1}^{n}\sigma_i A_i \quad \sum_{i=1}^{n}G_i A_i \boldsymbol{\gamma}_x \quad \sum_{i=1}^{n}G_i A_i \boldsymbol{\gamma}_y \quad -\sum_{i=1}^{n}\sigma_i A_i y_i \quad \sum_{i=1}^{n}\sigma_i A_i x_i \quad \sum_{i=1}^{n}G_i I_{pi}\boldsymbol{\omega}\right]^{\mathrm{T}}$$

$$(2\text{-}5)$$

2.1.2　本构模型

纤维模型的核心是所采用的单轴本构关系，如图 2-3(a)所示，对于单轴受压的混凝土，在达到峰值压应变 ε_0 前，应力-应变关系满足二次抛物线形式：

$$\sigma = \sigma_0\left[2\left(\frac{\varepsilon}{\varepsilon_0}\right) - \left(\frac{\varepsilon}{\varepsilon_0}\right)^2\right] \tag{2-6}$$

式中：峰值压应变 ε_0 取为 2 000 $\mu\varepsilon$，峰值压应力 σ_0 取为圆柱体抗压强度。当混凝土超过峰值压应变 ε_0 后，应力-应变关系取为直线，如图 2-3(a)所示，图中极限压应变 $\varepsilon_u = $ 4 000 $\mu\varepsilon$，η_d 为达到极限压应变时混凝土的强度折减系数，Rüsch 建议取 0[3]，Hognestad 等人[4]建议取 15%。根据算例分析的结果，对于配筋混凝土，0～15%之间的取值既有利于数值收敛，又能和试验有较好的吻合。

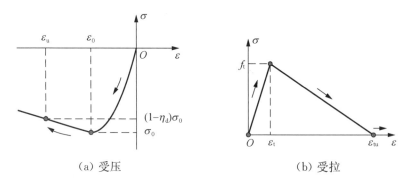

（a）受压　　　　　　　　　　　（b）受拉

图 2-3　普通混凝土材料单轴应力-应变骨架曲线

混凝土受拉骨架曲线如图 2-3(b)所示，混凝土抗拉强度 f_t 按式(2-7)计算，混凝土峰值拉应变 $\varepsilon_t = f_t / E_c$，$E_c$ 为混凝土初始弹性模量。

$$f_t = \begin{cases} 0.26 f_{cu}^{2/3}, & f_{cu} \leqslant 50\ \text{MPa} \\ 0.21 f_{cu}^{2/3}, & f_{cu} > 50\ \text{MPa} \end{cases} \tag{2-7}$$

式中：f_{cu} 为混凝土立方体抗压强度。混凝土在往复荷载作用下，表现出明显的多次加卸载下的强度和刚度退化现象。本节在 Mander 等人[5]提出的考虑混凝土单次加卸载强度退化滞回准则的基础上，提出了可以考虑多次加卸载强度退化的混凝土滞回准则（如图 2-4 所示），该模型便于程序实现，数值稳定性较好，算例表明，该模型能较准确地模拟混凝土在多次往复加卸载作用下的复杂力学行为。

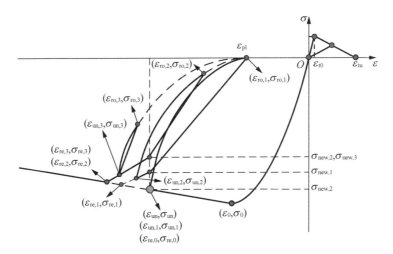

图 2-4　混凝土材料单轴应力-应变滞回准则

首先讨论受压滞回准则,为了表达方便,以下公式中所代表的应力和应变均取正值。

(1)卸载准则

混凝土从骨架线上某点卸载的起点应力和应变分别记为 σ_{un} 和 ε_{un},从该点开始,到回到骨架线之前,第 i 次卸载起点的应力和应变分别记为 $\sigma_{un,i}$,$\varepsilon_{un,i}$,以图 2-4 为例,$i=$ 1~3。

假设混凝土每次卸载后的残余应变 ε_{pl} 仅由 σ_{un} 和 ε_{un} 决定,按式(2-8)和(2-9)计算。ε_{pl} 反映的是混凝土在往复加卸载过程中的刚度退化特性。

$$\varepsilon_{pl}=\varepsilon_{un}-\frac{\varepsilon_{un}+\varepsilon_a}{\sigma_{un}+E_c\varepsilon_a}\cdot\sigma_{un} \tag{2-8}$$

$$\varepsilon_a=\sqrt{\varepsilon_{un}\cdot\varepsilon_0}\cdot\max\left(\frac{\varepsilon_0}{\varepsilon_0+\varepsilon_{un}},\frac{0.09\varepsilon_{un}}{\varepsilon_0}\right) \tag{2-9}$$

卸载曲线取为二次抛物线,并假定卸载至残余应变 ε_{pl} 时,曲线的切线斜率为 0,据此可得第 i 次卸载的应力-应变曲线方程如式(2-10)所示。

$$\sigma=\sigma_{un,i}\frac{(\varepsilon-\varepsilon_{pl})^2}{(\varepsilon_{un,i}-\varepsilon_{pl})^2} \tag{2-10}$$

(2)再加载准则

定义第 i 次再加载起点的应力和应变分别为 $\sigma_{ro,i}$ 和 $\varepsilon_{ro,i}$,当 $\varepsilon_{ro,i}<\varepsilon_{pl}$ 时,取 $\varepsilon_{ro,i}=\varepsilon_{pl}$,$\sigma_{ro,i}=0$。从再加载起点开始,走双折线回到骨架曲线。定义第 i 次再加载应变回到 ε_{un} 时发生强度退化后的更新应力为 $\sigma_{new,i}$,对于未进行再加载的初始状态,混凝土尚未发生强度退化,$\sigma_{new,0}=\sigma_{un}$。定义第 i 次再加载重新回到骨架曲线时的应力和应变分别为 $\sigma_{re,i}$ 和 $\varepsilon_{re,i}$。同样的,对于未进行再加载的初始状态,混凝土尚未发生强度退化,$\sigma_{re,0}=\sigma_{un}$,$\varepsilon_{re,0}=\varepsilon_{un}$。如图 2-4 所示,当再加载起点应变 $\varepsilon_{ro,i}<\varepsilon_{un}$ 时,混凝土从再加载起点开始先到

强度退化点(ε_{un}，$\sigma_{new,i}$)，再回到骨架曲线($\varepsilon_{re,i}$，$\sigma_{re,i}$)；当再加载起点应变$\varepsilon_{ro,i} \geqslant \varepsilon_{un}$时，混凝土从再加载起点开始直接回到最近一次的卸载起点($\varepsilon_{un,i}$，$\sigma_{un,i}$)，再回到骨架曲线($\varepsilon_{re,i}$，$\sigma_{re,i}$)。

第i次再加载强度退化后的更新应力$\sigma_{new,i}$按下式计算：

$$\sigma_{new,i} = \begin{cases} 0.92 \cdot \sigma_{new,i-1} + 0.08 \cdot \sigma_{ro,i} & (\varepsilon_{ro,i} < \varepsilon_{un}) \\ \sigma_{new,i-1} & (\varepsilon_{ro,i} \geqslant \varepsilon_{un}) \end{cases} \tag{2-11}$$

第i次再加载重新回到骨架曲线时的应变$\varepsilon_{re,i}$按下式计算：

$$\varepsilon_{re,i} = \begin{cases} 1.5 \cdot \dfrac{\sigma_{un} - \sigma_{new,i}}{E_r} + \varepsilon_{un} & (\varepsilon_{ro,i} < \varepsilon_{un}) \\ \varepsilon_{re,i-1} & (\varepsilon_{ro,i} \geqslant \varepsilon_{un}) \end{cases} \tag{2-12}$$

式中：E_r为再加载起点到发生强度退化后更新应力点的斜率，按下式计算：

$$E_r = \frac{\sigma_{new,i} - \sigma_{ro,i}}{\varepsilon_{un} - \varepsilon_{ro,i}} \tag{2-13}$$

根据以上定义的混凝土受压滞回准则以及骨架曲线，可以模拟混凝土多次受压往复加卸载的行为。如图2-5所示为混凝土受压等应变增量单次及多次循环加卸载试验结果和建议模型的对照情况，可以看到建议模型能够较好地把握混凝土单次及多次加卸载过程中强度和刚度退化特征。对于混凝土受拉滞回准则，可以简单地定义为直线加卸载，直线指向坐标原点。

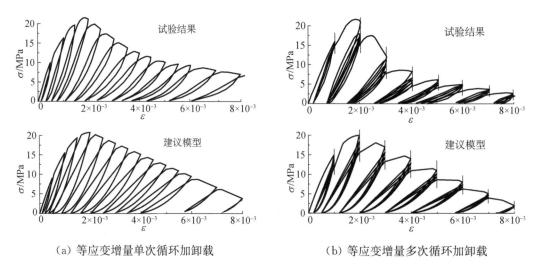

(a) 等应变增量单次循环加卸载　　　(b) 等应变增量多次循环加卸载

图2-5　混凝土材料单轴试验结果和建议模型结果对比

钢筋的骨架曲线采用Esmaeily和Xiao建议的形式[6]，其强化段采用二次抛物线形式[图2-6(a)]，数学表达式为：

$$\sigma = k_3 f_y + \frac{E_s(1-k_3)}{\varepsilon_y(k_2-k_1)^2}(\varepsilon - k_2\varepsilon_y)^2 \tag{2-14}$$

式中：E_s 为弹性模量；f_y 为屈服强度；ε_y 为屈服应变。参数 k_1、k_2 和 k_3 用于控制曲线的形状，其意义如图 2-6(a) 所示。根据相关试验结果，对于埋入混凝土中的钢筋，可取 $k_1=4$，$k_2=25$，$k_3=1.2$。

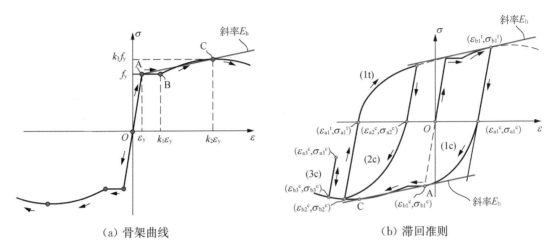

（a）骨架曲线　　　　　　　　　（b）滞回准则

图 2-6　钢筋的单轴本构关系

往复荷载作用下，钢筋表现出明显的包兴格效应，Légeron 等人[7] 提出的滞回准则能够较为合理准确地考虑钢筋以及钢材的包兴格效应，和试验结果吻合较好，且表达形式较为简单，如图 2-6(b) 所示。钢筋卸载按弹性直线卸载，卸载刚度和初始弹性模量相同。将第 i 次拉/压再加载曲线起点应力和应变分别记为 $\sigma_{ai}^{t/c}$ 和 $\varepsilon_{ai}^{t/c}$，定义第 i 次拉/压再加载曲线终点为该方向上（拉或压）前次到达的最大应变点，其初始值取为初始屈服点，记为 $(\varepsilon_{bi}^{t/c}, \sigma_{bi}^{t/c})$。再加载路径分为两种情况：第一种情况为起点和终点连线斜率大于弹性模量 E_s，则取 p 次曲线，如图 2-6(b) 中的曲线(1c)、(1t) 以及(2c)；第二种情况为起点和终点连线斜率等于弹性模量 E_s，则取直线，如图 2-6(b) 中的直线(3c)。上述再加载准则的数学表达式为：

$$E_s(\varepsilon - \varepsilon_{ai}^{t/c}) - (\sigma - \sigma_{ai}^{t/c}) =$$
$$\begin{cases} [E_s(\varepsilon_{bi}^{t/c} - \varepsilon_{ai}^{t/c}) - (\sigma_{bi}^{t/c} - \sigma_{ai}^{t/c})] \cdot \left(\dfrac{\varepsilon - \varepsilon_{ai}^{t/c}}{\varepsilon_{bi}^{t/c} - \varepsilon_{ai}^{t/c}}\right)^p & (E_s(\varepsilon_{bi}^{t/c} - \varepsilon_{ai}^{t/c}) > \sigma_{bi}^{t/c} - \sigma_{ai}^{t/c}) \\ 0 & (E_s(\varepsilon_{bi}^{t/c} - \varepsilon_{ai}^{t/c}) = \sigma_{bi}^{t/c} - \sigma_{ai}^{t/c}) \end{cases}$$

$$(2\text{-}15)$$

对于再加载准则的第一种情况，曲线的起点自然满足切线斜率等于 E_s，由终点切线斜率等于 E_h（图 2-6）这一条件可得式(2-15)中 p 的表达式为：

$$p = \frac{E_s(1 - E_h/E_s)(\varepsilon_{bi}^{t/c} - \varepsilon_{ai}^{t/c})}{E_s(\varepsilon_{bi}^{t/c} - \varepsilon_{ai}^{t/c}) - (\sigma_{bi}^{t/c} - \sigma_{ai}^{t/c})} \qquad (2\text{-}16)$$

2.1.3 试验验证

（1）钢筋混凝土梁

以一根承受两点对称集中荷载的普通钢筋混凝土梁为例[8]。试件的具体参数以及试验结果和数值计算结果对比情况如图 2-7 所示，图中 f_c' 为混凝土圆柱体抗压强度，f_{yr} 为钢筋屈服强度。对比情况表明，数值计算模型能较好地反映钢筋混凝土梁的全过程受力行为，和试验结果总体上有较好的吻合程度。

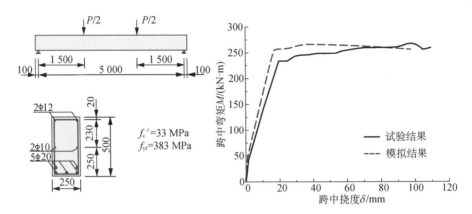

图 2-7 两点对称集中荷载钢筋混凝土简支梁

（2）钢筋混凝土柱

日本学者 Kawashima 等人[9]于 2004 年报道了一组钢筋混凝土桥墩往复荷载作用下的抗震性能试验，本节选取其中一承受单向往复水平荷载的钢筋混凝土柱进行模拟，如图 2-8 所示。该柱截面尺寸为 400 mm×400 mm，周围等间距布置 16 根纵向钢筋，试验时首先施加轴力，然后分级施加水平往复荷载，从试验和数值计算的对比情况可以看出，由于采用的混凝土本构模型能较为准确地考虑混凝土材料在往复荷载作用下的刚度和强度退化行为，能较好地模拟钢筋混凝土柱的强度、刚度以及滞回捏拢行为。

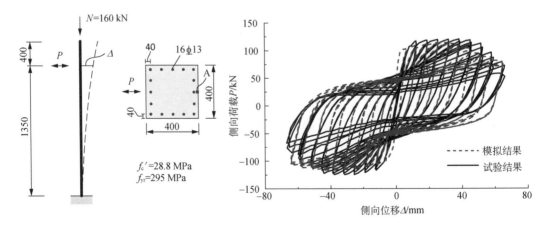

图 2-8 往复荷载作用下钢筋混凝土柱

（3）钢筋混凝土受弯墙

2010 年,钱稼茹等学者[10]报道了一批钢筋混凝土墙往复荷载作用下的抗震性能试验结果,其中有一片剪力墙发生底部弯曲破坏,符合纤维模型假定,因此同样可采用本节模型进行分析。图 2-9 给出了该试件的几何与材料参数,以及试验和数值计算结果的对比情况,从中可知,对于这片以弯曲变形为主的剪力墙,本节模型能较为精确地计算其在往复荷载作用下的力学行为。

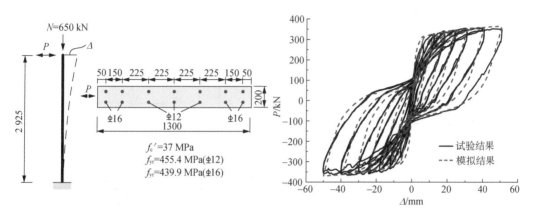

图 2-9　往复荷载作用下的钢筋混凝土剪力墙

2.2　宏观节点模型

梁柱连接节点是装配式混凝土框架结构的拼接部位,也是影响整体力学性能的核心受力部位。因此,精确高效的节点模型,对于合理反映装配式框架结构的受力机理、研究其损伤演化规律具有重要的意义。现有的大多数混凝土结构数值模拟方法,根据其建模思路的不同,可以分为两类:基于梁柱杆系单元的分析方法和基于三维实体单元的分析方法。基于梁柱杆系单元的分析方法对构件细部进行了等效与简化,建模方便实用,但计算结果缺乏对结构局部与微观响应的分析。基于三维实体单元的分析方法更加精细,但建模复杂,计算耗时,收敛困难,不利于进行地震作用下装配式混凝土整体结构的分析。显然,基于三维实体单元的分析方法更适用于局部破坏的机理分析,而基于梁柱杆系单元的分析方法则更适用于结构整体性能的研究。同时,装配式梁柱节点有其特有的受力特征,如后浇区抗剪薄弱,套筒、波纹管等灌浆不实等,因此,如何在数值模型中合理地反映上述特点,是结构分析中需要考虑的重点之一。本节主要介绍了一类基于 OpenSees 软件中宏观节点模型的装配式结构分析方法,着重考虑了节点拼接区的受力特征,并对典型的装配式节点反复加载试验、装配式子结构连续倒塌试验进行模拟,以验证该方法的有效性。

2.2.1 宏观节点模型介绍

装配式混凝土框架结构的梁柱节点一般以"等同现浇"为性能目标,因此其建模方式当与现浇梁柱节点类似,仅需附加考虑节点连接部位由于后浇质量不易保证而造成的剪切行为明显以及灌浆不足而导致的钢筋-混凝土间的粘结-滑移效应突出等问题。根据上述受力特点,可采用 OpenSees 中的宏观节点模型对装配式混凝土结构进行模拟,其一般示意图如图 2-10 所示。其中,梁、柱构件采用非线性纤维单元,节点区采用 Joint2D 单元。

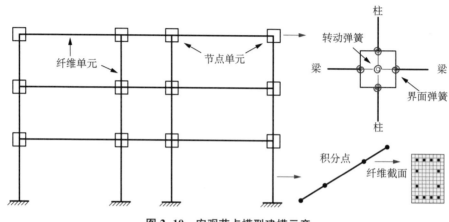

图 2-10 宏观节点模型建模示意

非线性纤维梁柱单元是 OpenSees 中最常用的单元之一,一般用于模拟梁、柱等杆系构件。该单元基于有限单元柔度法,采用力型插值函数来描述单元内力分布。由于单元的内力分布往往较为稳定,因此,即使在强非线性条件下,单元的静力平衡条件亦严格满足,因而采用较少的单元即可以描述整个梁、柱构件的力学行为。单元沿长度方向设置多个积分点,每个积分点表征该处截面,并采用纤维模型描述该截面的力-变形关系。纤维模型依据平截面假定,忽略剪切变形和粘结滑移的影响,将截面离散为若干混凝土纤维和钢筋纤维[11-12]。假定每根纤维均处于单轴受力状态,并赋予相应的材料单轴应力-应变关系,对整个截面进行积分,即可以得到截面的内力以及刚度矩阵。同时,若对有效约束区内的混凝土纤维赋予约束混凝土本构关系,而保护层范围内的混凝土纤维赋予素混凝土本构关系,纤维截面模型还可以反映箍筋约束效应的影响[13]。该模型还可以根据装配式结构的特点,根据有无键槽而划分截面,如图 2-11 所示。

Joint2D 单元一般用以合理反映节点部位的受力机理,如节点核心区的剪切行为,梁、柱交接面的钢筋滑移效应等。如前所述,装配式结构后浇质量不易保证,且因浇筑不实、灌浆不足等施工误差,更会放大核心区剪切行为、粘结滑移效应对结构的影响。Joint2D 单元包含 5 个转动弹簧(如图 2-12 所示),其中,1 个弹簧位于节点内部,表征核心区的剪切行为,一般被赋予剪力-剪切变形关系经验曲线;4 个弹簧位于梁柱构件与节点交界面处,用以模拟钢筋滑移和拔出引起的梁柱单元端部转动,一般被赋予弯矩-转角

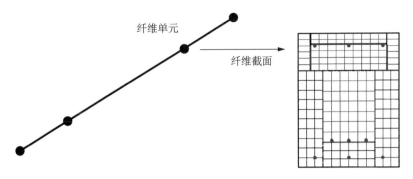

图 2-11　带键槽纤维截面模型

关系经验曲线。各弹簧的力-变形关系经验曲线均可以采用 Pinching4 材料模型模拟,该
材料模型的参数则根据不同的受力机理分析而标定。

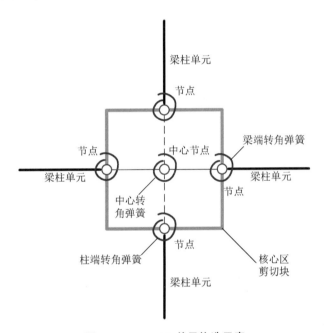

图 2-12　Joint2D 单元构造示意

2.2.2　节点模型本构关系

一、混凝土本构模型

非线性纤维梁柱单元中,需要给混凝土纤维赋予相应的本构关系[14-15],本书采用
Concrete02 模型(图 2-13)。该模型受拉部分骨架曲线为双折线模型,即弹性上升段、线
性下降段;受压部分骨架曲线则基于 Kent-Park 模型,由三部分组成:抛物线上升段、斜直
线下降段、平直线残余段。其中,模型的弹性模量 E_c 可以根据混凝土受压峰值强度 f'_c 及
对应的应变 ε_0 计算,即 $E_c = 2f'_c/\varepsilon_0$;残余段的残余应力定义为峰值强度的 20%,即 $f_{cu} = 0.2f'_c$。模型的滞回规则是由一系列的直线组成,兼顾计算效率与简便性,可以考虑混凝

土加卸载过程中的刚度退化和滞回耗能。

同时，为了考虑箍筋约束效应对核心区混凝土的强度、延性提高作用，Scott 等[16] 于 1982 年对该模型进行了修正，引入强化系数 K 来反映箍筋对混凝土延性和强度的提高作用，K 的取值根据配箍率、箍筋间距等参数计算，K 在模拟中建议取值 1.2～1.3。

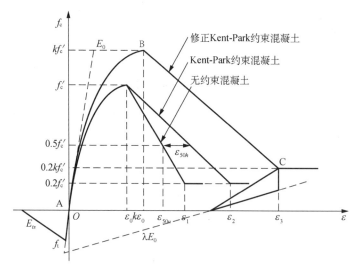

图 2-13   混凝土本构模型

二、钢筋本构模型

钢筋纤维采用 Steel02 模型模拟（图 2-14）。该模型由 Giuffre-Menegotto-Pinto 提出，应力可由应变的显式函数表达，因此具有较高的计算效率。同时，该模型的计算结果与钢筋反复加载试验结果取得了较好的一致性，且可以反映包兴格效应。此外，该模型具有初始应力属性，可以定义初始值来模拟预应力筋。

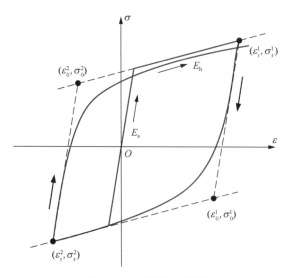

图 2-14   钢筋本构模型

模型的加卸载曲线由两条渐进直线确定,渐进线的斜率分别为弹性模量 E_s 和强化模量 E_h。加卸载曲线的过渡段形状由参数 R 控制,反映了钢筋的包兴格效应,其值取决于当前渐近线交点 A 和上一次荷载的反向点 B 间的应变差 ξ:

$$R = R_0 - \frac{a_1\xi}{a_2+\xi} \qquad (2\text{-}17)$$

式中:R_0 是首次加载时参数 R 的初始值;a_1、a_2 是由试验确定的参数。在模型定义中 R_0 还与参数 CR_1、CR_2 相关,根据 OpenSees 手册,R_0、a_1、a_2 建议分别取值为 15、0.925 和 0.15。

三、节点转动弹簧本构模型

节点区的 5 个转动弹簧的本构关系均采用 Pinching4 模型(图 2-15),该模型可以反映强度退化、刚度退化和捏拢效应。单调加载下,该模型的骨架曲线需要定义 16 个参数,即正负方向各 8 个;循环加载下,卸载-再加载路径需要定义 6 个参数,退化准则(卸载刚度、再加载刚度、强度)需要定义 12 个参数。骨架曲线参数一般根据相关问题属性实时计算,而加卸载参数、退化准则参数则可以按照文献推荐参数确定。

对于节点核心区剪切弹簧,Pinching4 模型的骨架曲线确定可采用修正斜压场理论(MCFT)、拉-压杆模型等分析获得。本书采用 MCFT,该理论假定剪切块所受剪力均匀分布且只通过斜压杆传递,通过指定混凝土的平均主拉应变,计算剪块相应的剪应力与剪应变,从而得到形成核心区的剪应力-剪应变骨架曲线[17]。该骨架曲线乘以节点体积即转换为节点弯矩-剪切变形骨架曲线。

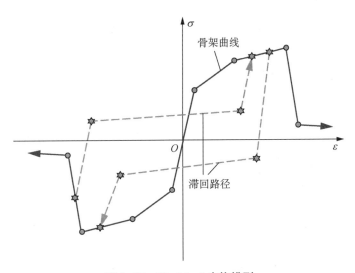

图 2-15　Pinching4 本构模型

四、钢筋粘结滑移本构模型

对于梁端粘结滑移弹簧,骨架曲线的确定则可以采用拟纤维截面分析方法,如图 2-16 所示。首先根据锚固条件推导梁端钢筋的应力-滑移关系;接着用该关系曲线替换纤维截面中的钢筋应力-应变曲线,进行截面分析,得到截面的弯矩-转角曲线;最后根据该曲线,识别 Pinching4 模型的 16 个骨架曲线参数。可假定粘结力分布为阶梯形,然后根据力平衡关系推导获得梁柱端部钢筋的应力-滑移关系:

$$S_y = 2.54 \cdot \left[\frac{d}{8\,437} \cdot \frac{f_y}{\sqrt{f'_c}} \cdot (2 \cdot \alpha + 1) \right]^{1/\alpha} + 0.34 \qquad (2\text{-}18)$$

式中:f_y 是钢筋屈服强度;f'_c 是后浇混凝土抗压强度;d 是钢筋直径;α 是局部粘结滑移参数,通常取为 0.4[18]。

通过定义钢筋屈服强度并带入公式(2-18),得到钢筋屈服时相应的滑移量;而钢筋极限强度对应的滑移量可采用公式(2-19)计算[19]:

$$S_u = (30 \sim 40) \times S_y \qquad (2\text{-}19)$$

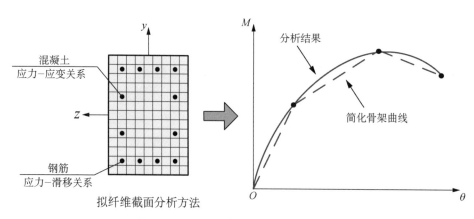

图 2-16 滑移弹簧本构模型及定参方法

2.2.3 节点模型装配式结构地震反应分析应用

为了验证上述提出的装配式节点数值模拟方法,首先对典型装配式节点的低周反复加载试验进行模拟。选取国内外不同研究者完成的 4 个节点试验,分别为 Im 和 Park 的带键槽的试件 SP1[20]、Parastesh 等的试件 BC4[21],以及 Ha 和 Kim 等的无键槽的试件 S3-1[22] 和 Alcocer 等的试件 J1[23]。其相关试件材料参数、试验方式和加载制度可见原参考文献。

考虑到装配式梁柱节点建模中的关键点,Joint2D 单元的 5 个弹簧分量并不能直接根据试验参数获得,首先以 Im 和 Park 的试件 SP1[20] 为例,给出其相关参数取值方法。对于节点核心区剪切弹簧,采用分析软件 Membrane-2000[24] 计算相关系数。通过输入节点区混凝土抗压强度、钢筋屈服强度及相应的配筋率,生成如图 2-17 所示的节点区剪应力-剪应变关系曲线。选择关键点(斜率变化点)1~4 将其坐标(0.000 5,1.7)、(0.003 8,4.0)、(0.005 5,4.4)、(0.021,4.2)代入 Pinching4 本构关系中,并将该本构赋予核心区剪切弹簧。对于梁端粘结滑移弹簧,采用基于 OpenSees 的拟纤维截面分析法,即设置两个共坐标点,赋予梁端纤维截面,并施加渐增的弯矩,得到梁端截面的弯矩-转角关系,再由节点体积(柱高×柱宽×梁高),得到梁端截面的应力-应变关系,如图 2-18 所示。同样选取曲线关键点 1~4 将其坐标(0.001 8,2.6)、(0.002 2,3.0)、(0.005 6,3.3)、(0.013 5,3.5)代入 Pinching4 本构关系中,并将该本构赋予梁端粘结滑移弹簧,各参数取值如表 2-1 所示。

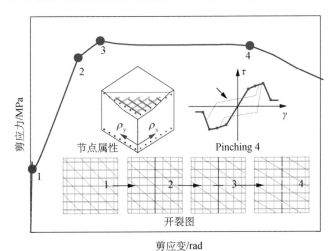

图 2-17　节点核心区剪切弹簧关键点选取

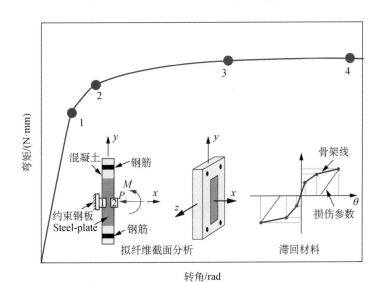

图 2-18　梁端粘结滑移弹簧关键点选取

表 2-1　试件 SP1 关键参数取值

	控制点 1	控制点 2	控制点 3	控制点 4
核心区剪切弹簧(Pinching4)	(0.000 5,1.7)	(0.003 8,4.0)	(0.005 5,4.4)	(0.021,4.2)
梁端粘结滑移弹簧(Pinching4)	(0.001 8,2.6)	(0.002 2,3.0)	(0.005 6,3.3)	(0.013 5,3.5)

注:表中为正向控制点坐标,负向控制点与正向控制点关于原点对称;控制点坐标单位为(rad,MPa),各强度单位为 MPa。

　　基于上述提出的装配式梁柱节点分析方法,4个构件整体层次的滞回曲线结果与试验结果对比如图2-19所示。可以看出,该分析方法能较好地反映装配式节点的整体滞回行为,对试件峰值承载力前后的强度退化、刚度退化、捏拢现象都有较好的预测精度,卸载刚度相比试验值略微偏大。此外,节点核心区的剪应力-剪应变曲线同样在图2-19中给出,可以发现,节点的剪切变形模拟与整体滞回曲线规律相似,节点承载力退化程度与剪切块剪应力退化程度基本相同,表现出类似的变化趋势。

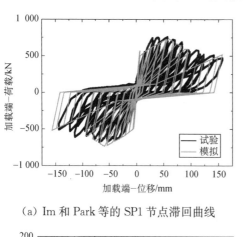

（a）Im 和 Park 等的 SP1 节点滞回曲线

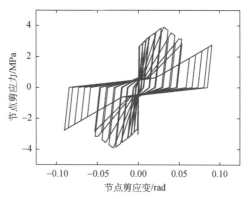

（b）Im 和 Park 等的节点核心区剪应力-剪应变曲线

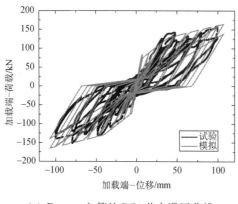

（c）Parastesh 等的 BC4 节点滞回曲线

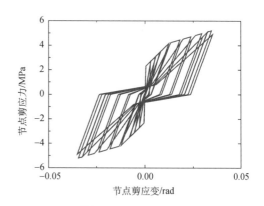

（d）Parastesh 等的节点核心区剪应力-剪应变曲线

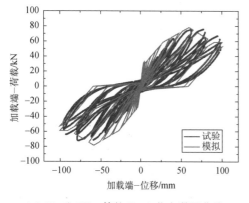

（e）Ha 和 Kim 等的 S3-1 节点滞回曲线

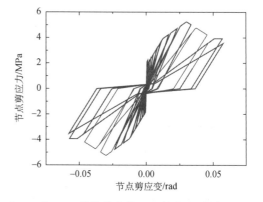

（f）Ha 和 Kim 等的节点核心区剪应力-剪应变曲线

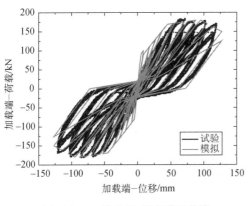

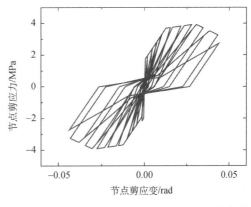

（g）Alcocer 等的 J1 节点滞回曲线　　　（h）Alcocer 等的节点核心区剪应力-剪应变曲线

图 2-19　梁柱节点反复加载试验模拟结果

2.2.4　节点模型装配式结构连续倒塌分析应用

同样,为了验证所提出的数值模拟方法在装配式混凝土结构连续倒塌行为模拟中的有效性,对 Kang 和 Tan[25]等人的装配式混凝土子结构抽柱试验进行了模拟。该试验共包含 6 个试件,具有相同的几何尺寸,差异在于拼接区的局部细节处理方式。梁跨度为 2 750 mm,梁截面尺寸为 300 mm×150 mm,中柱截面尺寸为 250 mm×250 mm,端柱尺寸为 400 mm×450 mm。连接区域分别采用两种连接方法:弯钩连接(90°弯曲)和搭接。构件具体细节、材料参数以及加载方式可见 Kang 和 Tan[25]以及 Kang 等人[26]的论文。

根据实验结果绘制了 6 个试件的模拟中柱竖向位移与柱顶施加荷载的关系,以及中柱竖向位移与梁的水平反作用力(或梁轴力)的关系(见图 2-20)。结果表明几乎所有试件的数值和实验结果都取得了较好的一致性。荷载-竖向位移曲线表明,数值模型较好地反映了初始刚度、弯曲梁作用、压拱作用(CAA)和悬链作用的影响。此外,结果再现了中柱接头和端柱处的钢筋断裂失效。

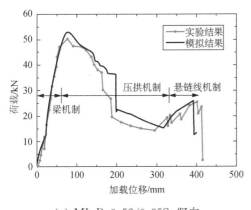

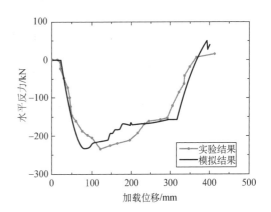

（a）MJ-B-0.52/0.35S-竖向　　　　　　　（b）MJ-B-0.52/0.35S-横向

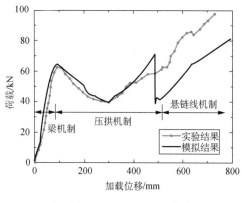

（c）MJ-B-0.88/0.59R-竖向

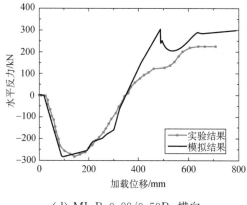

（d）MJ-B-0.88/0.59R-横向

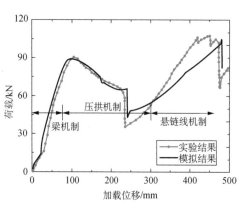

（e）MJ-B-1.19/0.59R-竖向

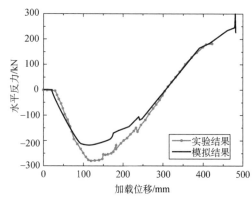

（f）MJ-B-1.19/0.59R-横向

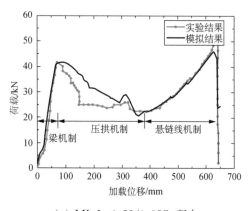

（g）MJ-L-0.52/0.35S-竖向

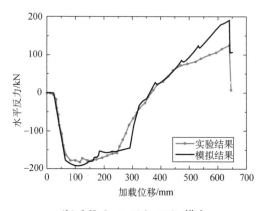

（h）MJ-L-0.52/0.35S-横向

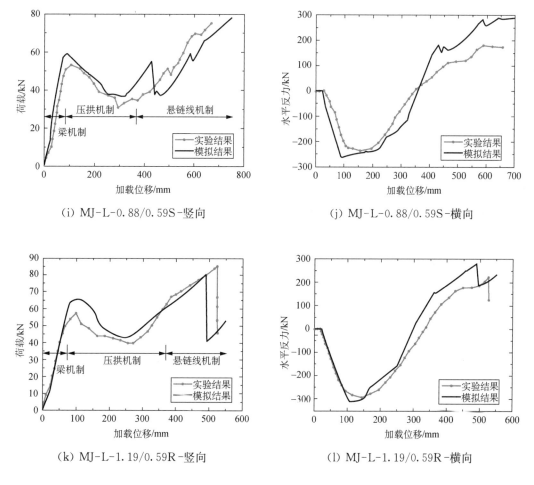

（i）MJ-L-0.88/0.59S-竖向 　　　　（j）MJ-L-0.88/0.59S-横向

（k）MJ-L-1.19/0.59R-竖向 　　　　（l）MJ-L-1.19/0.59R-横向

图 2-20　子结构倒塌试验模拟结果

进一步分析，试件 MJ-B-0.52/0.35S、MJ-B-0.88/0.59R、MJ-B-1.19/0.59R 和 MJ-L-0.52/0.35S 的数值模型模拟的 CAA 能力实验结果几乎相同，而试件 MJ-L-0.88/0.59R 和 MJ-L-1.19/0.59R 的模拟结果分别比试件 MJ-B-0.88/0.59R 和 MJ-B-1.19/0.59R 的实验结果大 6 kN 和 8.3 kN，即数值和实验结果分别存在 11% 和 14% 的相对差异。数值模型还很好地预测了 MJ-B-0.52/0.35S、MJ-B-0.88/0.59R、MJ-B-1.19/0.59R 和 MJ-L-0.52/0.35S 试件的中柱与边柱节点的钢筋断裂，但试件 MJ-B-0.88/0.59R 和 MJ-L-0.88/0.59R 的模拟结果与试验结果偏差较大，分析原因可能是由于材料性能具有不确定性，特别是钢筋的断裂应变。

水平反力曲线的数值结果与实验结果同样吻合较好。以试件 MJ-B-0.88/0.59R 为例，梁先承受轴向压力作用，随着位移逐渐增大至大约 350 mm，由于悬链作用，轴向作用力由压力转换为拉力。理论最大轴压力为 282.7 kN，与实验测量值（282.5 kN）拟合较好。图 2-21 还比较了试件 MJ-B-0.88/0.59R 在数值模型和实验中得到的不同竖向位移下的变形线形结果，两个结果拟合较好。数值结果表明，所建立的有限元模型可以真实地预测预制钢筋混凝土框架子结构的作用响应,因此可以作为一种有效的工具进行连续倒塌分析。

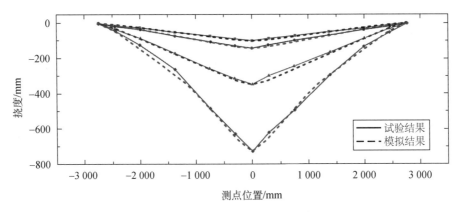

图 2-21　试件 MJ-B-0.88/0.59R 变形图

2.3　装配整体式联肢剪力墙模型

除装配整体式框架结构外,装配整体式联肢剪力墙结构是装配式高层混凝土结构的一种重要结构形式,其精细弹塑性数值模型需重点解决受力复杂的 RC 连梁和墙肢的模拟问题,以下将详细介绍。

2.3.1　钢筋混凝土连梁纤维模型

通过在 2.1 节传统纤维梁单元中引入截面的非线性剪力-剪切变形关系(考虑非线性剪切的纤维梁单元,简称剪切单元),可以在 MSC.Marc 平台上实现连梁的弯剪变形计算[27-29]。首先将截面剪扭分量的切线刚度矩阵修正为:

$$\boldsymbol{k}_2 = \begin{bmatrix} \mathrm{d}V_x/\mathrm{d}\gamma_x & 0 & 0 \\ 0 & \mathrm{d}V_y/\mathrm{d}\gamma_y & 0 \\ 0 & 0 & \sum\limits_{i=1}^{n} G_i I_{pi} \end{bmatrix} \quad (2\text{-}20)$$

其中,切向刚度不再为初始弹性刚度,而改为由自定义的截面剪力-剪切变形关系所确定的切向刚度。截面广义应力向量则修正为:

$$\boldsymbol{D} = \left[\sum_{i=1}^{n} \sigma_i A_i \quad V_x(\boldsymbol{\gamma}_x) \quad V_y(\boldsymbol{\gamma}_y) \quad -\sum_{i=1}^{n} \sigma_i A_i y_i \quad \sum_{i=1}^{n} \sigma_i A_i x_i \quad \sum_{i=1}^{n} G_i I_{pi}\omega \right]^{\mathrm{T}}$$

$$(2\text{-}21)$$

其中,截面剪力由自定义的截面剪力-剪切变形关系所确定,不再是简单的线弹性关系。

其次,对于连梁特有的剪切滑移变形,可将考虑剪切的纤维梁单元中的剪力-剪应变关系替换为剪力-剪切滑移应变关系(考虑剪切滑移的纤维梁单元,简称滑移单元),同时将压弯变形部分的切线刚度设为一个较大值,则可以实现连梁端部的剪切滑移计算。

　　基于上述两种单元,可通过在端部设置滑移单元,内部设置剪切单元来模拟 RC 连梁,如图 2-22 所示。这种连梁模拟方法与连梁的实际变形模式较为近似,能够比较好地再现连梁的受力机理。

　　根据 RC 连梁试验得到的剪力-剪切变形曲线特征,骨架曲线应考虑开裂后剪切刚度的明显退化,发生剪切受拉、剪切受压或剪切滑移破坏后承载力的明显下降。同时参考国内外学者提出的多种针对 RC 连梁、短柱的剪力-剪切变形骨架曲线形式,本节采用三折线作为普通配筋 RC 连梁的骨架曲线。如图 2-23 所示,曲线有两个关键特征点:开裂点(γ_{cr},V_{cr})和峰值点(γ_{us},V_{us})。在开裂点以前,剪切刚度为截面弹性剪切刚度,开裂后截面剪切刚度明显降低,峰值点以后承载力开始下降。各关键点坐标、各段斜率计算公式如下:

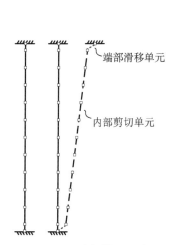

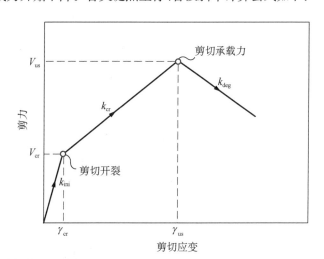

图 2-22　连梁模拟思路　　　　　图 2-23　截面剪力-剪应变骨架曲线

$$V_{cr} = (0.158\sqrt{f_c'} + 17.2\rho_{sv}d/a)\,bd \leqslant 0.29\sqrt{f_c'}\,bd \tag{2-22}$$

$$k_{ini} = GA/1.2 \tag{2-23}$$

$$V_{us} = \frac{A_{sv}f_{sv}d}{s} + 0.166\sqrt{f_c'}\,bd \tag{2-24}$$

$$k_{cr} = \alpha k_{ini} \tag{2-25}$$

$$\gamma_{us} = \frac{V_{us} - V_{cr}}{k_{cr}} + 1.2V_{cr}/GA \tag{2-26}$$

$$\alpha = [0.3(a/d - 0.96)^2 + 0.027]/[1.42 - 52.3(\rho_{sv} - 0.59\%)] \tag{2-27}$$

$$k_{deg} = 0.001k_{ini} \tag{2-28}$$

式中:b、d 分别为截面宽度、有效高度;a 为剪跨段长度,为跨度 l 的一半;A 为截面积;A_{sv}、f_{sv}、s、ρ_{sv} 分别为箍筋面积、屈服强度、间距和配箍率;f_c' 为混凝土圆柱体抗压强度,f_c'

$=0.8f_{cu}$，f_{cu}为混凝土立方体抗压强度；G 为混凝土剪切模量，$G=E_c/2(1+\nu)$，E_c 为混凝土弹性模量，$E_c=1\,000f'_c$，ν 为泊松比，$\nu=0.17$；k_{ini} 为截面初始剪切刚度；k_{cr} 为剪切开裂后截面剪切刚度；k_{deg} 为承载力下降段斜率；a 为开裂后刚度折减系数。

RC 连梁在地震往复荷载作用下，具有明显的卸载刚度退化、强度退化、捏拢现象。模型采用的滞回准则如图 2-24 所示。连梁从骨架曲线卸载的起点记为($\gamma_{un,m}$，V_m)，非骨架曲线卸载即再加载过程中卸载的起点记为(γ_{un}，V_{un})。卸载刚度根据卸载起点的位置确定。

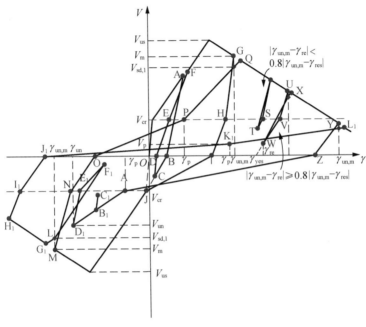

（a）滞回曲线定义

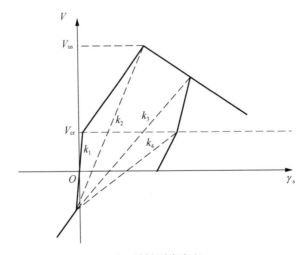

（b）关键刚度定义

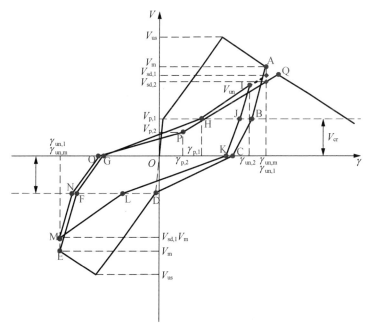

（c）多次加卸载滞回关系

图 2-24　截面剪力-剪应变滞回准则

（1）当骨架线卸载起点剪力 $V_m < V_{cr}$ 且 $\gamma_{un,m} < \gamma_{us}$ 时或者非骨架线卸载起点剪力 $V_{un} < V_{cr}$ 时（CD），卸载刚度 k_{un} 为弹性卸载刚度 k_{ini}。

（2）当 $V_m > V_{cr}$ 且 $\gamma_{un,m} < \gamma_{us}$ 时（AB）或者 $V_{un} > V_{cr}$ 且 $\gamma_{un} < \gamma_{us}$ 时（B_1C_1），卸载刚度 k_{un} 按下式计算：

$$k_{un} = k_1 - \frac{k_1 - k_2}{\gamma_{us} - \gamma_{cr}}(\gamma_{un,m} - \gamma_{cr}) \tag{2-29}$$

式中：k_1、k_2 的定义由图 2-24(b) 给出。

（3）当骨架线卸载起点位于骨架线下降段即 $\gamma_{un,m} > \gamma_{us}$ 且 $V_m > V_{cr}$ 时或者非骨架线卸载起点剪力 $V_{un} > V_{cr}$ 且 $\gamma_{un} > \gamma_{us}$ 时，卸载按二折线进行，以 $V = V_{cr}$ 为分界，界线以上卸载刚度按式(2-30)计算（GH,RS,UV,MN,D_1E_1,H_1I_1），界线以下卸载刚度按式(2-31)计算（HI,ST,VW,NO,E_1F_1,I_1J_1）：

$$k_{un} = k_2(1 - 0.05\gamma_{un,m}/\gamma_{us}) \geqslant k_3 \qquad (|V| > V_{cr}) \tag{2-30}$$

$$k_{un} = 0.6k_2(1 - 0.07\gamma_{un,m}/\gamma_{us}) \geqslant k_4 \qquad (|V| \leqslant V_{cr}) \tag{2-31}$$

式中：k_3、k_4 的定义由图 2-24(b) 给出。

（4）当骨架线卸载起点剪力 $V_m < V_{cr}$ 且 $\gamma_{un,m} > \gamma_{us}$ 时（YZ）或非骨架线卸载起点剪力 $V_{un} < V_{cr}$ 且 $\gamma_{un} > \gamma_{us}$ 时，卸载刚度 k_{un} 按式(2-31)计算。

若某一方向的剪力从未超过 V_{cr}，无论另一方向是否已超过 V_{cr}，该方向上再加载均指向该方向的骨架曲线开裂点（γ_{cr}，V_{cr}）（BC,IJ）。

此外,连梁再加载分为两种情况:反向再加载,即某一方向荷载卸载至 0 然后反向再加载,这时再加载的起点记为$(\gamma_{re}, 0)$;同向再加载,即某一方向荷载未卸载至 0 就开始再加载,此时荷载方向不变,这时再加载的起点记为(γ_{re}, V_{re})。以下对这两种再加载准则分别进行讨论:

(1) 从再加载起点$(\gamma_{re}, 0)$经捏拢参考点$(\gamma_p, V_p)(DE, OP, ZA_1, J_1K_1)$,强度退化参考点$(\gamma_m, V_{sd})(EF, PQ, A_1G_1, K_1L_1)$走二折线回到骨架线。两个参考点的坐标按下式计算:

$$\gamma_p = \beta_x \gamma_{un} \tag{2-32}$$

$$V_p = \min(\beta_y V_{un}, V_{cr}) \tag{2-33}$$

$$\gamma_m = \gamma_{un,m} \tag{2-34}$$

$$V_{sd,i} = V_m \exp\left[-0.1\sqrt{\frac{\gamma_{un,m}}{\gamma_{us}}} \times i - 0.015\sqrt{i}\left(\frac{\gamma_{un,m}}{\gamma_{us}}\right)\right] \tag{2-35}$$

式中:γ_p 和 V_p 分别为捏拢参考点对应的剪应变和剪力,分别由卸载点的剪应变 γ_{un}(或 $\gamma_{un,m}$)和剪力 V_{un}(或 V_m)确定,其中 V_p 取 V_{cr} 和 $\beta_y V_{un}$ 中的较小值,可以避免当 V_{un} 小于 V_{cr} 时出现捏拢参考点高于卸载点的情况,β_y 建议取 0.2,β_x 建议取 0.4;γ_m 和 $V_{sd,i}$ 分别为强度退化参考点对应的剪应变和剪力,i 为同级荷载下的循环次数(初始为 1),当卸载点位于$(0.8\gamma_{un,m}, 1.2\gamma_{un,m})$之间时,$i+1$,当达到骨架线后再卸载时,$i$ 重新为 1。

(2) 从再加载起点(γ_{re}, V_{re})直接回到卸载点沿骨架线(TR)或卸载点所在的再加载曲线(C_1B_1)继续前进或者经强度退化参考点(WX, F_1L)回到骨架线,取决于塑性卸载深度。这里借鉴混凝土往复加卸载的规律定义部分加卸载率

$$\gamma = \frac{|\gamma_{un} - \gamma_{re}|}{|\gamma_{un,m} - \gamma_{res}|} \tag{2-36}$$

由于加卸载时较小的塑性深度不会影响后续的滞回路径,当 γ 大于 0.8 时,向卸载时已经更新的强度退化参考点前进。需要注意的是,若此前卸载点满足位于$(0.8\gamma_{un,m}, 1.2\gamma_{un,m})$之间的条件,则 i 更新为 $i+1$,若不满足则强度退化参考点没有更新。当 γ 小于 0.8 时,不需要考虑强度退化,直接回到卸载点,然后沿骨架线或卸载点所在的再加载曲线前进。图 2-24(c) 详细阐释了多次加卸载时,捏拢参考点和强度退化参考点的变化情况。

图 2-25 为试验实测的剪力-剪切滑移曲线,根据试验结果,剪切滑移变形在连梁总变形中是不可忽略的,特别是在发生剪切受压、剪切滑移、弯曲破坏的试件中。剪切滑移变形的机理是在反复荷载

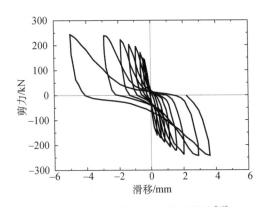

图 2-25 实测剪力-剪切滑移曲线[17]

作用下,梁端纵筋应变不断发展,裂缝宽度不断增加,特别是纵筋屈服后,裂缝宽度明显增加且贯通,形成剪切滑移面,在较大的剪力作用下发生明显的滑移。从机理和试验结果来看,剪切滑移的大小主要与纵筋应变和剪应力水平有关。另一方面,当连梁配有腰筋时,有助于约束裂缝开展,从而减小剪切滑移。基于上述分析,给出以下公式计算剪切滑移:

$$\delta_{\text{slip}} = 200 \left(\frac{V}{\sqrt{f'_c} bh} \right) \varepsilon_s^{0.7} \left(1 - \frac{A_{\text{sm}}}{A_s} \right) \tag{2-37}$$

式中:ε_s 为剪力为 V 时端部纵筋最大拉应变;A_{sm} 和 A_s 分别为腰筋面积和纵筋总面积。公式由三项组成,分别表示剪应力水平、纵筋应变和腰筋对剪切滑移的影响。该公式为拟合公式,量纲要求 δ_{slip}、b 和 h 的单位为 mm,A_{sm} 和 A_s 的单位为 mm²,f'_c 的单位为 MPa,V 的单位为 N。

利用 Breña 和 Ihtiyar[30] 所量测的四根连梁纵筋应变和剪切滑移的结果对式(2-37)进行验证。首先采用传统纤维梁单元进行不考虑剪切的弯曲分析,得到纵筋应变,再由式(2-37)计算剪切滑移,与试验结果对比,结果如图 2-26 所示。

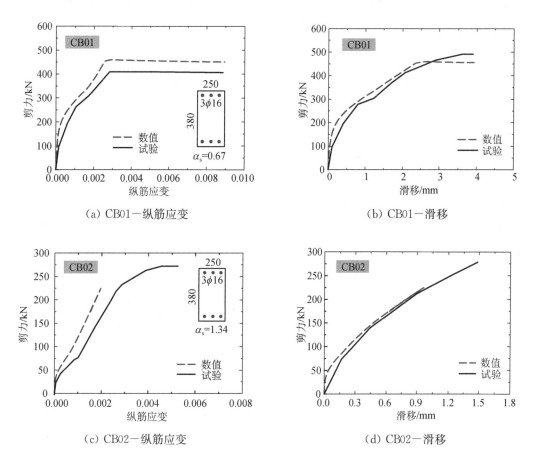

(a) CB01-纵筋应变

(b) CB01-滑移

(c) CB02-纵筋应变

(d) CB02-滑移

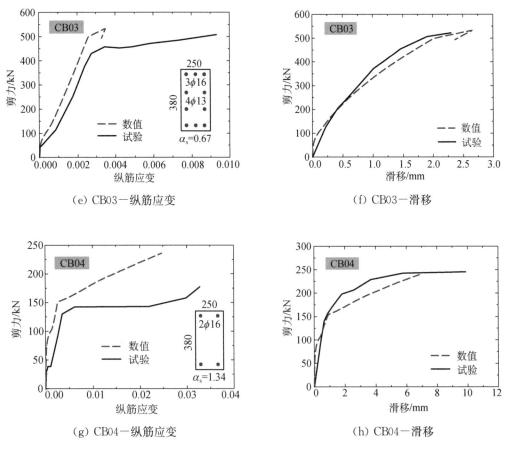

（e）CB03—纵筋应变 （f）CB03—滑移

（g）CB04—纵筋应变 （h）CB04—滑移

图 2-26　剪力-剪切滑移骨架曲线计算结果验证

从结果对比可以看出，由式（2-37）预测的剪切滑移发展规律和大小与试验量测吻合很好。纵筋拉应变的发展规律也与试验测得的发展规律吻合较好，但数值模拟的应变要偏小一些，这是因为连梁作为剪切构件，在出现斜裂缝后，平截面假定不再成立，原本受压区的纵筋可能也会受拉，总体来说纵筋的拉应变发展更快，所以引起了误差。但这种误差并不影响对滑移变形的预测，是可以接受的。由上述方法获得的剪力-剪切滑移关系并没有明确的显式表达式，在计算中需要不断获取当前梁端最大纵筋拉应变和剪力来计算当前剪切滑移，这不利于代码实现和程序稳定性。因此这里给出一种替代方法，如图 2-27 所示，根据由弯曲分析得到的纵筋应变，按式（2-37）计算得到剪切滑移曲线，然后将该曲线用简化多折线模型替代，这样可将该剪力-剪切滑移曲线事

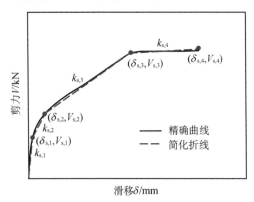

图 2-27　剪力-剪切滑移简化骨架曲线

先定义出来,表达式确定,方便程序实现。

　　观察图 2-28 给出的典型实测剪力-剪切滑移曲线,可以看出其滞回规律同样表现出明显的捏拢、强度退化和卸载刚度退化现象,因此可以采用与剪力-剪切变形类似的滞回准则。由于试验数据相对较少,这里对准则做出一定的简化。

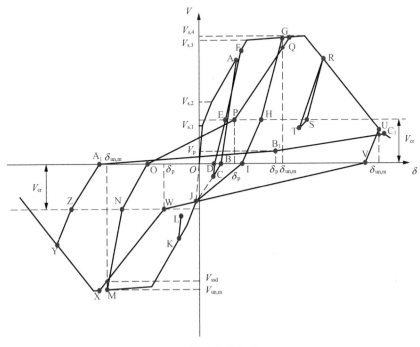

（a）滞回曲线定义

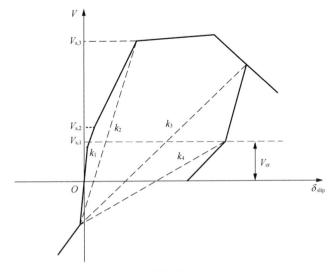

（b）关键刚度定义

图 2-28　截面剪力-剪切滑移滞回准则

从骨架曲线卸载的起点记为$(\delta_{un,m},V_m)$，非骨架曲线卸载即再加载过程中卸载的起点记为(δ_{un},V_{un})。卸载刚度根据卸载起点的位置确定。

（1）当骨架线卸载起点剪力$V_m < V_{s,1}$且$\delta_{un,m} < \delta_{s,3}$时或者非骨架线卸载起点剪力$V_{un} < V_{cr}$时（CD），卸载刚度$k_{un}$为初始加载刚度$k_1$。

（2）当骨架线卸载起点剪力$V_m > V_{s,1}$且$\delta_{un,m} < \delta_{s,3}$时（AB，KL）或者非骨架线卸载起点剪力$V_{un} > V_{cr}$且$\delta_{un} < \delta_{s,3}$时，卸载按二折线进行。以$V = V_{cr}$为分界，界线以上卸载刚度按式（2-38）计算，界线以下卸载刚度按式（2-39）计算：

$$k_{un} = k_1 - \frac{k_1 - k_2}{\delta_{s,3} - \delta_{s,1}}(\delta_{un,m} - \delta_{s,1}) \tag{2-38}$$

$$k_{un} = \left[k_1 - \frac{k_1 - k_2}{\delta_{s,3} - \delta_{s,1}}(\delta_{un,m} - \delta_{s,1}) \right] \Big/ 3 \tag{2-39}$$

式中：k_1、k_2的定义由图 2-28（b）给出。

（3）当骨架线卸载起点$\delta_{un,m} > \delta_{s,3}$且$V_m > V_{cr}$时或者非骨架线卸载起点剪力$V_{un} > V_{cr}$且$\delta_{un} > \delta_{s,3}$时，卸载按二折线进行。以$V = V_{cr}$为分界，界线以上卸载刚度按式（2-40）计算（GH，RS，MN，YZ），界线以下卸载刚度按式（2-41）计算（HI，ST，NO，ZA_1）：

$$k_{un} = \frac{2.5\delta_{s,3}k_2}{\delta_{un,m}} \geqslant k_3 \quad (|V| > V_{cr}) \tag{2-40}$$

$$k_{un} = \frac{5\delta_{s,3}k_2}{6\delta_{un,m}} \geqslant k_4 \quad (|V| \leqslant V_{cr}) \tag{2-41}$$

式中：k_3、k_4的定义由图 2-28（b）给出。

（4）当骨架线卸载起点剪力$V_m < V_{cr}$且$\delta_{un,m} > \delta_{s,3}$（UV）或者非骨架线卸载起点剪力$V_{un} < V_{cr}$且$\delta_{un} > \delta_{s,3}$时，卸载刚度$k_{un}$按式（2-41）计算。

若某一方向的剪力从未超过$V_{s,1}$，无论另一方向是否已超过$V_{s,1}$，该方向上再加载均指向$(\delta_{s,1},V_{s,1})$（点 J）。

此外，滑移变形再加载分为两种情况：反向再加载，即某一方向荷载卸载至 0 然后反向再加载，这时再加载的起点记为$(\delta_{re},0)$；同向再加载，即某一方向荷载未卸载至 0 就开始再加载，此时荷载方向不变，这时再加载的起点记为(δ_{re},V_{re})。以下对这两种再加载准则分别进行讨论：

（1）从再加载起点$(\delta_{re},0)$经滑移捏拢参考点(δ_p,V_p)（DE，OP，A_1B_1，VW），强度退化参考点(δ_m,V_{ssd})（EF，PQ，B_1C_1，WX）走二折线回到骨架线。两种参考点的坐标按下式计算：

$$\delta_p = \beta_x \delta_{un} \tag{2-42}$$

$$V_p = \min(\beta_y V_{un}, V_{cr}) \tag{2-43}$$

$$\delta_m = \delta_{un,m} \tag{2-44}$$

$$V_{ssd,i} = V_m \left(0.9 - \frac{\delta_{un,m}}{40\delta_{s,3}} \right)^{0.9i} \tag{2-45}$$

式中：δ_p 和 V_p 分别为滑移捏拢参考点对应的剪切滑移和剪力，分别由卸载点的剪切滑移 δ_{un}（或者 $\delta_{un,m}$）和剪力 V_{un}（或者 V_m）确定，其中 V_p 取 V_{cr} 和 $\beta_y V_{un}$ 中的较小值，可以避免当 V_{un} 小于 V_{cr} 时出现捏拢参考点高于卸载点的情况，β_y 建议取 0.2，β_x 建议取 0.4。δ_m 和 $V_{ssd,i}$ 分别为强度退化参考点对应的剪切滑移和剪力；i 为同级荷载下的循环次数（初始为 1），当卸载点位于 $(0.8\delta_{un,m}, 1.2\delta_{un,m})$ 之间时，$i+1$。当达到骨架线后再卸载时，i 重新设为 1。

（2）从再加载起点 (δ_{re}, V_{re}) 直接回到卸载点沿骨架线（TR）或卸载点所在的再加载曲线（LK）继续前进，这里为简化起见不考虑塑性卸载深度。

在传统纤维梁单元的截面模型中引入剪力-剪应变和剪力-剪切滑移应变这两种关系后，可分别形成考虑剪切的剪切单元和考虑滑移的滑移单元。这两种单元各自在计算中的运行机制和两种单元串联形成连梁构件后的运行机制均与传统的纤维梁单元有明显区别，以下给出详细的说明：

（1）如图 2-29 所示，当 $V_{us} < V_{ub}$ 时，发生剪切受拉破坏。沿加载路径 1，荷载 V 尚未达到 V_{us} 时卸载，剪切、弯曲、滑移三种反应均同时进入卸载段，以保持构件弯矩 M 与剪力 V 的平衡关系，总反应也随之进入卸载段。沿加载路径 2，当荷载 V 达到剪切承载力后，剪切变形进入下降段，与此同时弯曲变形和滑移变形自动进入卸载段。构件总反应由剪切反应控制，也同样进入下降段。

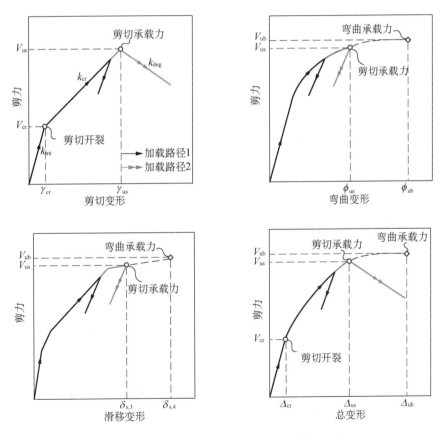

图 2-29　剪切受拉破坏模式各变形分量发展路径

（2）如图 2-30 所示，当 V_{us} 略大于 V_{ub} 时，可能发生剪切滑移或剪切受压破坏。沿加载路径 1，荷载 V 尚未达到 V_{ub} 时卸载，剪切、弯曲、滑移三种反应及总反应均同时进入卸载段。沿加载路径 2，荷载接近或达到 V_{ub} 后，由于构件端部滑移变形的迅速增加，可能导致出现剪切滑移破坏。另一种情况是柱端塑性铰在位移达到一定幅值后由于反复加载下弯剪裂缝的深入开展发生剪切受压破坏。两种情况破坏模式不同，前者变形能力更强，延性较好，后者则延性较差。剪切滑移破坏模式下构件端部滑移过大引起局部破坏，端部单元进入荷载下降段，内部单元则进入卸载段。可以利用下式定义的剪切滑移极限曲线来进行判断：

$$\delta_{\text{lim\_slip}} = 6.8 - 1.5 \frac{V}{bd\sqrt{f_c'}} \tag{2-46}$$

上式说明随着剪应力的增加，构件抵抗剪切滑移破坏的能力有所削弱。该公式为拟合公式，量纲要求 $\delta_{\text{lim\_slip}}$、b 和 d 的单位为 mm，f_c' 的单位为 MPa，V 的单位为 N。

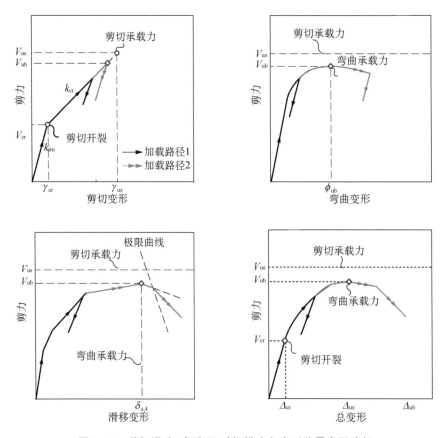

图 2-30　剪切滑移（或受压）破坏模式各变形分量发展路径

对于剪切受压破坏模式，主要是由梁端塑性铰变形决定，这可以由纵筋塑性应变的发展情况反映，进而可以由滑移反映。所以，为使模型统一化，对端部滑移定义剪切受压极限曲线，当滑移达到该曲线规定的限值时，发生剪切受压破坏。由前面的机理分析可知，该曲线定义的限值一般比剪切滑移极限曲线小。

$$\delta_{\text{lim\_sc}} = 3.5 + 50\rho_{\text{sv}} - 1.5\frac{V}{bd\sqrt{f'_{\text{c}}}} \tag{2-47}$$

上式体现了箍筋和剪应力水平对构件抵抗塑性铰区域剪切受压破坏能力的影响。该公式为拟合公式,量纲要求 $\delta_{\text{lim\_sc}}$、b 和 d 的单位为 mm,f'_{c} 的单位为 MPa,V 的单位为 N。当剪切滑移达到 $\delta_{\text{lim\_sc}}$ 时,剪切滑移进入下降段以模拟端部的剪压破坏,而弯曲和剪切变形进入卸载段,总反应随剪切滑移进入下降段。由于试验数据的缺乏,这里将剪切滑移下降段的斜率定为剪力-剪切滑移简化骨架曲线第三段斜率 $k_{\text{s,3}}$ 的 1/10。

式(2-46)和式(2-47)均由试验数据分析得到。需要指出的是,在实际应用中,当 V_{us} 略大于 V_{ub} 时,并不能事先判断连梁是发生剪切滑移破坏还是剪切受压破坏,因此也无法确定使用式(2-46)还是式(2-47)。根据 Breña 和 Ihtiyar[30] 的研究发现,可以考虑在实际工程中配置足够腰筋以控制剪切滑移,则有可能阻止剪切滑移破坏的发生。这样只会发生剪切受压破坏,从而可以统一采用式(2-47)。

(3) 如图 2-31 所示,当 V_{us} 明显大于 V_{ub} 时,若剪切滑移极限值无法达到,则构件发生弯曲破坏。沿加载路径 1,荷载 V 尚未达到 V_{ub} 时卸载,剪切、弯曲、滑移三种反应及总反应均同时进入卸载段。沿加载路径 2,当荷载 V 达到弯曲承载力后,弯曲变形进入下降段,剪切滑移变形也随之进入下降段,而剪切变形自动进入卸载段。构件总反应由弯曲反应控制,也同样进入下降段。

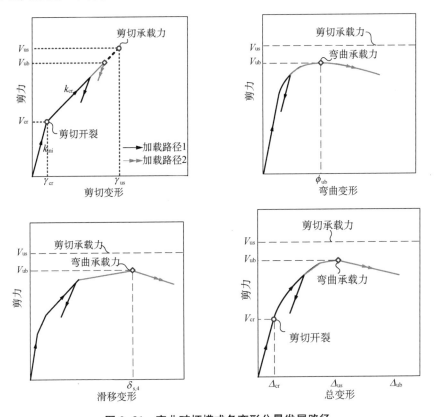

图 2-31　弯曲破坏模式各变形分量发展路径

2.3.2 钢筋混凝土墙肢分层壳模型

墙肢可采用 MSC.Marc 中的 75 号厚壳单元进行模拟,由于墙体通常配置水平和竖向分布纵筋,因此可采用 MSC.Marc 提供的分层材料模型,根据实际混凝土和钢筋的位置和尺寸将壳单元沿厚度方向划分为若干混凝土层和钢筋层,钢筋层厚度按实际钢筋的截面积进行等效[31]。水平分布筋和竖向分布筋均可简化为具有不同主轴方向的正交各向异性材料,而混凝土则采用各向同性材料本构。钢筋采用弹塑性模型,包括 Von Mises 屈服面和关联流动法则。弹性模量和泊松比分别为 206 GPa 和 0.3。等效应力-塑性应变关系采用三折线模型,其中硬化起始应变为 0.025,硬化模量为 $0.005E_s$。混凝土本构模型中受压部分采用弹塑性各向同性硬化模型,其中单轴受压应力-应变关系为 Rüsch 曲线。泊松比、峰值压应变和极限压应变分别为 0.17、0.002 和 0.003 5。对于混凝土开裂行为,采用 Bazant 和 Oh[32] 提出的弥散开裂模型和裂缝带模型模拟。

边缘约束构件通常由若干纵筋和箍筋构成,以轴力为主,可用基于平截面假定的纤维梁单元模拟。本节采用 2.1 节的纤维梁单元。其中混凝土模型可考虑多次往复加卸载下的强度退化,而钢筋模型可较好地考虑包兴格效应。这里需要指出的是,通常对边缘约束构件还可以采用另外两种方法处理:(1) 采用分层壳单元,通过改变钢筋层厚度来模拟边缘构件不同的配筋率;(2) 在分层壳中插入 truss 单元来模拟边缘构件内的纵筋。相比这两种方法,本节处理方法一方面可以利用纤维梁单元准确地模拟边缘约束构件的压弯(拉弯)受力行为,另一方面可以减少壳单元数量,提高模型的计算效率,这在体系计算中是相当具有价值的。

2.3.3 钢筋混凝土联肢剪力墙模型

基于连梁纤维单元和墙肢分层壳单元,采用图 2-32 所示方法将其组装成联肢剪力墙模型[33]。将模拟边缘约束构件的纤维梁单元与模拟墙体的分层壳单元通过节点耦合的方式实现共同工作,并对梁单元给定偏移,以准确模拟其位置。偏移量为边缘约束构件宽度的一半。为实现连梁内力向墙体的传递,需给定连梁端部节点与其高度范围内的墙体壳单元节点之间的约束方程,这一约束方程可以通过 MSC.Marc 的 RBE2 单元实现。

如图 2-33 所示,定义连梁单元端部节点为 RBE2 中的保留点,高度范围内的墙体壳单元节点为 RBE2 中的约束点。约束点与保留点之间相对位移为 0。为此,定义附着于保留点的局部坐标系,其 x 轴为连梁单元的轴线方向,y 轴为垂直于梁轴线的方向。约束点与保留点 x 方向上的约束方程可实现轴力和弯矩的传递,而 y 方向上的约束方程可实现剪力传递。

Shiu 等[34-35] 对两片带普通配筋连梁的联肢剪力墙试件进行了往复加载试验。图 2-34 给出了试件 CW-CS 和 CW-RCS 的尺寸、配筋和材料性质的详细信息。试件剪力墙部分的参数几乎一致,重点对比的是连梁的尺寸和配筋率。试件 CW-RCS 的连梁 RCS 相比试件 CW-CS 中的连梁 CS 具有更大的截面尺寸和配筋率,因而 CW-RCS 的偶联比也更大。通过两个试件抗震性能的对比,可以揭示偶联比这一联肢剪力墙体系关键设计参数的影响。

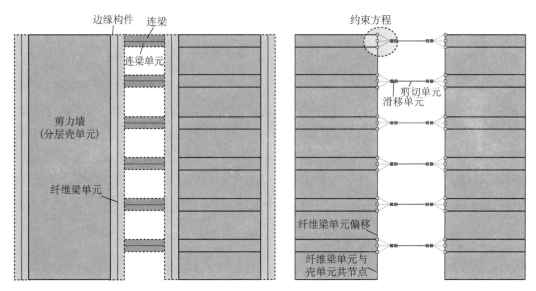

(a) 联肢剪力墙构件组成　　　　　　　　(b) 联肢剪力墙计算模型

图 2-32　建议联肢剪力墙计算模型

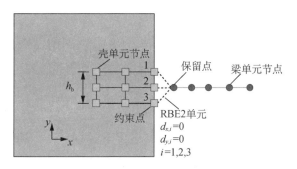

图 2-33　梁单元与壳单元连接方式

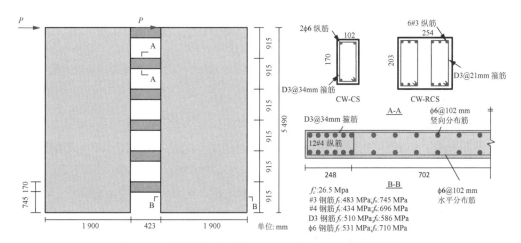

图 2-34　联肢剪力墙试件 CW-CS 和 CW-RCS 具体参数

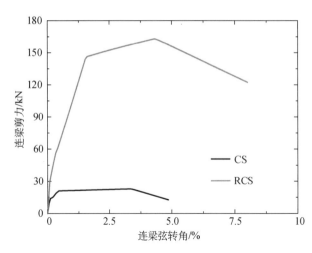

图 2-35   连梁 CS 和 RCS 剪力-弦转角计算曲线

图 2-35 首先给出了两个试件中的连梁的剪力-弦转角骨架曲线,容易发现,连梁 RCS 的抗剪承载力远远大于连梁 CS,这将会导致试件 CW-RCS 中墙肢附加轴力的显著增加。图 2-36 进一步展示了模拟与实测的墙体试件基底剪力-墙顶位移角滞回曲线的对比情况,两者整体吻合良好。为分析偶联比对墙肢受力的影响,将两个墙肢单独抗侧时的基底剪力-墙顶位移角曲线进行叠加,即为偶联比为零时的结果,如图 2-36 中黑色虚线所示。由此可以发现,试件 CW-CS 的最大承载力与偶联比为零时的结果非常接近,而试件 CW-RCS 的最大承载力则比偶联比为零时的结果高出近 50%。这表明偶联比的增加会显著提升体系的抗侧承载力。

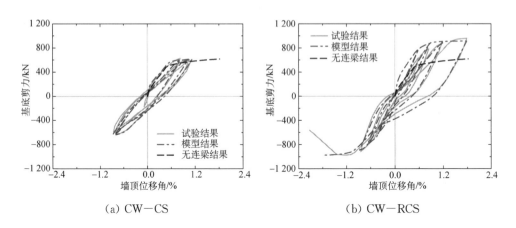

(a) CW−CS   (b) CW−RCS

图 2-36   联肢剪力墙试件 CW-CS 和 CW-RCS 基底剪力-墙顶位移角滞回曲线对比

下面分析墙体试件中不同连梁和墙肢的受力情况,如图 2-37 和图 2-38 所示。对于试件 CW-CS,Shiu 等[35] 报道了顶部四根连梁在墙顶侧移为 0.1% 时发生屈服,而第 2 层和第 1 层连梁则分别在墙顶侧移达到 0.18% 和 0.34% 时才发生屈服。这与图 2-37(a) 给出的模拟结果基本一致。另外,从图 2-37(a) 中还可以看到,当剪力墙屈服时,大部分连梁已经发生了破坏并进入了荷载下降段。这与试验报道的描述是吻合的。图 2-38(a) 进一步给出了对应最大荷载时墙肢混凝土主开裂应变的数值和方向,并与文献中的裂缝开展图进行了对比。可以看到,两个墙肢的开裂模式几乎相同,这同样证明两个墙肢基本独立抗侧,偶联作用较弱。

对于试件 CW-RCS,连梁的屈服和破坏顺序与 CW-CS 相同。根据文献的报道,第

3、4 和 5 层连梁在墙顶侧移为 0.5% 时发生屈服,第 6、第 2 和第 1 层连梁则分别在墙顶侧移达到 0.5%、0.9% 和 1.05% 时才屈服,这与图 2-37(b)给出的模拟结果基本一致。图 2-38(b)进一步给出了对应最大荷载时墙肢混凝土主开裂应变的数值和方向,并与文献中的裂缝开展图进行了对比。可以看到,两个墙肢的开裂模式差别明显,受拉墙肢水平裂缝明显,并延伸至受压墙肢。受压墙肢在较大的压力和剪力共同作用下,产生了较多的斜裂缝。上述开裂情况表明两个墙肢偶联作用较强,可以认为是按一根悬臂梁共同受力。

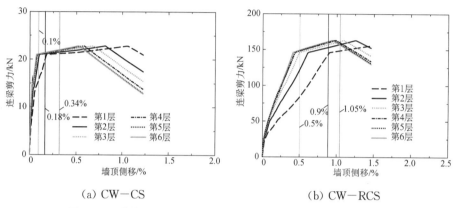

(a) CW-CS   (b) CW-RCS

图 2-37 试件 CW-CS 和 CW-RCS 连梁剪力-墙顶位移曲线对比

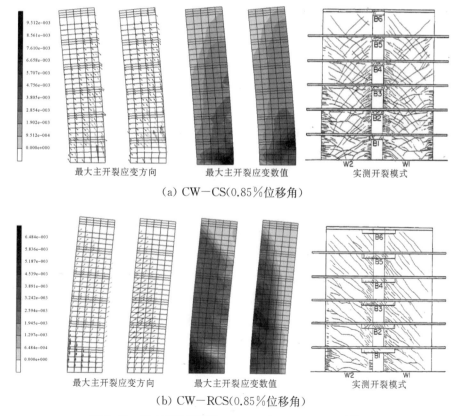

最大主开裂应变方向   最大主开裂应变数值   实测开裂模式

(a) CW-CS(0.85% 位移角)

最大主开裂应变方向   最大主开裂应变数值   实测开裂模式

(b) CW-RCS(0.85% 位移角)

图 2-38 最大荷载时试件 CW-CS 和 CW-RCS 开裂模式

2.4 自适应子结构方法

2.4.1 自适应动态子结构方法

由于地震作用的随机性,框架结构的模型损伤发展通常是随时间变化并且事先未知的。在时程分析的离散时间步长内,任意时刻的模型损伤状态可以由该时刻的结构变形唯一确定。现有的动态子结构法可以针对给定的损伤分布划分出线性和非线性子结构,分别在模态坐标系和物理坐标系下建立线性和非线性子结构的运动方程,形成经过自由度缩减的整体结构运动方程。本书提出自适应动态子结构数值方法,在每个时间步长内实时判断模型损伤发展,自动划分线性和非线性子结构,通过模态综合法建立缩减自由度的运动方程,实现基于结构损伤状态的自适应动力模型降阶。

一、混合坐标系下的模型降阶

假定结构损伤的空间分布是事先已知的,考虑集中质量模型,结构的运动方程如下:

$$M_g \ddot{u}_g + C_g \dot{u}_g + K_g u_g + R_g = f_g \tag{2-48}$$

式中:M_g、C_g 和 K_g 分别为质量、阻尼和初始刚度矩阵;u_g、f_g 和 R_g 分别为位移、外荷载和非线性恢复力向量,下标 g 表示物理坐标系下的结构整体(global)模型。

针对给定的模型损伤分布,结构被划分为若干线性子结构和非线性子结构。位移向量分解为 $u^{\mathrm{T}} = \{u_l \quad u_b \quad u_n\}$,其中下标 l、b 和 n 分别表示线性子结构的内部节点自由度、子结构界面的节点自由度和非线性子结构的内部节点自由度。结构运动方程写为矩阵形式:

$$
\begin{bmatrix} M_{ll} & 0 & 0 \\ 0 & M_{bb} & 0 \\ 0 & 0 & M_{nn} \end{bmatrix}
\begin{bmatrix} \ddot{u}_l \\ \ddot{u}_b \\ \ddot{u}_n \end{bmatrix}
+
\begin{bmatrix} C_{ll} & C_{lb} & 0 \\ C_{bl} & C_{bb} & C_{bn} \\ 0 & C_{nb} & C_{nn} \end{bmatrix}
\begin{bmatrix} \dot{u}_l \\ \dot{u}_b \\ \dot{u}_n \end{bmatrix}
+
\begin{bmatrix} K_{ll} & K_{lb} & 0 \\ K_{bl} & K_{bb} & K_{bn} \\ 0 & K_{nb} & K_{nn} \end{bmatrix}
\begin{bmatrix} u_l \\ u_b \\ u_n \end{bmatrix}
+
\begin{bmatrix} 0 \\ R_b \\ R_n \end{bmatrix}
=
\begin{bmatrix} f_l \\ f_b \\ f_n \end{bmatrix}
$$

$$\tag{2-49}$$

模型矩阵对角线元素包括线性子结构的质量矩阵 M_{ll}、阻尼矩阵 C_{ll} 和刚度矩阵 K_{ll};非线性子结构的质量矩阵 M_{nn}、阻尼矩阵 C_{nn} 和刚度矩阵 K_{nn},以及子结构界面的质量矩阵 M_{bb}、阻尼矩阵 C_{bb} 和刚度矩阵 K_{bb}。模型矩阵非对角线元素为线性子结构和非线性子结构之间的耦合作用矩阵,零矩阵表示线性子结构和非线性子结构仅通过子结构界面相互耦合。非线性恢复力和外荷载向量被分解为 $\begin{bmatrix} 0 & R_b & R_n \end{bmatrix}^{\mathrm{T}}$ 和 $\begin{bmatrix} f_l & f_b & f_n \end{bmatrix}^{\mathrm{T}}$。

子结构界面的质量矩阵 M_{bb}、阻尼矩阵 C_{bb}、刚度矩阵 K_{bb} 和外荷载向量 f_b 均包含来自线性和非线性子结构的贡献:

$$M_{bb} = M_{bb}^{(l)} + M_{bb}^{(n)}, C_{bb} = C_{bb}^{(l)} + C_{bb}^{(n)}, K_{bb} = K_{bb}^{(l)} + K_{bb}^{(n)}, f_b = f_b^{(l)} + f_b^{(n)}$$

通过拆分子结构界面的模型矩阵,线性子结构的运动方程写为:

$$\begin{bmatrix} \boldsymbol{M}_{ll} & \boldsymbol{0} \\ \boldsymbol{0} & \boldsymbol{M}_{bb}^{(l)} \end{bmatrix} \begin{bmatrix} \ddot{\boldsymbol{u}}_l \\ \ddot{\boldsymbol{u}}_b \end{bmatrix} + \begin{bmatrix} \boldsymbol{C}_{ll} & \boldsymbol{C}_{lb} \\ \boldsymbol{C}_{bl} & \boldsymbol{C}_{bb}^{(l)} \end{bmatrix} \begin{bmatrix} \dot{\boldsymbol{u}}_l \\ \dot{\boldsymbol{u}}_b \end{bmatrix} + \begin{bmatrix} \boldsymbol{K}_{ll} & \boldsymbol{K}_{lb} \\ \boldsymbol{K}_{bl} & \boldsymbol{K}_{bb}^{(l)} \end{bmatrix} \begin{bmatrix} \boldsymbol{u}_l \\ \boldsymbol{u}_b \end{bmatrix} + \begin{bmatrix} \boldsymbol{0} \\ \boldsymbol{F}_b^{(l)} \end{bmatrix} = \begin{bmatrix} \boldsymbol{f}_l \\ \boldsymbol{f}_b^{(l)} \end{bmatrix}$$

$$(2-50)$$

同理，非线性子结构的运动方程写为：

$$\begin{bmatrix} \boldsymbol{M}_{bb}^{(n)} & \boldsymbol{0} \\ \boldsymbol{0} & \boldsymbol{M}_{nn} \end{bmatrix} \begin{bmatrix} \ddot{\boldsymbol{u}}_b \\ \ddot{\boldsymbol{u}}_n \end{bmatrix} + \begin{bmatrix} \boldsymbol{C}_{bb}^{(n)} & \boldsymbol{C}_{bn} \\ \boldsymbol{C}_{nb} & \boldsymbol{C}_{nn} \end{bmatrix} \begin{bmatrix} \dot{\boldsymbol{u}}_b \\ \dot{\boldsymbol{u}}_n \end{bmatrix} + \begin{bmatrix} \boldsymbol{K}_{bb}^{(n)} & \boldsymbol{K}_{bn} \\ \boldsymbol{K}_{nb} & \boldsymbol{K}_{nn} \end{bmatrix} \begin{bmatrix} \boldsymbol{u}_b \\ \boldsymbol{u}_n \end{bmatrix} + \begin{bmatrix} \boldsymbol{F}_b^{(n)} + \boldsymbol{R}_b \\ \boldsymbol{R}_n \end{bmatrix} = \begin{bmatrix} \boldsymbol{f}_b^{(n)} \\ \boldsymbol{f}_n \end{bmatrix}$$

$$(2-51)$$

其中，子结构界面的内力满足 $\boldsymbol{F}_b^{(l)} + \boldsymbol{F}_b^{(n)} = \boldsymbol{0}$。

使用模态综合方法对线性子结构进行动力自由度缩减，将位移由物理坐标系转换到模态坐标系。

$$\begin{bmatrix} \boldsymbol{u}_l \\ \boldsymbol{u}_b \end{bmatrix} = \begin{bmatrix} \boldsymbol{\Phi}_d & \boldsymbol{\Phi}_r & \boldsymbol{\Psi}_b \\ \boldsymbol{0} & \boldsymbol{0} & \boldsymbol{I}_b \end{bmatrix} \begin{bmatrix} \boldsymbol{q}_d \\ \boldsymbol{q}_r \\ \boldsymbol{u}_b \end{bmatrix}$$

$$(2-52)$$

式中：$\boldsymbol{\Phi}_d$ 为线性子结构的主要（dominant）振动模态；$\boldsymbol{\Phi}_r$ 为次要（residual）振动模态；$\boldsymbol{q}_d$ 和 $\boldsymbol{q}_r$ 为相对应的模态坐标；$\boldsymbol{\Psi}_b$ 为约束模态。忽略次要振动模态，线性子结构的位移写为：

$$\begin{bmatrix} \boldsymbol{u}_l \\ \boldsymbol{u}_b \end{bmatrix} \approx \begin{bmatrix} \bar{\boldsymbol{u}}_l \\ \bar{\boldsymbol{u}}_b \end{bmatrix} = \boldsymbol{T}_d \begin{bmatrix} \boldsymbol{q}_d \\ \boldsymbol{u}_b \end{bmatrix} = \begin{bmatrix} \boldsymbol{\Phi}_d & \boldsymbol{\Psi}_b \\ \boldsymbol{0} & \boldsymbol{I}_b \end{bmatrix} \begin{bmatrix} \boldsymbol{q}_d \\ \boldsymbol{u}_b \end{bmatrix}$$

$$(2-53)$$

式中：上横线表示近似位移向量。将方程(2-53)代入方程(2-50)中，左边乘上模态矩阵的转置矩阵 $\boldsymbol{T}_d^{\mathrm{T}}$，得到坐标转换后线性子结构的运动方程为：

$$\begin{bmatrix} \bar{\boldsymbol{I}}_{ll} & \bar{\boldsymbol{M}}_{lb} \\ \bar{\boldsymbol{M}}_{bl} & \bar{\boldsymbol{M}}_{bb}^{(l)} \end{bmatrix} \begin{bmatrix} \ddot{\boldsymbol{q}}_d \\ \ddot{\boldsymbol{u}}_b \end{bmatrix} + \begin{bmatrix} \bar{\boldsymbol{C}}_{ll} & \bar{\boldsymbol{C}}_{lb} \\ \bar{\boldsymbol{C}}_{bl} & \bar{\boldsymbol{C}}_{bb}^{(l)} \end{bmatrix} \begin{bmatrix} \dot{\boldsymbol{q}}_d \\ \dot{\boldsymbol{u}}_b \end{bmatrix} + \begin{bmatrix} \bar{\boldsymbol{\Lambda}}_{ll} & \boldsymbol{0} \\ \boldsymbol{0} & \bar{\boldsymbol{K}}_{bb}^{(l)} \end{bmatrix} \begin{bmatrix} \boldsymbol{q}_d \\ \boldsymbol{u}_b \end{bmatrix} + \begin{bmatrix} \boldsymbol{0} \\ \boldsymbol{F}_b^{(l)} \end{bmatrix} = \begin{bmatrix} \bar{\boldsymbol{f}}_l \\ \bar{\boldsymbol{f}}_b^{(l)} \end{bmatrix}$$

$$(2-54)$$

其中，各模型矩阵的表达式如下：

$$\bar{\boldsymbol{I}}_{ll} = \boldsymbol{\Phi}_d^{\mathrm{T}} \boldsymbol{M}_{ll} \boldsymbol{\Phi}_d, \bar{\boldsymbol{M}}_{lb} = \bar{\boldsymbol{M}}_{bl}^{\mathrm{T}} = \boldsymbol{\Phi}_d^{\mathrm{T}} \boldsymbol{M}_{ll} \boldsymbol{\Psi}_b, \bar{\boldsymbol{M}}_{bb}^{(l)} = \boldsymbol{M}_{bb}^{(l)} + \boldsymbol{\Psi}_b^{\mathrm{T}} \boldsymbol{M}_{ll} \boldsymbol{\Psi}_b$$

$$\bar{\boldsymbol{C}}_{ll} = \boldsymbol{\Phi}_d^{\mathrm{T}} \boldsymbol{C}_{ll} \boldsymbol{\Phi}_d, \bar{\boldsymbol{C}}_{lb} = \bar{\boldsymbol{C}}_{bl}^{\mathrm{T}} = \boldsymbol{\Phi}_d^{\mathrm{T}} (\boldsymbol{C}_{ll} \boldsymbol{\Psi}_b + \boldsymbol{C}_{lb}), \bar{\boldsymbol{C}}_{bb}^{(l)} = \boldsymbol{\Psi}_b^{\mathrm{T}} \boldsymbol{C}_{ll} \boldsymbol{\Psi}_b + \boldsymbol{C}_{bl} \boldsymbol{\Psi}_b + \boldsymbol{\Psi}_b^{\mathrm{T}} \boldsymbol{C}_{lb} + \boldsymbol{C}_{bb}^{(l)}$$

$$\bar{\boldsymbol{\Lambda}}_{ll} = \boldsymbol{\Phi}_d^{\mathrm{T}} \boldsymbol{K}_{ll} \boldsymbol{\Phi}_d, \bar{\boldsymbol{K}}_{bb}^{(l)} = \boldsymbol{K}_{bb}^{(l)} - \boldsymbol{K}_{bl} \boldsymbol{K}_{ll}^{-1} \boldsymbol{K}_{lb}$$

$$\bar{\boldsymbol{f}}_l = \boldsymbol{\Phi}_d^{\mathrm{T}} \boldsymbol{f}_l, \bar{\boldsymbol{f}}_b^{(l)} = \boldsymbol{\Psi}_b^{\mathrm{T}} \boldsymbol{f}_l + \boldsymbol{f}_b^{(l)}$$

将线性子结构的运动方程(2-54)与非线性子结构的运动方程(2-51)结合在一起，并考虑子结构界面上的位移协调，整体结构的运动方程为：

$$\boldsymbol{M}_h \dot{\boldsymbol{v}}_h + \boldsymbol{C}_h \dot{\boldsymbol{v}}_h + \boldsymbol{K}_h \boldsymbol{v}_h + \boldsymbol{R}_h = \boldsymbol{f}_h \qquad (2-55)$$

式中：下标 h 表示混合（hybrid）坐标系下的结构模型，各模型矩阵的定义如下：

$$M_h = \begin{bmatrix} \overline{I}_{ll} & \overline{M}_{lb} & 0 \\ \overline{M}_{bl} & \overline{M}_{bb}^{(l)} + M_{bb}^{(n)} & 0 \\ 0 & 0 & M_{nn} \end{bmatrix}, C_h = \begin{bmatrix} \overline{C}_{ll} & \overline{C}_{lb} & 0 \\ \overline{C}_{bl} & \overline{C}_{bb}^{(l)} + C_{bb}^{(n)} & C_{bn} \\ 0 & C_{nb} & C_{nn} \end{bmatrix},$$

$$K_h = \begin{bmatrix} \overline{\Lambda}_{ll} & 0 & 0 \\ 0 & \overline{K}_{bb}^{(l)} + K_{bb}^{(n)} & K_{bn} \\ 0 & K_{nb} & K_{nn} \end{bmatrix}$$

$$v_h = \begin{bmatrix} q_d \\ u_b \\ u_n \end{bmatrix}, R_h = \begin{bmatrix} 0 \\ R_b \\ R_n \end{bmatrix}, f_h = \begin{bmatrix} \overline{f}_l \\ \overline{f}_b^{(l)} + f_b^{(n)} \\ f_n \end{bmatrix}$$

方程(2-55)为混合坐标系下整体结构的运动方程,线性子结构的内部节点自由度由模态坐标表示,非线性子结构的内部节点自由度和子结构界面节点自由度由物理坐标表示。当得到方程(2-55)的解时,整体结构在物理坐标下的位移可以由方程(2-56)近似求解。

$$u_g = \begin{bmatrix} u_l \\ u_b \\ u_n \end{bmatrix} \approx \begin{bmatrix} \overline{u}_l \\ u_b \\ u_n \end{bmatrix} = \begin{bmatrix} T_d & 0 \\ 0 & I_n \end{bmatrix} v_h = \begin{bmatrix} \Phi_d & \Psi_b & 0 \\ 0 & I_b & 0 \\ 0 & 0 & I_n \end{bmatrix} \begin{bmatrix} q_d \\ u_b \\ u_n \end{bmatrix} \tag{2-56}$$

局部隔振结构的模型损伤通常会集中在少数构件上,线性子结构的自由度会较大,而非线性子结构的自由度会较小。因此,混合坐标系下的动态子结构法通过缩减线性子结构的自由度可以高效地实现整体结构的模型降阶。

二、自适应动力弹塑性分析策略

1. 非线性运动方程的增量求解过程

方程(2-48)可以写成如下形式:

$$L(u_g, \dot{u}_g, \ddot{u}_g) = M_g \ddot{u}_g + C_g \dot{u}_g + K_g u_g + R_g(u_g, \dot{u}_g) - f_g = 0 \tag{2-57}$$

式中:$L(u_g, \dot{u}_g, \ddot{u}_g)$ 为结构的不平衡力。

将方程(2-57)写为增量的形式:

$$L(u_{gt+\Delta t}, \dot{u}_{gt+\Delta t}, \ddot{u}_{gt+\Delta t}) = M_g \ddot{u}_{gt+\Delta t} + C_g \dot{u}_{gt+\Delta t} + K_g u_{gt+\Delta t} + R_g(u_{gt+\Delta t}, \dot{u}_{gt+\Delta t}) - f_{gt+\Delta t} = 0$$

$$\tag{2-58}$$

式中:$u_{gt+\Delta t}$、$\dot{u}_{gt+\Delta t}$ 和 $\ddot{u}_{gt+\Delta t}$ 分别为结构在 $t+\Delta t$ 时刻的位移、速度、加速度向量;$f_{gt+\Delta t}$ 为 $t+\Delta t$ 时刻的外荷载向量。

使用 Newmark-beta 法建立位移、速度和加速度之间的积分关系,表示成如下的方程形式:

$$\dot{u}_{gt+\Delta t} = \frac{\gamma}{\beta \Delta t}(u_{gt+\Delta t} - u_{gt}) + \left(1 - \frac{\gamma}{\beta}\right)\dot{u}_{gt} + \Delta t\left(1 - \frac{\gamma}{2\beta}\right)\ddot{u}_{gt} \tag{2-59a}$$

$$\ddot{\boldsymbol{u}}_{gt+\Delta t} = \frac{1}{\beta\Delta t^2}(\boldsymbol{u}_{gt+\Delta t} - \boldsymbol{u}_{gt}) - \frac{1}{\beta\Delta t}\dot{\boldsymbol{u}}_{gt} + \left(1 - \frac{1}{2\beta}\right)\ddot{\boldsymbol{u}}_{gt} \tag{2-59b}$$

式中：$\boldsymbol{u}_{gt}$，$\dot{\boldsymbol{u}}_{gt}$，$\ddot{\boldsymbol{u}}_{gt}$ 分别为结构在 t 时刻的位移、速度、加速度向量。通过直接积分方法，方程的未知变量变成位移，于是可以通过迭代方式进行求解。使用 Newton-Raphson 法作为迭代求解的数值方法，该方法表示如下：

$$\boldsymbol{L}(\boldsymbol{u}_{gt+\Delta t}) \approx \boldsymbol{L}(\boldsymbol{u}_{gt+\Delta t}^{(i)}) + \frac{\partial \boldsymbol{L}}{\partial \boldsymbol{u}_{gt+\Delta t}}\bigg|_{\boldsymbol{u}_{gt+\Delta t}^{(i)}}(\boldsymbol{u}_{gt+\Delta t} - \boldsymbol{u}_{gt+\Delta t}^{(i)}) = \boldsymbol{0} \tag{2-60}$$

把方程(2-59)代入方程(2-60)，得到：

$$\widetilde{\boldsymbol{K}}_{gt+\Delta t}^{(i)}(\boldsymbol{u}_{gt+\Delta t} - \boldsymbol{u}_{gt+\Delta t}^{(i)}) = \widetilde{\boldsymbol{P}}_{gt+\Delta t}^{(i)} \tag{2-61}$$

$$\widetilde{\boldsymbol{K}}_{gt+\Delta t}^{(i)} = \frac{1}{\beta\Delta t^2}\boldsymbol{M}_{gt} + \frac{\gamma}{\beta\Delta t}\boldsymbol{C}_{gt} + \boldsymbol{K}_{gt} + \frac{\partial \boldsymbol{R}_{gt+\Delta t}}{\partial \boldsymbol{u}_{gt+\Delta t}}\bigg|_{\boldsymbol{u}_{gt+\Delta t}^{(i)}} + \frac{\gamma}{\beta\Delta t}\frac{\partial \boldsymbol{R}_{gt+\Delta t}}{\partial \dot{\boldsymbol{u}}_{gt+\Delta t}}\bigg|_{\dot{\boldsymbol{u}}_{gt+\Delta t}^{(i)}}$$

$$\widetilde{\boldsymbol{P}}_{gt+\Delta t}^{(i)} = \boldsymbol{f}_{gt+\Delta t} - \boldsymbol{M}_{gt}\ddot{\boldsymbol{u}}_{gt+\Delta t}^{(i)} - \boldsymbol{C}_{gt}\dot{\boldsymbol{u}}_{gt+\Delta t}^{(i)} - \boldsymbol{K}_{gt}\boldsymbol{u}_{gt+\Delta t}^{(i)} - \boldsymbol{R}_{gt+\Delta t}(\boldsymbol{u}_{gt+\Delta t}^{(i)}, \dot{\boldsymbol{u}}_{gt+\Delta t}^{(i)})$$

式中：$\widetilde{\boldsymbol{K}}_{gt+\Delta t}^{(i)}$ 和 $\widetilde{\boldsymbol{P}}_{gt+\Delta t}^{(i)}$ 分别为运动方程在 $t+\Delta t$ 时刻第 i 个迭代步的刚度矩阵和力向量。在 $t+\Delta t$ 时刻迭代计算之前，需要定义初始反应量 $\{\boldsymbol{u}_{gt+\Delta t}^{(0)}, \dot{\boldsymbol{u}}_{gt+\Delta t}^{(0)}, \ddot{\boldsymbol{u}}_{gt+\Delta t}^{(0)}\}$。通过假定 $\boldsymbol{u}_{gt+\Delta t}^{(0)} = \boldsymbol{u}_{gt}$，$\dot{\boldsymbol{u}}_{gt+\Delta t}^{(0)}$ 和 $\ddot{\boldsymbol{u}}_{gt+\Delta t}^{(0)}$ 可以通过数值积分方法得到，于是方程(2-61)可以在迭代分析步中进行求解。

2. 平衡方程的数值求解过程

结构在地震作用下会经历不同的损伤状态，在初始弹性阶段和塑性损伤阶段，通过动态子结构法将建立不同自由度缩减程度的混合坐标运动方程，同时对应着自由度数随时间逐渐变化的平衡方程。每当新的模型损伤出现或既有模型损伤发生扩展，都需要重新划分线性和非线性子结构，并更新待求解的平衡方程。自适应动态子结构数值方法中求解时变的平衡方程的流程图如图 2-39 所示。

结构在地震时程分析的初始阶段没有损伤，整个模型处于线弹性状态。针对线弹性结构模型，采用振型叠加法对其实施动力自由度缩减。经过坐标转换之后的运动方程可以写为：

$$\boldsymbol{M}_d^e \ddot{\boldsymbol{q}}_d^e + \boldsymbol{C}_d^e \dot{\boldsymbol{q}}_d^e + \boldsymbol{K}_d^e \boldsymbol{q}_d^e = \boldsymbol{f}_d^e \tag{2-62}$$

式中：$\boldsymbol{M}_d^e = \boldsymbol{\Phi}_d^{e\top}\boldsymbol{M}_{ll}^e\boldsymbol{\Phi}_d^e$，$\boldsymbol{C}_d^e = \boldsymbol{\Phi}_d^{e\top}\boldsymbol{C}_{ll}^e\boldsymbol{\Phi}_d^e$，$\boldsymbol{K}_d^e = \boldsymbol{\Phi}_d^{e\top}\boldsymbol{K}_{ll}^e\boldsymbol{\Phi}_d^e$，$\boldsymbol{f}_d^e = \boldsymbol{\Phi}_d^{e\top}\boldsymbol{f}_l^e$。上标 e 代表结构的弹性状态。把方程(2-62)的模型矩阵代入(2-61)中，结构的平衡方程写为：

$$\widetilde{\boldsymbol{K}}_{dt+\Delta t}^{e(i)}(\boldsymbol{q}_{dt+\Delta t}^e - \boldsymbol{q}_{dt+\Delta t}^{e(i)}) = \widetilde{\boldsymbol{P}}_{dt+\Delta t}^{e(i)} \tag{2-63}$$

式中：$\widetilde{\boldsymbol{K}}_{dt+\Delta t}^{e(i)} = \frac{1}{\beta\Delta t^2}\boldsymbol{M}_{dt}^e + \frac{\gamma}{\beta\Delta t}\boldsymbol{C}_{dt}^e + \boldsymbol{K}_{dt}^e$，$\widetilde{\boldsymbol{P}}_{dt+\Delta t}^{e(i)} = \boldsymbol{f}_{dt+\Delta t}^e - \boldsymbol{M}_{dt}^e\ddot{\boldsymbol{q}}_{dt+\Delta t}^{e(i)} - \boldsymbol{C}_{dt}^e\dot{\boldsymbol{q}}_{dt+\Delta t}^{e(i)} - \boldsymbol{K}_{dt}^e\boldsymbol{q}_{dt+\Delta t}^{e(i)}$。通过迭代求解方程(2-63)可以得到结构在弹性状态下的动力反应，直到结构出现模型损伤。

当出现新的模型损伤时，需要重新划分线性和非线性子结构，运动方程由模态坐标系转换到混合坐标系下。假定在 τ 时刻出现模型损伤，那么 τ 时刻的计算结果不会被

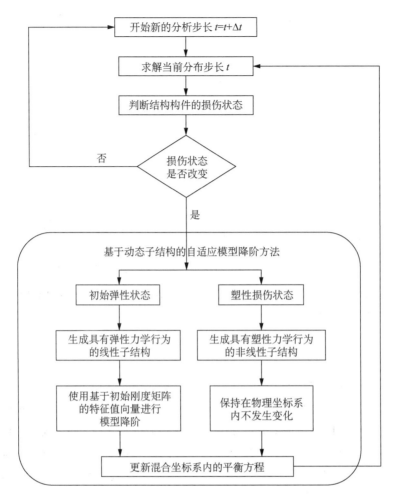

图2-39 初始弹性和塑性损伤阶段自适应动态子结构方法的流程示意图

提交和保存,动力分析状态回退到上一个时间步长 $\tau - \Delta t$,这时结构的位移、速度、加速度分别为 $\boldsymbol{q}^e_{d_{\tau-\Delta t}}, \dot{\boldsymbol{q}}^e_{d_{\tau-\Delta t}}, \ddot{\boldsymbol{q}}^e_{d_{\tau-\Delta t}}$。 通过坐标转换把位移向量由模态坐标系转换到物理坐标系下:

$$\boldsymbol{u}^e_{g_{\tau-\Delta t}} = \boldsymbol{\Phi}^e_d \boldsymbol{q}^e_{d_{\tau-\Delta t}} \tag{2-64}$$

式中:$\boldsymbol{q}^e_{d_{\tau-\Delta t}}$ 为 $\tau - \Delta t$ 时刻提交的模态坐标位移向量。

动力分析再次进入时间步长 τ 之前,τ 时刻进行迭代分析的初始位移向量为 $\boldsymbol{u}^{p(0)}_{g_{\tau}} = \boldsymbol{u}^e_{g_{\tau-\Delta t}}$,其中上标 p 代表结构的塑性损伤状态。位移向量 $\boldsymbol{u}^p_{g_{\tau}}$ 根据子结构的划分结果被分解为三部分,即 $\boldsymbol{u}^{p\mathrm{T}}_{g_{\tau}} = \begin{bmatrix} \boldsymbol{u}^p_{l_{\tau}} & \boldsymbol{u}^p_{b_{\tau}} & \boldsymbol{u}^p_{n_{\tau}} \end{bmatrix}$。 子结构的划分依据以下原则:

(1) 相邻的没有产生损伤的构件单元组成一个线性子结构,线性子结构的内部节点自由度的位移由 $\boldsymbol{u}^p_{l_{\tau}}$ 表示。

(2) 所有产生损伤的构件单元组成一个非线性子结构,非线性子结构的内部节点自由度的位移由 $\boldsymbol{u}^p_{n_{\tau}}$ 表示。

（3）无损伤构件单元和有损伤构件单元共享的节点组成子结构界面，子结构界面的节点自由度的位移由 $\boldsymbol{u}_{b\tau}^{p}$ 表示。

为了在 τ 时刻对结构进行自由度缩减，将位移向量 $\boldsymbol{u}_{g\tau}^{p}$ 由物理坐标系转换到混合坐标系下：

$$
\boldsymbol{v}_{h\tau}^{p} = \begin{bmatrix} \boldsymbol{q}_{d\tau}^{p} \\ \boldsymbol{u}_{b\tau}^{p} \\ \boldsymbol{u}_{n\tau}^{p} \end{bmatrix} = (\boldsymbol{T}_{\tau}^{p\mathrm{T}} \boldsymbol{T}_{\tau}^{p})^{-1} \boldsymbol{T}_{\tau}^{p\mathrm{T}} \begin{bmatrix} \boldsymbol{u}_{l\tau}^{p} \\ \boldsymbol{u}_{b\tau}^{p} \\ \boldsymbol{u}_{n\tau}^{p} \end{bmatrix} , \boldsymbol{T}_{\tau}^{p} = \begin{bmatrix} \boldsymbol{\Phi}_{d\tau}^{p} & \boldsymbol{\Psi}_{b\tau}^{p} & 0 \\ 0 & \boldsymbol{I}_{b\tau}^{p} & 0 \\ 0 & 0 & \boldsymbol{I}_{n\tau}^{p} \end{bmatrix} \tag{2-65}
$$

于是，τ 时刻的运动方程写为：

$$
\boldsymbol{M}_{h\tau}^{p} \ddot{\boldsymbol{v}}_{h\tau}^{p} + \boldsymbol{C}_{h\tau}^{p} \dot{\boldsymbol{v}}_{h\tau}^{p} + \boldsymbol{K}_{h\tau}^{p} \boldsymbol{v}_{h\tau}^{p} + \boldsymbol{R}_{h\tau}^{p} = \boldsymbol{f}_{h\tau}^{p} \tag{2-66}
$$

其中，
$$
\boldsymbol{M}_{h\tau}^{p} = \begin{bmatrix} \overline{\boldsymbol{I}}_{ll\tau}^{p} & \overline{\boldsymbol{M}}_{lb\tau}^{p} & 0 \\ \overline{\boldsymbol{M}}_{bl\tau}^{p} & \overline{\boldsymbol{M}}_{bb\tau}^{p(b)} + \boldsymbol{M}_{bb\tau}^{p(n)} & 0 \\ 0 & 0 & \boldsymbol{M}_{nn\tau} \end{bmatrix}, \boldsymbol{C}_{h\tau}^{p} = \begin{bmatrix} \overline{\boldsymbol{C}}_{ll\tau}^{p} & \overline{\boldsymbol{C}}_{lb\tau}^{p} & 0 \\ \overline{\boldsymbol{C}}_{bl\tau}^{p} & \overline{\boldsymbol{C}}_{bb\tau}^{p(l)} + \boldsymbol{C}_{bb\tau}^{p(n)} & \boldsymbol{C}_{bn\tau}^{p} \\ 0 & \boldsymbol{C}_{nb\tau}^{p} & \boldsymbol{C}_{nn\tau}^{p} \end{bmatrix},
$$

$$
\boldsymbol{K}_{h\tau}^{p} = \begin{bmatrix} \overline{\Lambda}_{ll\tau}^{p} & 0 & 0 \\ 0 & \overline{\boldsymbol{K}}_{bb\tau}^{p(l)} + \boldsymbol{K}_{bb\tau}^{p(n)} & \boldsymbol{K}_{bn\tau} \\ 0 & \boldsymbol{K}_{nb\tau} & \boldsymbol{K}_{nn\tau} \end{bmatrix}, \boldsymbol{v}_{h\tau}^{p} = \begin{bmatrix} \boldsymbol{q}_{d\tau}^{p} \\ \boldsymbol{u}_{b\tau}^{p} \\ \boldsymbol{u}_{n\tau}^{p} \end{bmatrix}, \boldsymbol{R}_{h\tau}^{p} = \begin{bmatrix} 0 \\ \boldsymbol{R}_{b\tau}^{p} \\ \boldsymbol{R}_{n\tau}^{p} \end{bmatrix}, \boldsymbol{f}_{h\tau}^{p} = \begin{bmatrix} \overline{\boldsymbol{f}}_{l\tau}^{p} \\ \overline{\boldsymbol{f}}_{b\tau}^{p(l)} + \boldsymbol{f}_{b\tau}^{p(n)} \\ \boldsymbol{f}_{n\tau}^{p} \end{bmatrix}
$$

将方程（2-66）的模型矩阵代入方程（2-61）中，得到平衡方程为：

$$
\widetilde{\boldsymbol{K}}_{h\tau}^{p(i)} (\boldsymbol{v}_{h\tau}^{p} - \boldsymbol{v}_{h\tau}^{p(i)}) = \widetilde{\boldsymbol{P}}_{h\tau}^{p(i)} \tag{2-67}
$$

$$
\widetilde{\boldsymbol{K}}_{h\tau}^{p(i)} = \frac{1}{\beta \Delta t^{2}} \boldsymbol{M}_{h\tau-\Delta t}^{p} + \frac{\gamma}{\beta \Delta t} \boldsymbol{C}_{h\tau-\Delta t}^{p} + \boldsymbol{K}_{h\tau-\Delta t}^{p} + \frac{\partial \boldsymbol{R}_{h\tau}^{p}}{\partial \boldsymbol{v}_{h\tau}^{p}} \bigg|_{\boldsymbol{v}_{h\tau}^{p(i)}} + \frac{\gamma}{\beta \Delta t} \frac{\partial \boldsymbol{R}_{h\tau}^{p}}{\partial \dot{\boldsymbol{v}}_{h\tau}^{p}} \bigg|_{\dot{\boldsymbol{v}}_{h\tau}^{p(i)}}
$$

$$
\widetilde{\boldsymbol{P}}_{h\tau}^{p(i)} = \boldsymbol{f}_{h\tau}^{p} - \boldsymbol{M}_{h\tau-\Delta t}^{p} \ddot{\boldsymbol{v}}_{h\tau}^{p(i)} - \boldsymbol{C}_{h\tau-\Delta t}^{p} \dot{\boldsymbol{v}}_{h\tau}^{p(i)} - \boldsymbol{K}_{h\tau-\Delta t}^{p} \boldsymbol{v}_{h\tau}^{p(i)} - \boldsymbol{R}_{h\tau}^{p} (\boldsymbol{v}_{h\tau}^{p(i)}, \dot{\boldsymbol{v}}_{h\tau}^{p(i)})
$$

通过迭代求解方程（2-67）可以得到结构在塑性损伤阶段的动力反应。当新的模型损伤出现或者既有模型损伤发生扩展时，需要重新划分线性和非线性子结构，并更新混合坐标系下的平衡方程，直到动力分析结束。

3. 平衡方程的数值求解算法

从理论角度讲，自适应动态子结构方法并非运动方程的求解方法，而是一种数值求解策略。与传统的逐步积分方法相比，自适应动态子结构方法在迭代求解平衡方程的过程中引入了两个数值步骤：重新建立子结构和重新形成运动方程。表 2-2 给出了自适应动态子结构方法的算法流程。算法流程分为初始化阶段和自适应阶段，其中自适应阶段包括初始弹性阶段和塑性损伤阶段。为了统一书写形式，算法流程中采用混合坐标系下的矩阵符号、向量符号以及下标符号。根据算法步骤，可以在传统逐步积分法的基础上进行有限元软件的程序开发，实现自适应动态子结构数值模拟方法。

表 2-2 初始弹性和塑性损伤阶段自适应动态子结构方法的算法流程

Step1	确定结构有限元模型的网格单元和节点自由度，由单元刚度和节点质量装配出整体模型矩阵：M_g、C_g 和 K_g，确定结构的外部动力荷载 f_g	初始化阶段
Step2	将整体结构定义为一个线性子结构	
Step3	求解线性子结构的振动模态，构造坐标转换矩阵 T_d	
Step4	使用 T_d 对 M_g、C_g 和 K_g 进行坐标转换，得到模态坐标下的运动方程（见 2-62）	
Step5	确定增量步数 n_{step} 和时间增量步长 Δt，确定积分参数 γ 和 β，确定最大迭代步数 i_{max}，确定收敛指标阈值 ε	
Step6	初始化变量参数：$t=0$，$i=0$，$j=0$，$v_{h\tau=0}=0$，$\dot{v}_{h\tau=0}=0$，$\ddot{v}_{h\tau=0}=0$	
Step7	模型标记 $ModelFlag=0$（0 不需要重分析，1 需要重分析）	自适应阶段
Step8	while $(j<n_{step})$ do	
Step9	if $(ModelFlag=0)$ then	
Step10	$t=j\times\Delta t$	
Step11	$v_{h\tau+\Delta t}^{(0)}=v_{h\tau}$，使用公式（2-59）计算 $\dot{v}_{h\tau+\Delta t}^{(0)}$ 和 $\ddot{v}_{h\tau+\Delta t}^{(0)}$	
Step12	else	
Step13	$j=j-1$，$t=j\times\Delta t$	
Step14	根据单元的变形或应变状态确定损伤空间分布	
Step15	根据模型损伤分布重新划分线性和非线性子结构	
Step16	计算线性子结构的振动模态和约束模态，构造坐标转换矩阵 T_t^l	
Step17	使用公式（2-65）重新构造位移向量，得到 v_{ht}	
Step18	$v_{h\tau+\Delta t}^{(0)}=v_{h\tau}$，使用公式（2-59）计算 $\dot{v}_{\tau+\Delta t}^{(0)}$ 和 $\ddot{v}_{\tau+\Delta t}^{(0)}$	
Step19	$ModelFlag=0$	
Step20	end if	
Step21	$i=0$，收敛性标记 $ConvergenceTest=0$（0 不收敛，1 收敛）	
Step22	while $(i<i_{max})$ and $(ConvergenceTest=0)$ do	
Step23	使用公式（2-67）计算 $\tilde{K}_{h\tau+\Delta t}^{(i)}$ 和 $\tilde{P}_{h\tau+\Delta t}^{(i)}$	
Step24	求解 $\tilde{K}_{h\tau+\Delta t}^{(i)}(v_{h\tau+\Delta t}^{(i+1)}-v_{h\tau+\Delta t}^{(i)})=\tilde{P}_{h\tau+\Delta t}^{(i)}$，得到 $v_{\tau+\Delta t}^{(i+1)}$	
Step25	使用公式（2-56）对 $v_{h\tau+\Delta t}^{(i+1)}$ 进行坐标转换，得到 $u_{g\tau+\Delta t}^{(i+1)}$	
Step26	if $\parallel u_{g\tau+\Delta t}^{(i+1)}-u_{g\tau+\Delta t}^{(i)} \parallel < \varepsilon$ then	
Step27	$ConvergenceTest=1$	
Step28	end if	
Step29	$i=i+1$	
Step30	end while	
Step31	if $ConvergenceTest=1$ then	

Step32	保存结果 $v_{h\tau+\Delta t} = v_{h\tau+\Delta t}^{(i)}$ 以及 $u_{g\tau+\Delta t} = u_{g\tau+\Delta t}^{(i)}$
Step33	else
Step34	go to Step42,数值计算不收敛
Step35	end if
Step36	通过 $u_{g\tau+\Delta t}$ 计算单元变形,检查子结构的损伤发展
Step37	if(新损伤分布)then
Step38	$ModelFlag = 1$
Step39	end if
Step40	$j = j + 1$
Step41	end while
Step42	动力分析结束,输出计算结果

2.4.2 线性子结构拓扑和模态截断

动态子结构方法通过线性子结构的振动模态和约束模态构造坐标转换矩阵,将线性子结构的模型矩阵由物理坐标系投影到模态坐标系。当使用少数反映结构主要动力特性的振动模态构造转换矩阵时,可以实现结构模型的动力自由度缩减。如何使用少数振动模态来反映结构的主要动力特性,一方面取决于线性子结构的划分,另一方面取决于线性子结构的模态截断。

一、基于拓扑变换的子结构划分原则

地震作用下,框架结构的损伤分布通常是稀疏的,即损伤构件出现在若干离散的空间位置。如果将相邻无损伤构件连接形成一个线性子结构,它会具有不规则的几何形状。这样的线性子结构划分方式会带来两个问题:其一,随着模型损伤分布的不断扩展,需要不断针对更新的线性子结构进行模态求解,增加了数值模拟的耗时;其二,不规则的几何形状产生不规则的子结构界面,增加了模态截断的难度。通过拓扑变换确定线性子结构的拓扑属性,生成具有规则几何形状的线性子结构,可以解决以上两个问题。

拓扑变换是对结构构件的几何关系进行拓扑分析,并得到结构的拓扑属性的方法[36]。对于一个线性子结构,可以将它的拓扑结构定义为若干点和边的结合,拓扑结构的点对应线性子结构的构件,拓扑结构的边对应线性子结构的构件之间的连接关系。框架结构的梁柱构件均通过节点相连接,几种规则的线性子结构的拓扑属性如图 2-40 所示。不同构件数量和空间位置的线性子结构具有相同的拓扑属性,图中左侧形成了单个环形拓扑结构,图中右侧形成了共用节点的两个环形拓扑结构。

以环形拓扑结构为基础,可以将损伤稀疏分布的结构分解成若干具有规则几何形状的线性子结构,如图 2-41 所示。图(a)的无损伤构件区域有两种处理方式:一种是图(b)的直接相连,另一种是图(c)的环形拓扑。环形拓扑结构的优势包括:第一,对于无损伤模

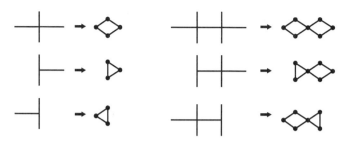

图 2-40　线性子结构的拓扑变换

型区域中具有相同拓扑属性的线性子结构,只需求解其中一个线性子结构的振动模拟即可;第二,模型损伤扩展时,靠近界面位置的线性子结构进入非线性,而无须重新求解线性子结构的振动模态;第三,基于环形拓扑的线性子结构具有规则的子结构界面,降低了模态截断的难度。需要注意的是,基于环形拓扑生成线性子结构时,可能会产生单独构件形成的线性子结构。

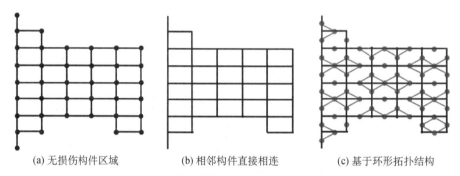

|(a) 无损伤构件区域 | (b) 相邻构件直接相连 | (c) 基于环形拓扑结构|

图 2-41　生成线性子结构的两种方式对比

二、基于有效边界质量的模态截断准则

线性子结构模态截断数量决定了模型自由度的缩减程度,模态截断误差决定了模型动力反应的模拟精度。各个线性子结构的振动模态是从互相独立的特征值问题中求解出来的,为了更加准确地模拟结构的动力反应,需要考虑相邻子结构之间的相互耦合作用[37-40]。本小节采用有效边界质量法[41]对线性子结构的振动模态进行截断。有效边界质量能够衡量振动模态对子结构界面耦合力的贡献,它的表达式为:

$$M_i^{(k)*} = \frac{\boldsymbol{\Psi}_b^{(k)\mathrm{T}} \boldsymbol{M}^{(k)} \boldsymbol{\Phi}_i^{(k)} \cdot \boldsymbol{\Phi}_i^{(k)\mathrm{T}} \boldsymbol{M}^{(k)} \boldsymbol{\Psi}_b^{(k)}}{\boldsymbol{\Phi}_i^{(k)\mathrm{T}} \boldsymbol{M}^{(k)} \boldsymbol{\Phi}_i^{(k)}} \qquad (2-68)$$

式中:$M_i^{(k)*}$ 为第 k 个线性子结构的第 i 阶振动模态的有效边界质量;$\boldsymbol{M}^{(k)}$ 为线性子结构的质量矩阵;$\boldsymbol{\Phi}_i^{(k)}$ 为线性子结构的第 i 阶振动模态;$\boldsymbol{\Psi}_b^{(k)}$ 为线性子结构的约束模态矩阵。为了衡量第 i 阶振动模态的有效边界质量的比重,进一步定义有效边界质量因子为:

$$E_i^{(k)} = \frac{\mathrm{tr}(\boldsymbol{M}_i^{(k)*})}{\mathrm{tr}(\sum_i \boldsymbol{M}_i^{(k)*})} \qquad (2-69)$$

式中，$E_i^{(k)}$ 为第 i 阶振动模态的有效边界质量因子；tr($\cdot$) 为矩阵求迹符号，矩阵的迹等于所有特征值的和。根据各个模态的有效边界质量因子，可以对子结构的振动模态按照界面耦合作用的贡献进行排序，截取少数主要的振动模态。

以图 2-40 所示的线性子结构为例，给出按照有效边界质量截取的前 10 个振动模态和主要振动模态的振型位移，如图 2-42 所示。模态截断结果具有以下特点：

(1) 从振动模态的振型位移可见，有效边界质量较大的振动模态在子结构界面附近会产生更大的挠曲变形。原因在于，该振动模态在子结构界面具有更强的耦合作用。

(2) 线性子结构的有效边界质量均集中于少数振动模态，随着模态阶数的增加，有效边界质量因子快速降低。这表明基于有效边界质量的模态截断原则，能够在保留少数振动模态的同时，充分考虑子结构界面耦合作用对模态截断误差的影响。

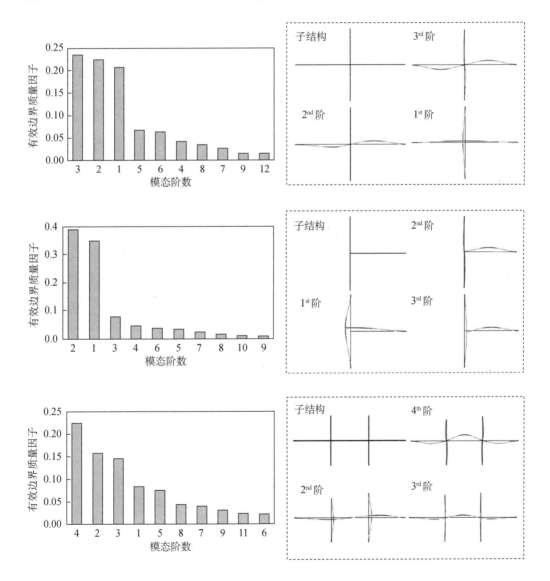

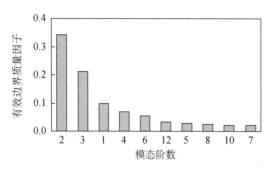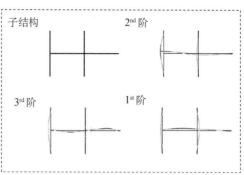

图 2-42　线性子结构的模态截断

2.4.3　非线性子结构模型降阶

　　自适应动态子结构法针对模型损伤状态生成线性和非线性子结构,模型损伤分布可能在短时间内的强震作用下迅速扩展,使得线性子结构自由度数快速降低,而非线性子结构自由度数快速升高,导致短时强震过后的模型降阶效果迅速下降,并保持较低效率直到时程分析结束。然而,结构构件在短时强震作用后可能处于损伤稳定状态,即构件保持残余变形并且没有塑性变形增量的出现,构件的力学行为表现为线弹性。针对构件的损伤稳定状态,可以进一步采用基于切线刚度的振动模态对非线性子结构实施动力自由度缩减,从而提高自适应动态子结构方法在损伤稳定状态阶段的模型降阶效果。

　　一、地震作用下的构件损伤状态

　　在强地震作用下,结构构件可能经历不同损伤状态。初始阶段的地震加速度幅值较低,所有结构构件保持线弹性并且没有产生塑性变形。这个阶段被认为是初始弹性状态。随后,地震动加速度幅值逐渐增大,使得结构产生更大的侧向变形,导致构件进入非弹性阶段并且出现塑性损伤。这个阶段被认为是塑性损伤阶段。塑性损伤阶段持续进行,直到地震动加速度幅值减弱到较低水平。此后,结构构件可能进入一个保持残余变形但没有塑性变形增量的阶段,构件的力学行为表现为线弹性。这个阶段被认为是损伤稳定状态。随着地震作用的持续进行,结构构件会交替呈现出塑性损伤状态和损伤稳定状态,直到地震时程分析结束。以上三种损伤状态的示意图如图 2-43 所示,其中 ε^p 和 $\dot{\varepsilon}^p$ 分别表示塑性应变和塑性应变率。

　　损伤稳定状态与金属材料疲劳理论中的弹性安定状态类似,弹性安定状态是指在特定幅值的循环往复荷载作用下,材料的塑性应变率为零并且塑性应变增量为零的受力状态,这时材料表现为线弹性的力学行为。作为一个比较重要的损伤状态,损伤稳定状态在地震工程领域却很少受到关注。结构构件的损伤被认为与构件的延性和滞回耗能直接相关,最常用的损伤模型为 Park-Ang 损伤模型[42-43],该损伤模型被用于建立建筑结构的地震损伤谱[44-48]。然而,延性和滞回耗能总量不能反映滞回模型的塑性循环特性对构件损

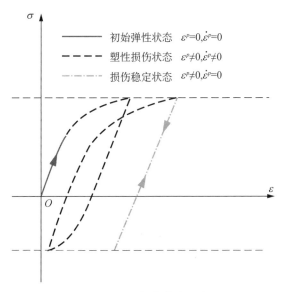

图 2-43　不同损伤状态示意图

伤的影响。研究表明,结构的地震损伤需求与构件的塑性循环变形有关,并可以使用等效循环圈数来表示[49-51]。塑性循环变形可以产生基于疲劳的构件损伤[52-53],结构构件的失效可以因为一次大幅度的地震运动,也可以因为若干次小幅度的地震运动[54]。美国地震危险性分析软件 HAZUS[55]同样意识到地震运动的往复圈数具有一定的重要性,并采用基于震级的强震持时来降低小震级地震事件带来的影响[56]。尽管塑性循环变形产生的损伤特性引起了地震工程领域的较多关注,但是结构构件的损伤稳定状态的特性仍然是一个值得研究的关键问题。

二、损伤稳定状态及其持时特性

1. 损伤稳定状态的持时谱分析

为了研究损伤稳定状态的特性,提出损伤稳定状态的持时概念,定义如下:

$$D_{\mathrm{ds}}=\frac{1}{D_{\mathrm{s}}}\int_{t_0}^{t_1}s(t)\mathrm{d}t,\ s(t)=\begin{cases}0&(\varepsilon^p\neq 0,\ \dot{\varepsilon}^p\neq 0)\\1&(\varepsilon^p\neq 0,\ \dot{\varepsilon}^p=0)\end{cases} \tag{2-70}$$

式中:D_{ds} 为损伤稳定状态持时,下标"ds"代表损伤稳定状态(damage settled);D_{s} 为强震持时[57],它的定义为分别达到均方根加速度的 5% 和 95% 的两个时刻之间的间隔时长,均方根加速度的表达式为(2-71);$s(t)$ 代表损伤稳定状态。

$$a_{\mathrm{rms}}=\sqrt{\frac{1}{t_{\mathrm{E}}}\int_0^{t_{\mathrm{E}}}a^2(t)\mathrm{d}t} \tag{2-71}$$

式中:t_{E} 代表地震作用时长;$a(t)$ 为地震动加速度时程。

损伤稳定状态持时是通过构件处于损伤稳定状态的持续时间和强震持时之间的比值来确定的,强震持时可能是一个主要的影响因素。由于构件的损伤状态受到地震动强度、结构周期、阻尼比和屈服后刚度比的影响,这些变量同样作为损伤稳定状态持时的影响因素。为了评估损伤稳定状态持时,提出了损伤稳定状态持时谱,表示为 D_{ds} 随结构周期的变化曲线,损伤稳定状态持时谱能够综合考虑以上几个主要影响因素。

通过单自由度结构在地震作用下的时程分析计算损伤稳定状态持时谱。单自由度结构的本构模型为双线性,屈服强度由强度折减因子[58]确定,表达式如下:

$$R = \frac{mS_{ah}}{F_y} \tag{2-72}$$

式中:m 为单自由度结构质量;S_{ah} 为地震动反应谱加速度;F_y 为水平侧向屈服强度。选取 4 个强度折减因子 $R = 2,4,6,8$ 来表示不同强度水平的单自由度结构。

选择了不同强震持时的地震动记录作为时程分析的地震输入[59],使用强震持时指标 I_D[60] 将地震动分为 3 组(各包含 20 条记录):短强震持时组($I_D \approx 5$)、中强震持时组($I_D \approx 14$)和长强震持时组($I_D \approx 22$)。强震持时指标 I_D 能够预测地震动对结构构件产生的塑性损伤需求。

针对每条地震动记录和每个强度折减因子,需要进行 60 个不同结构周期的单自由度结构时程分析,周期取值范围为 0.1 s 到 6 s,变化间隔为 0.1 s。综合所有分析工况的计算结果,绘制出损伤稳定状态的平均持时谱。

2. 损伤稳定状态持时谱的影响因素

图 2-44 给出了不同强震持时的地震分组计算得到的损伤稳定状态持时谱。结果显示,损伤稳定状态持时谱主要受到强度折减因子的影响。原因在于,在给定地震动输入的前提下,强度折减因子决定了单自由度结构的屈服强度,即决定了单自由度结构进入塑性损伤阶段的难易程度。当 R 较小时,结构较难进入塑性损伤状态,处于损伤稳定状态的持续时间更长,反之亦然。对于给定的强度折减因子,损伤稳定状态持时谱呈现出几乎相同的变化趋势,而受到强震持时的影响较小。具体地讲,损伤稳定状态持时谱在短周期区间随着周期增大而急剧升高;在中长周期区间随着周期增大而缓慢地降低;在整个周期区间内,谱峰值一般出现在周期 0.3 s 附近,而当结构周期大于 0.3 s 时,损伤稳定状态持时谱基本大于 0.6 s。

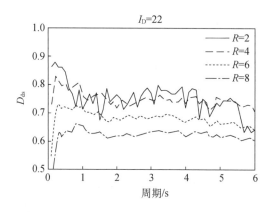
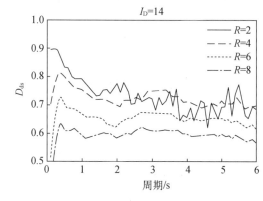

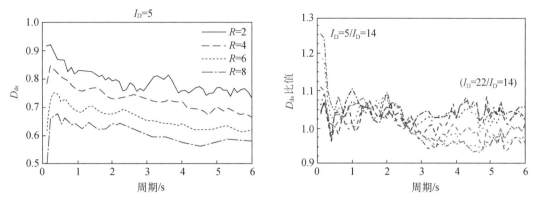

图 2-44　不同强震持时下的损伤稳定状态持时谱

图 2-45 给出了不同结构阻尼比对应的损伤稳定状态持时谱。结果显示,损伤稳定状态持时谱随着阻尼比的增加而降低。原因在于,增加阻尼比会抑制结构的变形,从而减小结构的塑性损伤。但是,结构阻尼比对损伤稳定状态持时谱的幅值影响并不明显。

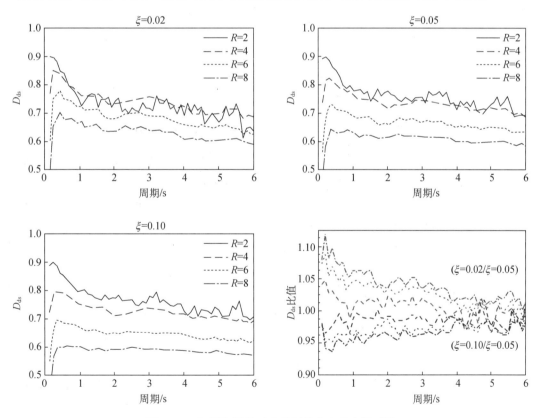

图 2-45　不同阻尼比对应的损伤稳定状态持时谱

图 2-46 给出了不同屈服刚度比对应的损伤稳定状态持时谱。结果显示,损伤稳定持时谱随着屈服刚度比的减小而升高。原因在于,屈服刚度比越大,单自由度结构产生的塑性损伤越小。但是,屈服刚度比对损伤稳定状态持时谱的幅值影响是微小的。

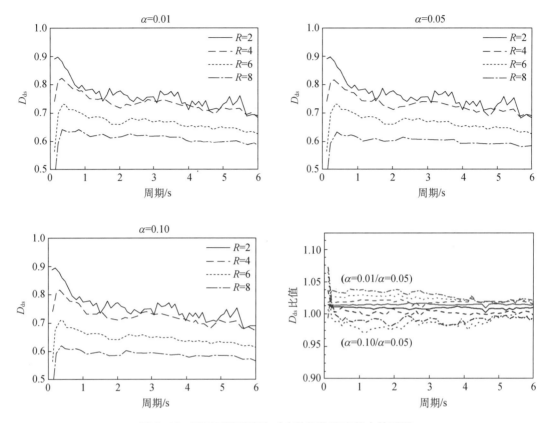

图 2-46　不同屈服刚度比对应的损伤稳定状态持时谱

　　综上所述，损伤稳定状态持时谱主要受到强度折减因子的影响，强震持时、结构阻尼比以及屈服刚度比产生的影响均不明显。当结构周期大于 0.3 s 时，损伤稳定状态的持续时间占强震持时的 60% 以上。基于这个结论，可以在构件进入损伤稳定状态以后，进一步采用通过切线刚度计算得到的振动模态对非线性子结构实施动力自由度缩减，提升自适应动态子结构方法在损伤稳定阶段的适用性。

　　三、损伤稳定阶段的模型降阶策略

　　1. 平衡方程的数值求解过程

　　结构在地震作用下会经历三种不同的损伤状态，即初始弹性状态、塑性损伤状态和损伤稳定状态。针对不同的损伤状态，动态子结构法将建立不同自由度缩减程度的混合坐标运动方程，同时对应着自由度数随时间逐渐变化的平衡方程。每当结构构件的损伤状态发生变化时，都需要重新划分线性和非线性子结构，并更新待求解的平衡方程。自适应动态子结构数值方法中求解时变的平衡方程的流程图如图 2-47 所示。

　　前文已经详细阐述了初始弹性状态和塑性损伤状态下平衡方程的求解过程。通过求解方程(2-63)和(2-67)可以分别得到结构在初始弹性状态和塑性损伤状态下的动力反应。

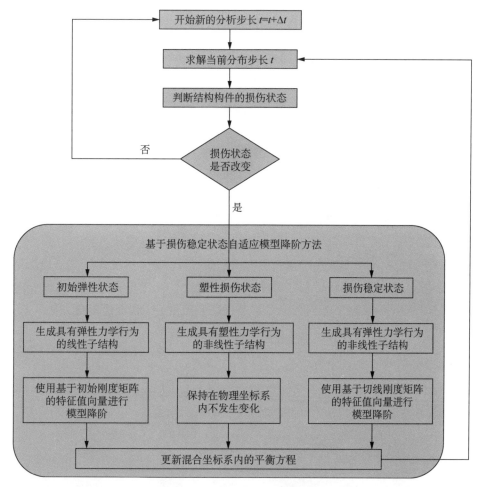

图 2-47　经历三种损伤状态时自适应动态子结构方法的流程示意图

在短时强震过后,地震动加速度幅值降低,结构构件会由塑性损伤状态转入损伤稳定状态,平衡方程需要根据损伤稳定状态进行更新。假定在 τ' 时刻进入损伤稳定状态,这时的结构位移、速度、加速度分别为 $v_{h\tau'}^p$、$\dot{v}_{h\tau'}^p$、$\ddot{v}_{h\tau'}^p$。通过坐标转换把位移向量由模态坐标系转换到物理坐标系下:

$$\boldsymbol{u}_{g\tau'}^p = \boldsymbol{T}_{\tau'}^p\, \boldsymbol{v}_{h\tau'}^p \tag{2-73}$$

式中: $\boldsymbol{T}_{\tau'}^p$ 为 τ' 时刻的坐标转换矩阵。动力分析进入时间步长 $\tau'+\Delta t$ 之前, $\tau'+\Delta t$ 时刻进行迭代分析的初始位移向量为 $\boldsymbol{u}_{g\tau'+\Delta}^{er} = \boldsymbol{u}_{g\tau'}^p$。为了在 $\tau'+\Delta t$ 时刻对结构进行自由度缩减,将位移向量 $\boldsymbol{u}_{g\tau'+\Delta}^{er}$ 由物理坐标系转换到模态坐标系下:

$$\boldsymbol{q}_{d\tau'+\Delta}^{er} = [\boldsymbol{\Phi}_{\tau'+\Delta}^{er\,\mathrm{T}}\, \boldsymbol{\Phi}_{\tau'+\Delta}^{er}]^{-1}\, \boldsymbol{\Phi}_{\tau'+\Delta}^{er\,\mathrm{T}}\, \boldsymbol{u}_{g\tau'+\Delta}^{er} \tag{2-74}$$

式中: $\boldsymbol{\Phi}_{\tau'+\Delta}^{er}$ 为 $\tau'+\Delta t$ 时刻通过切线刚度求解的结构振动模态。

于是, $\tau'+\Delta t$ 时刻的平衡方程为:

$$\widetilde{\boldsymbol{K}}_{d\tau'+\Delta}^{er(i)} (\boldsymbol{q}_{d\tau'+\Delta}^{er} - \boldsymbol{q}_{d\tau'+\Delta}^{er(i)}) = \widetilde{\boldsymbol{P}}_{d\tau'+\Delta}^{er(i)} \tag{2-75}$$

$$\tilde{K}_{d\tau'+\Delta t}^{er(i)} = \frac{1}{\beta \Delta t^2} M_{d\tau'}^{er} + \frac{\gamma}{\beta \Delta t} C_{d\tau'}^{er} + K_{d\tau'}^{er}, \tilde{P}_{d\tau'+\Delta t}^{er(i)}$$

$$= f_{d\tau'+\Delta t}^{er} - M_{d\tau'}^{er} \ddot{q}_{d\tau'+\Delta t}^{er(i)} - C_{d\tau'}^{er} \dot{q}_{d\tau'+\Delta t}^{er(i)} - K_{d\tau'}^{er} q_{d\tau'+\Delta t}^{er(i)}$$

式中：$\tilde{K}_{d\tau'+\Delta t}^{er(i)}$ 和 $\tilde{P}_{d\tau'+\Delta t}^{er(i)}$ 分别是 $\tau'+\Delta t$ 时刻第 i 个迭代分析步的刚度矩阵和力向量；$M_{d\tau'}^{er}$，$C_{d\tau'}^{er}$ 和 $K_{d\tau'}^{er}$ 分别为 τ' 时刻的质量、阻尼和刚度矩阵；$f_{d\tau'+\Delta t}^{er}$ 为 $\tau'+\Delta t$ 时刻的等效地震荷载向量。

通过迭代求解方程(2-75)可以得到结构在损伤稳定状态下的动力反应。当结构构件的损伤状态发生变化时，需要重新划分线性和非线性子结构，并更新结构的平衡方程，直到动力分析结束。

2. 平衡方程的数值求解算法

相比于2.4.1节提出的自适应动态子结构法，基于损伤稳定状态的动力分析方法引入了针对损伤稳定状态的非线性子结构的模型降阶过程。表2-3给出了基于损伤稳定状态的动力分析方法的算法流程。根据算法步骤，可以在传统逐步积分法的基础上进行有限元软件的程序开发，实现基于损伤稳定状态自适应动态子结构数值模拟方法。

表 2-3　损伤稳定状态的动力分析算法流程

Step1	确定当前分析步数 j、动力时刻 t、反应量 u_{gt}，$\dot{u}_{gt}$，$\ddot{u}_{gt}$	
Step2	确定模型标记 $ModelFlag$（0 不需要重分析，1 需要重分析）	
Step3	确定模型状态 $StateFlag$（0 损伤稳定，1 初始弹性或塑性损伤）	
Step4	$j = j + 1$	
Step5	if $StateFlag = 0$ then	
Step6	$t = j \times \Delta t$	
Step7	使用公式(2-73)对位移增量实施坐标转换	
Step8	使用公式(2-74)对整体结构模型进行自由度缩减	
Step9	$i = 0$，收敛性标记 $ConvergenceTest = 0$（0 不收敛，1 收敛）	
Step10	while $(i < i_{max})$ and $(ConvergenceTest = 0)$ do	
Step11	根据公式(2-75)建立平衡方程	损
Step12	求解 $\tilde{K}_{d\tau'+\Delta t}^{er(i)} (q_{d\tau'+\Delta t}^{er(i+1)} - q_{d\tau'+\Delta t}^{er(i)}) = \tilde{P}_{d\tau'+\Delta t}^{er(i)}$，得到 $q_{d\tau'+\Delta t}^{er(i+1)}$	伤
Step13	使用公式(2-59)计算 $\dot{q}_{d\tau'+\Delta t}^{er(i+1)}$ 和 $\ddot{q}_{d\tau'+\Delta t}^{er(i+1)}$	稳
Step14	使用矩阵 $\Phi_{\tau'+\Delta t}^{er}$ 对 $q_{d\tau'+\Delta t}^{er(i+1)}$ 进行坐标转换，得到 $u_{g\tau'+\Delta t}^{er(i+1)}$	定
Step15	if $\| u_{g\tau'+\Delta t}^{er(i+1)} - u_{g\tau'+\Delta t}^{er(i)} \| < \varepsilon$ then	状
Step16	$ConvergenceTest = 1$	态
Step17	end if	
Step18	$i = i + 1$	
Step19	end while	

续表 2-3

Step20	if $ConvergenceTest = 1$ then	初始弹性及塑性损伤状态
Step21	保存结果 $\boldsymbol{q}^{er}_{d\tau+\Delta t} = \boldsymbol{q}^{er(i+1)}_{d\tau+\Delta t}$ 以及 $\boldsymbol{u}^{er}_{g\tau+\Delta t} = \boldsymbol{u}^{er(i+1)}_{g\tau+\Delta t}$	
Step22	end if	
Step23	else	
Step24	if $(ModelFlag = 0)$ then	
Step25	$t = j \times \Delta t$	
Step26	使用综合模态法建立运动方程(2.5.1 小节)	
Step27	else	
Step28	$j = j - 1, t = j \times \Delta t$	
Step29	使用综合模态法建立运动方程(2.5.1 小节)	
Step30	$ModelFlag = 0$	
Step31	end if	
Step32	进行自适应动力弹塑性分析(2.5.1 小节)	
Step33	end if	
Step34	if (初始弹性状态) then	损伤状态判断
Step35	$StateFlag = 1, ModelFlag = 0$	
Step36	else if (塑性损伤状态)	
Step37	$StateFlag = 1, ModelFlag = 1$	
Step38	else	
Step39	$StateFlag = 0, ModelFlag = 0$	
Step40	end if	
Step41	go to Step4, until $j = n_{step}$	
Step42	动力分析结束,输出计算结果	

本章参考文献

[1] 聂建国,陶慕轩. 采用纤维梁单元分析钢-混凝土组合结构地震反应的原理[J]. 建筑结构学报,2011, 32(10): 1-10

[2] 聂建国,陶慕轩. 采用纤维梁单元分析钢-混凝土组合结构地震反应的应用[J]. 建筑结构学报,2011, 32(10): 11-20

[3] Rüsch H. Research toward a general flexural theory for structural concrete[J]. ACI Struct J, 1960, 57(7): 1-28

[4] Hognestad E, Hansen N W, McHeng D. Concretestress distribution in ultimate strength design[J]. ACI Journal Proceedings, 1955, 52(12): 455-480

［5］ Mander J B，Priestley M J N，Park R. Theoretical stress-strain model for confined concrete［J］. J Struct Eng，1988,114(8):1804-1826

［6］ Esmaeily A，Xiao Y. Behavior of reinforced concrete columns under variable axial loads: analysis［J］. ACI Structural Journal，2005，102(5)：736-744

［7］ Légeron F，Paultre P，Mazars J. Damage mechanics modeling of nonlinear seismic behavior of concrete structures［J］. Journal of Structural Engineering，ASCE，2005，131(6)：946-955

［8］ 赵洁.钢板-混凝土组合抗弯加固的试验研究与理论分析［D］.北京:清华大学,2008.

［9］ Kawashima K，Watanabe G，Hayakawa R. Seismic performance of RC bridge columns subjected to bilateral excitation［J］. Journal of Earthquake engineering，2004，8(4)：107-132

［10］ 钱稼茹，彭媛媛，赵作周. 预制剪力墙试验报告［R］. 北京：清华大学土木工程系，2010

［11］ Feng D，Ren X. Enriched Force-Based Frame Element with Evolutionary Plastic Hinge［J］. Journal of Structural Engineering，2017，143(10):06017005

［12］ 冯德成,李杰. 基于柔度法梁柱单元的自适应损伤扩展模型［J］. 建筑结构学报，2014(10)：90-97

［13］ Feng D，Wu G，Sun Z，et al. A flexure-shear Timoshenko fiber beam element based on softened damage-plasticity model［J］. Engineering Structures，2017，140：483-497

［14］ Feng D，Ren X，Li J. Implicit Gradient Delocalization Method for Force-Based Frame Element［J］. Journal of Structural Engineering，2016，142(2)：4015122

［15］ 冯德成,万增勇,李杰. 非均匀受压下的箍筋约束混凝土本构模型［J］. 同济大学学报(自然科学版),2015，43(1)：1-7

［16］ Scott H D，Park R，Priestley M J N. Stress-Strain behavior of concrete confined by overlapping hoops at low and high strain rates［J］. Journal of the American Concrete Institute，1982，79(1)：13-27

［17］ Mitra N，Lowes L N. Evaluation，calibration and verification of a reinforced concrete beam-column joint model［J］. Journal of Structural Engineering，2007，133(1)：105-120

［18］ European Committee for Standardization: Euro-code 2: Design for concrete structures: Part 1: General rules and rules for buildings (BS EN1992-1-1)［S］. Europe，European Committee for Standardization，2004

［19］ Zhao J，Sritharan S. Modeling of Strain Penetration Effects in Fiber-Based Analysis of Reinforced Concrete Structures［J］. ACI Structural Journal，2007，104(2)：133-141

［20］ Im H，Park H，Eom T. Cyclic Loading Test for Reinforced-Concrete-Emulated Beam-Column Connection of Precast Concrete Moment Frame［J］. ACI Structural Journal，2013，110(1)：115

［21］ Parastesh H，Hajirasouliha I，Ramezani R. A new ductile moment-resisting connection for precast concrete frames in seismic regions: An experimental investigation［J］.

Engineering Structures，2014，70：144-157

[22] Ha S，Kim S，Lee M S，et al. Performance Evaluation of Semi Precast Concrete Beam-Column Connections with U-Shaped Strands[J]. Advances in Structural Engineering，2014，17(11)：1585-1600

[23] Alcocer S M，Carranza R，Perez-Navarrete D，et al. Seismic Tests of Beam-to-Column Connections in a Precast Concrete Frame[J]. PCI Journal，2002，47(3)：70-89

[24] Bentz E C. Sectional Analysis of Reinforced Concrete Members[D]. Toronto：Department of Civil Engineering，University of Toronto，2000

[25] Kang S B，Tan K H. Behaviour of precast concrete beam-column sub-assemblages subject to column removal[J]. Eng Struct，2015，93：85-96

[26] Kang S B，Tan K H，Yang E H. Progressive collapse resistance of precast beam-column sub-assemblages with engineered cementitious composites[J]. Eng Struct，2015，98：186-200

[27] 丁然，聂建国，陶慕轩. 用于钢筋混凝土连梁地震反应分析的考虑非线性剪切的纤维梁单元 I：原理与开发[J]. 土木工程学报，2016，49(3)：31-42

[28] 丁然，聂建国，陶慕轩. 用于钢筋混凝土连梁地震反应分析的考虑非线性剪切的纤维梁单元 II：应用与讨论[J]. 土木工程学报，2016，49(4)：31-39

[29] 丁然. 高层框架-核心筒结构体系连梁计算模型及其应用研究[D]. 北京：清华大学，2016

[30] Breña S F，Ihtiyar O. Performance of conventionally reinforced coupling beams subjected to cyclic loading[J]. J Struct Eng，2011，137(6)：665-676

[31] 门俊，陆新征，宋二祥，等. 分层壳模型在剪力墙结构计算中的应用[J]. 防护工程，2006，28(3)：9-13

[32] Bazant Z，Oh B. Crack band theory for fracture of concrete[J]. Mater Struct，1983，16(3)：155-77

[33] Ding Ran，Tao Muxuan，Nie Xin，et al. Analytical model for seismic simulation of reinforced concrete coupled shear walls[J]. Engineering Structures，2018，168：819-837

[34] Shiu K N，Barney G B，Fiorato A E，et al. Reversing load tests of reinforced concrete coupling beams[C]. Proc Central American Conf on Earthquake Engineering，Central America，1978

[35] Shiu K N，Takayanagi T S，Corley W G. Seismic behavior of coupled wall systems[J]. J Struct Eng，1984，110(5)：1051-1066

[36] Kaveh A. Topological transformations applied to structural mechanics[J]. Computers & Structures，1997，63(4)：709-718

[37] Kim S M，Kim J G，Chae S W，et al. Evaluating Mode Selection Methods for Component Mode Synthesis[J]. Aiaa Journal，2016，54：1-12

[38] Liao B S，Bai Z，Gao W. The important modes of subsystems：A moment-matching

approach[J]. International Journal for Numerical Methods in Engineering, 2007, 70(13): 1581-1597

[39] Barbone P E, Dan G, Patlashenko I. Optimal modal reduction of vibrating substructures [J]. International Journal for Numerical Methods in Engineering, 2010, 57(3):341-369

[40] Givoli D, Barbone P E, Patlashenko I. Which are the important modes of a subsystem[J]. International Journal for Numerical Methods in Engineering, 2004, 59(12):1657-1678

[41] AIAA. Selection of component modes for craig-bampton substructure representations[J]. Journal of Vibration & Acoustics, 1996, 118(2):264-270

[42] König J A. Shakedown of Elastic-Plastic Structures [M]. Elsevier: Fundamental Studies in Engineering, 1987

[43] Spiliopoulos K V. A direct method to predict cyclic steady states of elastoplastic structures [J]. Computer Methods in Applied Mechanics & Engineering, 2012, 223:186-198

[44] Park Y J, Ang A H S. Mechanistic seismic damage model for reinforced concrete [J]. Journal of Structural Engineering, 1985, 111(4):722-739

[45] Park Y J, Ang A H S, Wen Y K. Seismic damage analysis of reinforced concrete buildings [J]. Journal of Structural Engineering, 1985, 111(4):740-757

[46] Bozorgnia Y. Damage Spectra: Characteristic and Applications to Seismic Risk Reduction [J]. Journal of Structural Engineering, 2003, 10(10):1330-1340

[47] Panyakapo P. Evaluation of site-dependent constant-damage design spectra for reinforced concrete structures [J]. Earthquake Engineering & Structural Dynamics, 2010, 33(12): 1211-1231

[48] Zhai C H, Wen W P, Chen Z Q, et al. Damage spectra for the mainshock-aftershock sequence-type ground motions [J]. Soil Dynamics & Earthquake Engineering, 2013, 45 (1):1-12

[49] Zahrah T F. Earthquake energy absorption in SDOF structures [J]. Journal of Structural Engineering, 1984, 110(8):1757-1772

[50] Manfredi G. Evaluation of seismic energy demand [J]. Earthquake Engineering & Structural Dynamics, 2001, 30(4):485-499

[51] Bommer J J, Magenes G, Hancock J, et al. The Influence of Strong-Motion Duration on the Seismic Response of Masonry Structures [J]. Bulletin of Earthquake Engineering, 2004, 2(1):1-26

[52] Malhotra P K. Cyclic-demand spectrum [J]. Earthquake Engineering & Structural Dynamics, 2010, 31(7): 1441-1457

[53] Kunnath S K, Chai Y H. Cumulative damage-based inelastic cyclic demand spectrum [J]. Earthquake Engineering & Structural Dynamics, 2010, 33(4):499-520

[54] Hancock J, Bommer J J. The effective number of cycles of earthquake ground motion [J]. Earthquake Engineering & Structural Dynamics, 2005, 34(6):637-664

[55] FEMA. HAZUS-MH Technical Manuals [Z]. Washington DC: Federal Emergency Management Agency, 2003

[56] Kircher C A, Nassar A A, Kustu O, et al. Development of building damage functions for earthquake loss estimation [J]. Earthquake Spectra, 1997, 13(4):663-682

[57] Trifunac M D, Brady A G. A study on the duration of strong earthquake ground motion [J]. Bulletin of the Seismological Society of America, 1975, 65(3):581-626

[58] Uang C M. Establishing R (or Rw) and Cd factors for building seismic provisions [J]. Journal of Structural Engineering, 1991, 117(1):19-28

[59] Iervolino I, Manfredi G, Cosenza E. Ground motion duration effects on nonlinear seismic response[J]. Earthquake Engineering & Structural Dynamics, 2010, 35(1):21-38

[60] Cosenza E. The improvement of the seismic-resistant design for existing and new structures using damage concept [C]. Proceedings of the International Workshop on Seismic Design Methodologies for the Generation of Code, 1997: 119-130

第**3**章

灌浆套筒连接的施工缺陷及力学性能

3.1 常温下半灌浆套筒的连接性能

装配式混凝土构件之间的连接是否可靠是装配式建筑技术的关键问题。装配式混凝土结构的连接节点及拼缝处是结构关键部位,其必须具备足够的强度、刚度及延性性能,以确保结构的整体性能和良好的抗震性能。而且当处于建筑物外围时,其尚应具备良好的抗渗性能,方能确保装配式建筑结构具有良好的使用性能。我国《装配式混凝土结构技术规程》(JGJ 1—2014)[1]中规定:装配整体式结构中,节点及接缝处的纵向钢筋连接可根据接头受力、施工工艺等要求选用机械连接、套筒灌浆连接、浆锚搭接连接、焊接连接和绑扎搭接连接等。套筒灌浆连接是被普遍认为较可靠和成熟的连接方式,装配式混凝土结构中竖向构件的连接主要采用套筒连接[如图 3-1(a)和(b)所示],部分混凝土梁的连接也可采用套筒灌浆连接[如图 3-1(c)所示]。

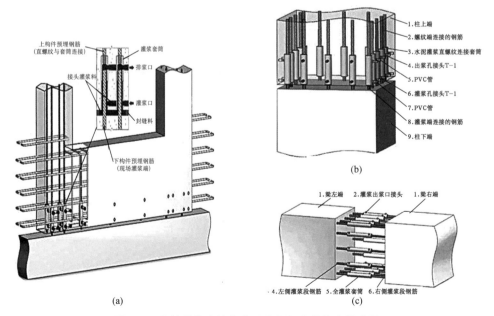

图 3-1 套筒灌浆连接在装配式混凝土结构中的应用

3.1.1 套筒连接形式

套筒灌浆连接指采用钢套筒将被连接的钢筋对接连接,并通过在钢筋和套筒内壁间注入微膨胀、无收缩的高强水泥基灌浆料而形成钢筋连接的技术。套筒一般由球墨铸铁或结构钢材料制作而成,其内部设计有凹凸的横肋。由于灌浆料具有微膨胀性和高强的特点,保证了套筒中被填充部分具有较高的密实度,使其与被连接的钢筋之间有很强的粘结力。因此,这种连接方式具有较高的抗拉、抗压强度和连接可靠性。

钢筋套筒灌浆连接技术主要应用于装配式混凝土结构中预制构件的钢筋连接、钢筋笼整体对接以及既有建筑的改造工程中,至今已有 40 余年的历史。20 世纪 60 年代后期,钢筋套筒灌浆连接技术首次被应用于 38 层的夏威夷檀香山阿拉莫阿纳酒店预制柱中[2],1983 年,美国混凝土协会在报告中将其列入钢筋连接主要技术之一[3]。国际上众多学者对钢筋套筒灌浆连接技术开展了一系列的研究工作,主要包括钢筋套筒灌浆连接试件在拉伸荷载作用下的力学性能及破坏形态研究[4-6]、采用钢筋套筒灌浆连接的预制混凝土构件的力学性能研究[7-9]。

近年来,随着装配式结构在国内的兴起,我国逐步引入了该连接技术,并相继制定了《钢筋连接用灌浆套筒》(JG/T 398—2012)[10]、《钢筋连接用套筒灌浆料》(JG/T 408—2013)[11] 和《钢筋套筒灌浆连接应用技术规程》(JGJ 355—2015)[12] 等相关技术标准。国内学者也对钢筋套筒灌浆连接技术进行了一些富有成效的研究。吴小宝等[13]进行了 36 个钢筋套筒灌浆连接试件的单调拉伸和单向重复拉伸试验;郑永峰等[14]进行了 5 个新型变形套筒灌浆连接接头单向拉伸试验;钱稼茹等[15]进行了 5 个竖向钢筋套筒浆锚连接的预制剪力墙抗震性能试验;卫冕等[16]进行了 6 个竖向钢筋采用套筒灌浆连接的预制柱的拟静力试验;刘家彬等[17]进行了 3 个螺旋箍筋约束波纹管浆锚装配式剪力墙抗震性能试验。

结合国内外套筒灌浆连接技术研究应用现状以及国家标准规范相关设计和应用要求,套筒灌浆连接分为全灌浆套筒连接和半灌浆套筒连接。全灌浆套筒连接是指套筒两端钢筋均采用灌浆方式与套筒连接的形式,如图 3-2(a)所示;而半灌浆套筒是指一端采用灌浆方式连接,而另一端采用非灌浆方式连接的形式,通常另一端采用螺纹连接,如图 3-2(b)所示。

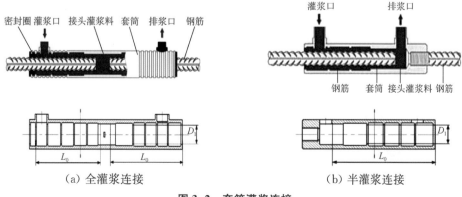

(a) 全灌浆连接　　　　　　　　　(b) 半灌浆连接

图 3-2　套筒灌浆连接

已有的研究大都针对全套筒灌浆连接,而对半套筒灌浆连接的研究却鲜有报道。与全套筒灌浆连接相比,半套筒灌浆连接一端采用等强直螺纹连接,钢筋的连接长度以及套筒长度可以大大减小,达到节约钢材的目的,又可以缩短连接时间,加快施工进度。为了研究钢筋半套筒灌浆连接试件的力学性能,促进钢筋半套筒灌浆连接技术在实际工程中的应用,本项目进行了 14 个钢筋半套筒灌浆连接试件的静力拉伸试验,得到了试件的承载力、破坏形态以及钢筋和套筒的应变等信息。

3.1.2　灌浆套筒试验设计

结合工程的实际情况,设计了 14 个钢筋半套筒灌浆连接试件,包括 4 种常用钢筋直径的套筒灌浆连接,分别为 14 mm、18 mm、22 mm 和 25 mm。考虑到施工中预埋套筒与连接钢筋之间对位时可能出现的偏位情况,在其中 3 个试件的钢筋与套筒中心线之间设置了偏位,试件参数如表 3-1 所示。试件套筒采用球墨铸铁半灌浆套筒,对于不同直径的连接钢筋,应匹配不同型号的套筒,各型号套筒尺寸也在表 3-2 中给出。

表 3-1　试件参数与套筒各部分尺寸

试件编号	钢筋直径/mm	钢筋偏位/mm
GS14-1,2,3	14	0
GS18-1,2,3	18	0
GS18-4	18	2
GS18-5	18	4
GS18-6	18	6
GS22-1,2,3	22	0
GS25-1,2	25	0

表 3-2　各型号套筒尺寸

套筒型号	适用钢筋直径/mm	总长度 L/mm	螺纹段长度 L_1/mm	灌浆段长度 L_2/mm
GTB4-14	14	140	24	100
GTB4-18	18	160	28	117
GTB4-22	22	195	32	148
GTB4-25	25	238	35	190

根据《钢筋连接用套筒灌浆料》(JG/T 408-2013)[11],制作 10 个 40 mm×40 mm×160 mm 的棱柱体,以(2 400±200)N/s 的加荷速率试验测得的灌浆料抗压强度为 44.5 MPa。试件中连接钢筋的强度等级为 HRB400,根据《金属材料拉伸试验第 1 部分:室温试验方法》(GB/T 228.1—2010)得到钢筋的材料性能如表 3-3 所示。

表 3-3　钢筋实测力学性能

钢筋直径/mm	屈服强度/MPa	极限强度/MPa
14	465	585
18	495	625
22	485	620
25	465	600

为了测量试验过程中钢筋和套筒的应变情况,在灌浆连接的钢筋表面沿钢筋轴向设置应变片,编号 S1,在套筒中部的表面位置沿纵向和横向分别设置一个应变片,编号为 S2 和 S3,如图 3-3 所示。试件的荷载及位移数据由加载装置的控制电脑直接得到。

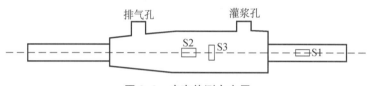

图 3-3　应变片测点布置

试验采用湖南大学建筑建材试验室 500 kN 电液压伺服万能材料试验机进行加载,试验装置如图 3-4 所示。试件钢筋屈服前采用荷载控制加载,屈服后采用位移控制加载直至试件破坏。钢筋和套筒的应变信息采用 TDS-530 静态数据采集仪采集。

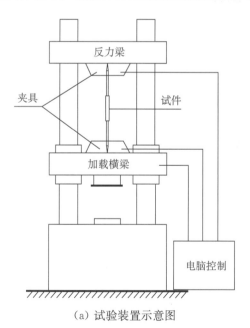

（a）试验装置示意图 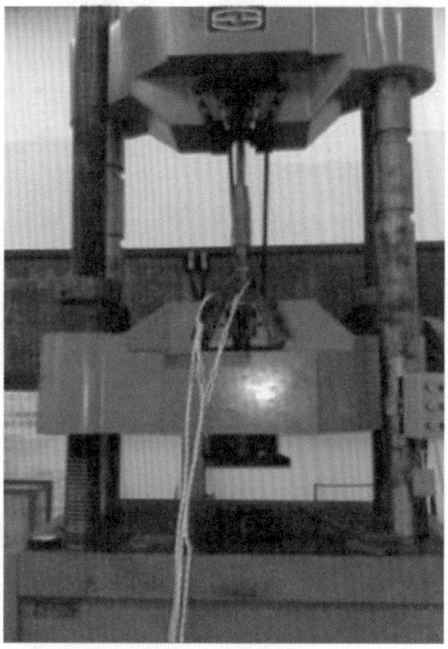　　　　　　（b）试验装置照片

图 3-4　试验装置

3.1.3 灌浆套筒试验结果及分析

一、破坏形态

试验出现了3种破坏形态,如图3-5所示,分别为钢筋拉断、钢筋刮犁式拔出和套筒滑丝。其中,钢筋直径为14 mm和18 mm的试件发生钢筋拉断,钢筋直径为22 mm的试件发生钢筋刮犁式拔出,钢筋直径为25 mm的试件发生套筒滑丝。

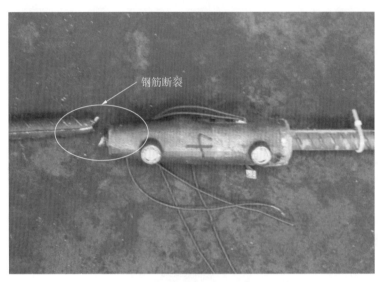

(a) 试件GS18-4,螺纹连接处钢筋拉断

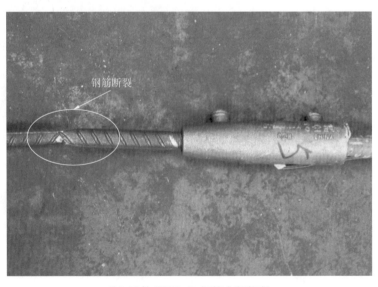

(b) 试件GS18-5,钢筋中部拉断

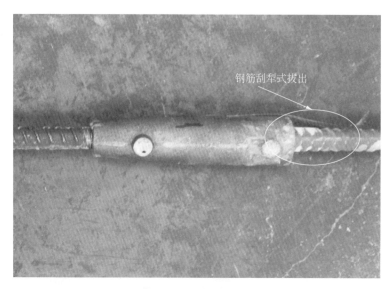

（c）试件 GS22-1,钢筋刮犁式拔出

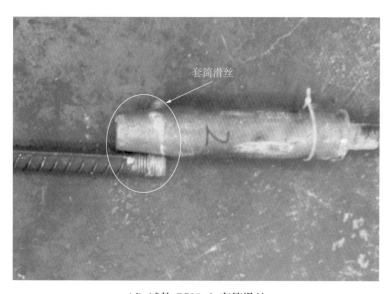

（d）试件 GS25-2,套筒滑丝

图 3-5　试件破坏形态

　　分析认为,试件的破坏形态主要取决于钢筋极限强度对应的承载力、钢筋与灌浆料的粘结强度对应的承载力和套筒螺纹对应的承载力的最低值。钢筋极限强度对应的承载力最低时,试件发生钢筋拉断破坏;钢筋与灌浆料的粘结强度对应的承载力最低时,试件发生钢筋刮犁式拔出破坏;套筒螺纹对应的承载力最低时,试件发生套筒滑丝破坏。

　　二、承载力分析

　　试件的荷载-位移曲线如图 3-6 所示。从图 3-6 可以看出,随着钢筋直径的增大,试件的最大承载力显著提高,除试件 GS25-2 外,其他试件在破坏前钢筋均已达到屈服,满足《钢筋机械连接技术规程》(JGJ 107—2016)Ⅰ级接头的要求,接头抗拉强度不小于被连接钢筋实际抗拉强度或 1.10 倍钢筋抗拉强度标准值。通过整理得到试件屈服荷载及最大承载力如表 3-4 所示。

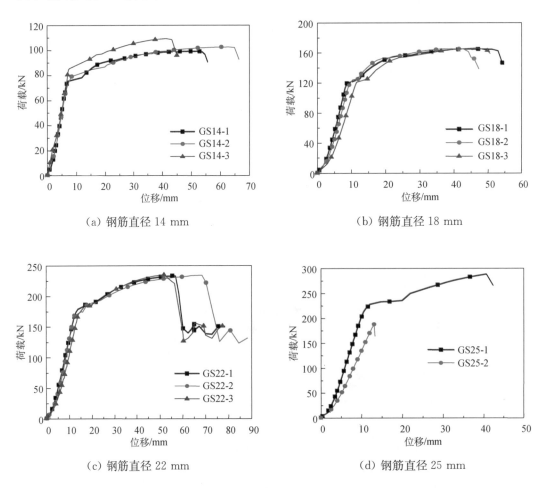

(a) 钢筋直径 14 mm　　　　　　　　(b) 钢筋直径 18 mm

(c) 钢筋直径 22 mm　　　　　　　　(d) 钢筋直径 25 mm

图 3-6　试件荷载-位移曲线

三、钢筋拉断破坏承载力分析

钢筋直径为 14 mm 和 18 mm 的试件破坏形态为钢筋拉断破坏,力学性能与相同直径的钢筋类似,单向拉伸时先屈服,然后强化,最后在最薄弱的部位被拉断。试件最大承载力与由钢筋极限强度确定的承载力几乎完全相等。如图 3-5 所示,除试件 GS18-5 在螺纹连接钢筋中部断裂外,其他试件均在螺纹连接钢筋的螺纹连接处断裂,因为此处在加工螺纹时钢筋截面有少许削弱,是试件的薄弱部位。钢筋直径为 18 mm 的部分试件存在钢筋偏位,从图 3-6(b) 可以看出,所有试件的荷载-位移曲线基本相似,承载力相差不大,说明当钢筋半套筒灌浆连接试件的破坏形态为钢筋拉断时,钢筋是否偏位对试件的承载力几乎没有影响。

表 3-4　试件的试验结果

试件编号	屈服荷载/kN	最大承载力/kN	粘结强度/MPa	破坏形态
GS14-1	77	98.7	—[2]	钢筋拉断
GS14-2	79	101.9	—[2]	钢筋拉断
GS14-3	82.5	101.7	—[2]	钢筋拉断
GS18-1	120	164.6	—[2]	钢筋拉断
GS18-2	120	164.7	—[2]	钢筋拉断
GS18-3	120	165.8	—[2]	钢筋拉断
GS18-4	113	157.5	—[2]	钢筋拉断
GS18-5	116	167.5	—[2]	钢筋拉断
GS18-6	122	169.0	—[2]	钢筋拉断
GS22-1	180	232.3	22.72	钢筋拔出
GS22-2	170	233.3	22.82	钢筋拔出
GS22-3	175	233.9	22.88	钢筋拔出
GS25-1	225	287.9	—[2]	套筒滑丝
GS25-2	—[1]	186.8	—[2]	套筒滑丝

注:1) 试件破坏前,钢筋未达到屈服;2) 试件破坏形态非钢筋刮犁式拔出,不能计算得到钢筋与灌浆料之间的粘结强度。

四、钢筋刮犁式拔出承载力分析

钢筋直径为 22 mm 的试件破坏形态为钢筋刮犁式拔出破坏,从图 3-6(c) 可以看出,试件破坏前钢筋已经屈服,钢筋与灌浆料之间开始滑移后,承载力显著下降但没有完全丧失,荷载仍能保持在 130 kN 左右。

钢筋刮犁式拔出破坏承载力取决于钢筋与灌浆料之间的粘结强度 τ_u:

$$\tau_u = \frac{P_u}{\pi d L_2} \tag{3-1}$$

式中:P_u 为钢筋刮犁式拔出破坏试件的最大承载力;d 为钢筋直径,计算结果如表 3-5 所示;L_2 为钢筋连接的锚固长度。根据已有研究,钢筋与灌浆料之间的粘结强度 τ_u 可以假设为:

$$\tau_u = k \sqrt{f_c} \tag{3-2}$$

式中:k 为常数,受钢筋和套筒等因素的影响;f_c 为灌浆料的抗压强度,本试验中灌浆料的抗压强度为 44.5 MPa。将式(3-2)代入式(3-1)得:

$$k = \frac{P_u}{\pi d L_2 \sqrt{f_c}} \tag{3-3}$$

假设所有试件(不考虑 GS25-2)均为钢筋刮犁式拔出破坏,将数据代入式(3-3)计算

得到的常数 k 值如图 3-7 所示。

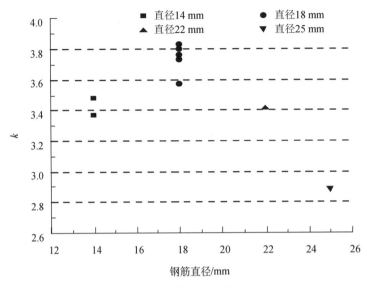

图 3-7　常数 k 的数值

从图 3-7 可以看出,钢筋直径为 22 mm 的试件常数 k 约为 3.4,其他直径的试件未发生钢筋刮犁式拔出破坏,k 的实际值比此处的计算值大,需要更多不同钢筋直径的试验来确定常数 k。此处可以取 $k=3.4$ 来计算采用该类型套筒的钢筋半套筒灌浆连接试件抵抗钢筋刮犁式拔出的承载力,防止试件发生钢筋刮犁式拔出破坏。对于采用其他类型套筒或钢筋的钢筋半套筒灌浆连接试件,同样可以采用该方法,先通过试验确定常数 k 的取值,然后用公式 $P_u = \pi k d L_2 \sqrt{f_c}$ 来计算设计试件抵抗钢筋刮犁式破坏的承载力,使该承载力值大于钢筋极限强度和套筒螺纹对应的最大承载力,从而避免试件发生钢筋刮犁式拔出破坏。

五、套筒滑丝承载力分析

钢筋直径为 25 mm 的试件破坏形态为套筒滑丝,从图 3-6(d)可以看出,试件 GS25-1 破坏前钢筋已经屈服,试件 GS25-2 破坏时钢筋仍处于完全弹性阶段,承载力显著偏低。对于钢筋半套筒灌浆连接螺纹段的长度及承载力计算,相关规范没有明确规定,必须通过试验确定,工程中螺纹段常取 1.5 倍钢筋直径。试件 GS25-2 承载力过低,较早发生套筒滑丝,说明套筒或钢筋的螺纹在加工过程中存在缺陷或相互之间不匹配。对钢筋半套筒灌浆连接应该严格控制螺纹的加工质量,当试验试件由于发生套筒滑丝而不满足设计要求时,需增加螺纹段的长度。

3.1.4　钢筋和套筒应变

对 4 种不同钢筋直径的试件,各取一个典型试件作钢筋和套筒的荷载-应变曲线,如图 3-8 所示。

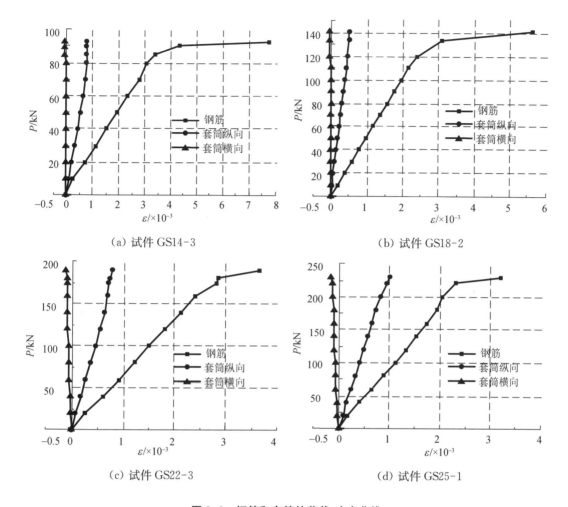

(a) 试件 GS14-3 　　　　　　　　(b) 试件 GS18-2

(c) 试件 GS22-3 　　　　　　　　(d) 试件 GS25-1

图 3-8　钢筋和套筒的荷载-应变曲线

从图 3-8 可以看出,4 种试件的荷载-应变曲线形态基本相同。钢筋屈服前,钢筋应变随荷载线性增加;屈服后,钢筋应变显著增大。套筒的纵向和横向应变在整个试验过程中随荷载呈线性增大趋势,且与钢筋应变相比,套筒的应变很小,说明试验采用的半灌浆套筒一直处于弹性阶段,满足强度要求。

3.1.5　主要结论

通过钢筋半套筒灌浆连接静力试验和连接性能分析,关于常温下半灌浆套筒连接的性能,可以得到以下结论:

(1) 钢筋半套筒灌浆连接试件的破坏形态有 3 种,分别为钢筋拉断、钢筋刮犁式拔出和套筒滑丝。这主要取决于钢筋极限强度对应的承载力、钢筋与灌浆料的粘结强度对应的承载力和套筒螺纹对应的承载力的最低值。

(2) 当钢筋半套筒灌浆连接试件的破坏形态为钢筋拉断时,钢筋是否偏位对试件的承载力几乎没有影响。

（3）可以利用基于粘结性能分析的基本公式来计算钢筋半套筒灌浆连接试件抵抗钢筋刮犁式破坏的承载力，使该承载力的值大于钢筋极限强度和套筒螺纹对应的最大承载力，防止试件发生钢筋刮犁式拔出破坏。

（4）套筒和钢筋的螺纹质量对钢筋半套筒灌浆连接试件的承载力影响至关重要，可以通过增加螺纹段的长度提高试件抵抗套筒滑丝的承载力。在滚丝工艺可靠的情况下，套筒和钢筋的螺纹连接可以满足性能要求。

（5）按现行规范设计和施工的钢筋半套筒灌浆连接均能满足《钢筋机械连接技术规程》(JGJ 107—2016)Ⅰ级接头的要求。试验试件采用的套筒在整个试验过程中处在弹性阶段，应变相对较小，满足强度要求。

3.2 钢筋半套筒灌浆连接在高温下及高温后的力学性能研究

在装配式结构研究中，灌浆套筒连接是装配式结构节点连接的重要形式，也是装配式结构保持结构整体性的重要途径。但是，国内目前针对装配式结构高温火灾下的研究却并不充分。已有文献中，《装配式混凝土结构技术规程》(JGJ 1—2014)[1]未提供装配式结构抗火的具体要求，《建筑设计防火规范》(GB 50016—2014)[18]中的意见则更适用于现浇结构，装配式结构抗火性能有待进一步研究。

我国建筑火灾发生率虽然逐年减少，但依然不可掉以轻心。据《近10年亡人火灾统计数据分析及防范对策》[19]统计，2007年至2016年的10年间，全国共接报有亡人的火灾10 815起，共亡15 193人。住宅火灾死亡人数占总数的比例在66.7%以上。

与此同时，高温和火灾常常引起结构的连续性倒塌，给人民生命财产安全造成巨大的威胁和损失。2003年11月衡阳衡州大厦火灾中，3 000 m² 范围内连续坍塌，20名消防战士牺牲，15名消防官兵和4名记者受伤。2014年上海两层厂房发生火灾，导致建筑物坍塌，2名消防员牺牲。

随着国家对装配式结构的大力推广，装配式结构在未来建筑中所占比例持续上升，加强对装配式结构在高温火灾下性能的研究，以避免装配式结构在高温火灾条件下发生连续性倒塌破坏更是迫在眉睫。

灌浆套筒连接为装配式结构节点连接的重要形式，对高温下及高温后的灌浆套筒展开研究，其一可以验证灌浆套筒在火灾下及火灾后的可靠性，针对灌浆套筒在高温下及高温后设计缺陷提供针对性的改进意见；其二可为装配式子结构在火灾下及火灾后的研究提供参考，从而避免火灾引起的结构连续性倒塌。

然而，国内外现有文献中对于灌浆套筒在高温下及高温后的试验力学性能及模型所言甚少。因此，本试验以半灌浆套筒连接试件为试验对象，探究半灌浆套筒连接试件在高温下、高温后不同温度的力学性能，并留置参照组钢筋进行对比试验，对于装配式结构在火灾中以及火灾之后抗连续性倒塌的研究有着十分重大的意义。

3.2.1 钢筋半套筒灌浆连接试验

一、基本情况

本试验分 2 次进行,第一批次采用 12 个 14 mm 中民筑友半灌浆套筒及对照组钢筋进行了高温下未包裹混凝土条件下的静力拉伸试验。中民筑友生产的半灌浆套筒尺寸如图 3-9 所示。

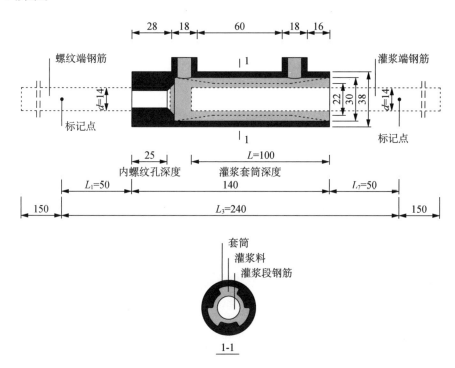

图 3-9　中民筑友半灌浆套筒尺寸图

在综合分析第一次试验成果的基础上,采用思达建茂套筒进行第二批次套筒的加工和试验,采用了 12 个 14 mm 半灌浆套筒及对照组钢筋分别在升至室温、200℃、400℃、600℃时自然冷却至室温后,进行高温后半灌浆套筒的静力拉伸试验,27 个 14 mm 半灌浆套筒试件并通过改变夹具位置进一步探究高温后未包裹混凝土条件下的力学性能,其中选取 12 个试件分别在升至室温、200℃、400℃、600℃时自然冷却至室温,选取 3 个在升至 600℃时立即浇水冷却至室温,之后进行静力拉伸试验。另外采用 12 个 14 mm 包裹混凝土的半灌浆套筒试件,分别在升至室温、200℃、400℃、600℃时自然冷却至室温后,进行高温后包裹混凝土条件下的静力拉伸试验。思达建茂生产的半灌浆套筒尺寸如图 3.10 所示。

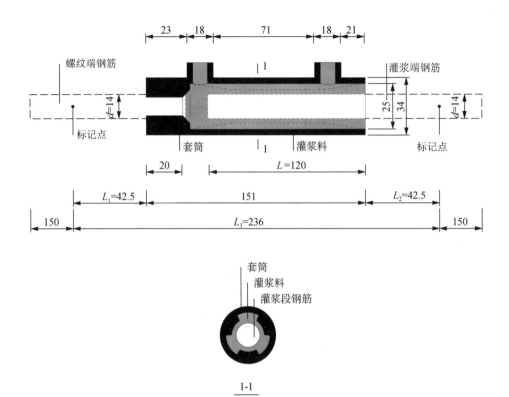

图 3-10 思达建茂半灌浆套筒尺寸图

二、高温下套筒拉伸试验

选取中民筑友生产的 12 个半灌浆套筒与 14 mm 的 HRB400 钢筋连接,并依据《钢筋连接用灌浆套筒》(JG/T 398—2012)[10]要求进行加工,具体参数如表 3-5 所示。在高温下测量 L_3 段的位移伸长量,如图 3-11 所示。选取 12 根 540 mm 同批次 14 mm 直径的钢筋作为对照组,标记位置与灌浆套筒连接相同。根据《钢筋连接用套筒灌浆料》(JG/T 408—2013)[11],制作 12 个 40 mm×40 mm×160 mm 的棱柱体。

表 3-5 高温下思达建茂半灌浆套筒拉伸试验 L_3 段测量具体参数值

试件编号	材质	温度	套筒类型	直径/mm
GS14H1-1,2,3	球墨铸铁	室温	等外径半灌浆	14
GS14H1-4,5,6	球墨铸铁	200℃	等外径半灌浆	14
GS14H1-7,8,9	球墨铸铁	400℃	等外径半灌浆	14
GS14H1-10,11,12	球墨铸铁	600℃	等外径半灌浆	14

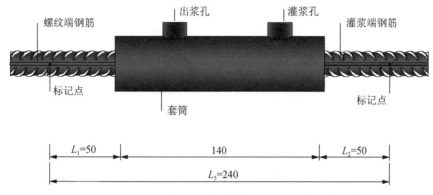

图 3-11 高温试验中民筑友半灌浆套筒 L_3 段细节测量图

三、高温后套筒拉伸试验

选取 12 个 45 号钢材质的常用半灌浆套筒与 14 mm HRB400 钢筋连接,并按《钢筋连接用灌浆套筒》(JG/T 398—2012)[10]要求进行加工。选取 12 根 540 mm 同批次 14 mm 的钢筋作为对照组,具体参数如表 3-6 所示。测量 L_3 段的位移伸长量如图 3-12 所示。根据《钢筋连接用套筒灌浆料》(JG/T 408—2013)[11],制作 12 个 40 mm×40 mm×160 mm 的棱柱体。

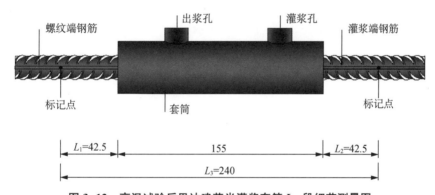

图 3-12 高温试验后思达建茂半灌浆套筒 L_3 段细节测量图

表 3-6 高温后思达建茂半灌浆套筒拉伸试验 L_3 段测量具体参数值

试件编号	材质	温度	套筒类型	冷却方式	直径/mm
GS14A1-1,2,3	45 号钢	室温	等外径半灌浆	自然冷却	14
GS14A1-4,5,6	45 号钢	200℃	等外径半灌浆	自然冷却	14
GS14A1-7,8,9	45 号钢	400℃	等外径半灌浆	自然冷却	14
GS14A1-10,11,12	45 号钢	600℃	等外径半灌浆	自然冷却	14

选取 15 个 45 号钢材质的常用半灌浆套筒与直径为 14 mm 的 HRB400 钢筋连接,并按《钢筋连接用灌浆套筒》(JG/T 398—2012)[10]要求进行加工,具体参数如表 3-7 所示。测量 L_4 段的位移伸长量如图 3-13 所示。

表 3-7　高温后思达建茂半灌浆套筒拉伸试验 L_4 段测量具体参数值

试件编号	材质	温度	套筒类型	冷却方式	直径/mm
GS14A2-1,2,3	45 号钢	室温	等外径半灌浆	自然冷却	14
GS14A2-4,5,6	45 号钢	200℃	等外径半灌浆	自然冷却	14
GS14A2-7,8,9	45 号钢	400℃	等外径半灌浆	自然冷却	14
GS14A2-10,11,12	45 号钢	600℃	等外径半灌浆	自然冷却	14
GS14A2-13,14,15	45 号钢	600℃	等外径半灌浆	浇水冷却	14

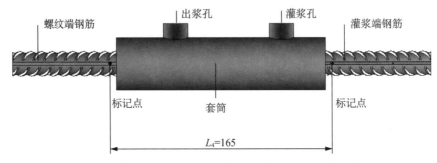

图 3-13　高温试验后思达建茂半灌浆套筒 L_4 段细节测量图

　　选取 12 个 45 号钢材质的常用半灌浆套筒与 14 mm 的 HRB400 钢筋连接,并按《钢筋连接用灌浆套筒》(JG/T 398—2012)[10]要求进行加工。在 L_3 标记区间内包裹 20 mm 的 C30 混凝土。具体参数如表 3-8、图 3-14 所示。

表 3-8　高温后混凝土包裹思达建茂半灌浆套筒拉伸试验 L_3 段测量具体参数值

试件编号	材质	温度	套筒类型	加工方式	包裹厚度/mm	直径/mm
GS14A30-1,2,3	45 号钢	室温	等外径半灌浆	C30 包裹	20	14
GS14A30-4,5,6	45 号钢	200℃后自然冷却	等外径半灌浆	C30 包裹	20	14
GS14A30-7,8,9	45 号钢	400℃后自然冷却	等外径半灌浆	C30 包裹	20	14
GS14A30-10,11,12	45 号钢	600℃后自然冷却	等外径半灌浆	C30 包裹	20	14

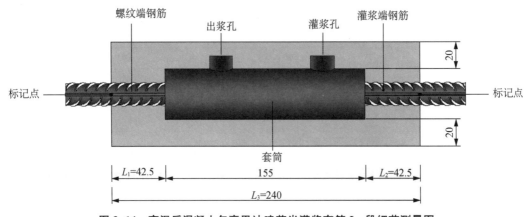

图 3-14　高温后混凝土包裹思达建茂半灌浆套筒 L_3 段细节测量图

3.2.2 材料性能

一、钢筋

选取同一批次直径为 14 mm、表面无明显损伤和锈蚀的 HRB400 钢筋作为试件的连接钢筋和对照组钢筋。钢筋用途、长度、数量如表 3-9 所示。

表 3-9 直径 14 mm 钢筋详表

用途	滑丝段钢筋	灌浆段钢筋	对照组钢筋
长度	23 cm	31 cm	54 cm
数量	60	60	24

取滑丝段钢筋统一加工,在中民筑友集团厂房,通过剥肋滚压直螺纹机统一加工而成。钢筋加工前后螺纹连接具体参数如表 3-10 所示。为避免在螺纹加工时,钢筋截面减小导致钢筋螺纹段最大屈服应力减小,从而导致钢筋在螺纹段因应力缺陷而被拉断,最终导致试验失败,必须严格控制加工后钢筋的螺纹横截面面积。

表 3-10 钢筋螺纹连接具体参数

钢筋直径/mm	加工后螺纹直径/mm	内螺纹牙型角度/(°)	内螺纹螺距/mm
14	13.5	60	20

二、灌浆套筒及灌浆料

灌浆套筒第一批次采用中民筑友生产的材质为球墨铸铁的 GS14/14 灌浆套筒进行高温下静力拉伸试验。第二批次采用思达建茂公司生产的型号为 GTJB4 14/14,生产批号为 16002 的 45 号钢材制作的半灌浆套筒进行高温后静力拉伸试验。二者均为半灌浆套筒,滚丝一端与加工好滚丝的钢筋螺纹连接。在灌浆一端,为了防止注浆过程中套筒从钢筋与套筒连接口流出,以及为了定位钢筋,防止钢筋偏位,使用定制的橡胶圈贴合在灌浆套筒与灌浆段钢筋连接处,橡胶圈中间留孔便于灌浆钢筋插入,之后使用透明胶进行加固,如图 3-15、图 3-16 所示。

图 3-15 中民筑友灌浆套筒

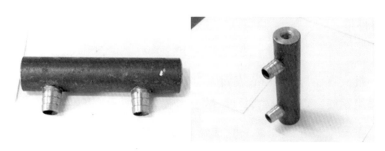

图 3-16　思达建茂半灌浆套筒

三、包裹混凝土

半灌浆套筒多用于装配式结构的梁柱节点中,基于半灌浆套筒的实际情况,依据《装配式混凝土结构技术规程》(JGJ 1—2014)将保护层厚度定为 20 mm,在半灌浆套筒表面包裹 C30 强度的混凝土。

选用水泥为南方普通硅酸盐水泥 P.O 42.5,符合《通用硅酸盐水泥》(GB 175—2007),一袋50 kg。经查阅《通用硅酸盐水泥》(GB 175—2007),袋装水泥每袋应不少于标识质量的 99%。

因为所配制混凝土强度不高,且模具较小,需要更好的流动性能,所以选用最大粒径不超过 15 mm 的卵石作为粗骨料,并根据《普通混凝土配合比设计规程》(JGJ 55—2011)进行理论计算。经过计算,配制 0.08 m³ 混凝土,所需沙子、石子、水、水泥用量如表 3-11 所示。

表 3-11　C30 混凝土配合比(质量比)

	水泥	水	卵石	沙子
用量	1	0.70	4.38	2.80

3.2.3　钢筋半套筒灌浆连接试验结果及分析

一、高温下灌浆料试验强度

由表 3-12 及图 3-17 可知,灌浆料强度在温度由室温(25℃)加载至 200℃条件时,强度下降速度较快,而在温度由室温加载至 400℃或 600℃时,灌浆料强度与 200℃条件下灌浆料强度相比虽然有所下降,但是变化不大。

表 3-12　高温下灌浆料抗压强度

试件	加载温度	抗压强度 1/MPa	抗压强度 2/MPa	平均抗压强度/MPa
SKH-1	室温	99.9	107.9	
SKH-2	室温	100.3	105.2	102.73
SKH-3	室温	87.2	115.9	

试件	加载温度	抗压强度 1/MPa	抗压强度 2/MPa	平均抗压强度/MPa
SKH-4	200℃	66.8	48.7	
SKH-5	200℃	40.7	51.5	56.87
SKH-6	200℃	64.1	70	
SKH-7	400℃	59.2	61.2	
SKH-8	400℃	50.6	48.4	53.87
SKH-9	400℃	43.9	59.9	
SKH-10	600℃	44.4	42.9	
SKH-11	600℃	63.6	67.6	46.50
SKH-12	600℃	28.1	32.4	

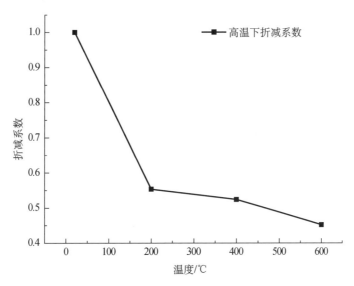

图 3-17　高温下灌浆料抗压强度随温度变化折减系数图

二、高温后灌浆料试验强度

由表 3-13 可知,高温后灌浆料抗压强度与高温下相似,但是下降强度较高温下小,灌浆料抗压强度在温度由室温加载到 200℃ 条件时下降速度较快,而在温度由室温加载至 400℃ 或 600℃ 时,与 200℃ 条件下灌浆料强度相比,强度虽然有所下降,但是变化不大,且 600℃ 时强度下降较 400℃ 时更大。

高温后灌浆料抗折强度下降较抗压强度更快,在 200℃ 时平均抗折强度下降较快,而在温度由室温加载至 400℃ 或 600℃ 时,灌浆料强度与 200℃ 条件下灌浆料强度相比,虽然有所下降,但是变化不大,且 600℃ 时强度下降较 400℃ 时更大。

表 3-13　高温后灌浆料抗折、抗压强度

试件	加载温度	抗折强度/MPa	平均抗折强度/MPa	抗压强度 1/MPa	抗压强度 2/MPa	平均抗压强度/MPa
SKA-1	室温	6.31		106.5	100.2	
SKA-2	室温	6	6.31	92.5	97.1	98.98
SKA-3	室温	6.61		97.2	100.4	
SKA-4	200℃	3.29		75.1	74.6	
SKA-5	200℃	3.59	3.36	80.4	88.8	78.18
SKA-6	200℃	3.19		64.1	86.1	
SKA-7	400℃	2.37		68.3	76.1	
SKA-8	400℃	2.45	2.49	70.6	78.4	72.87
SKA-9	400℃	2.66		73.9	69.9	
SKA-10	600℃	1.6		62.8	68.4	
SKA-11	600℃	1.2	1.40	73.3	70	66.20
SKA-12	600℃	1.41		64.8	57.9	

取高温后混凝土的灌浆料抗折强度和抗压强度与室温条件下对应值之比为高温后灌浆料强度的抗折强度和抗压强度折减系数。高温后灌浆料抗压强度与抗折强度折减系数对比如图 3-18 所示。

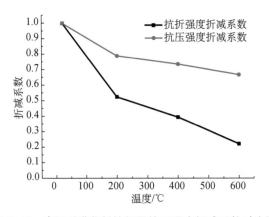

图 3-18　高温后灌浆料抗折及抗压强度折减系数对比图

由图 3-18 可知,在如图所示温度段,灌浆料抗折强度曲线斜率绝对值均比抗压强度曲线斜率绝对值更大。由此可知在灌浆料高温后在以上温度段抗折强度下降均要比抗压强度更快,而在 200℃这一温度段这一现象最为明显。

三、高温水冷后灌浆料试验强度

将灌浆料加载至 600℃高温并恒温后,立即用水冷却至室温,由此测得的灌浆料抗压、抗折强度如表 3-14 所示。由表可知灌浆料强度加载至 600℃高温使用水冷却后,相比自然冷却,其抗折、抗压强度均有所折减。

表 3-14　高温水冷后灌浆料抗折、抗压强度

试件	加载温度 /℃	抗折强度 /MPa	平均抗折强度 /MPa	屈服强度 1 /MPa	屈服强度 2 /MPa	平均屈服强度 /MPa
SKA-13	600	1.1		47.7	45.5	
SKA-14	600	1.03	1.06	53.3	40.5	48.67
SKA-15	600	1.05		51.5	53.5	

3.2.4　高温下及高温后灌浆料抗压强度折减对比

取高温时或高温后混凝土的灌浆料抗压强度与室温条件下对应值之比即为高温下或高温后灌浆料强度的抗压强度折减系数。灌浆料在高温下和高温后二者折减系数的对比如图 3-19 所示。

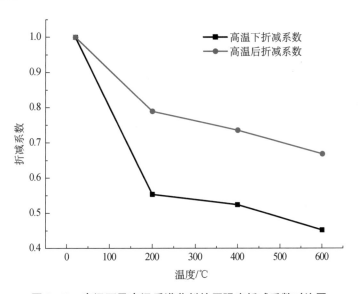

图 3-19　高温下及高温后灌浆料抗压强度折减系数对比图

由图 3-19 可知,灌浆料在 200℃条件下高温下强度相比于高温后有更为明显的折减,而在 400℃和 600℃条件下,灌浆料在高温下及高温后的折减系数曲线大致平行,说明二者强度下降的比例大致相似。由此可知灌浆料高温下及其高温后的以上温度段,抗压强度折减系数仅在 200℃条件下表现出明显差异。

一、包裹混凝土试验强度

采用包裹灌浆套筒的同批次混凝土制成 3 个 150 mm×150 mm×150 mm 的立方体,与灌浆套筒同条件养护 28 天后,使用压力试验机以 0.5 MPa/s 的速度进行加载直至其破坏,测得其破坏力如表 3-15 所示。

表 3-15　混凝土实测抗压破坏力　　　　　　　　　　（单位: kN）

	试件 1	试件 2	试件 3	平均值
破坏力	740.383	732.493	736.069	736.315

由上表知混凝土试件破坏时平均抗压破坏力为 736.315 kN,由此可知其实际抗压强度为 32.7 MPa。

二、高温下未包裹混凝土灌浆套筒 L_3 段实测结果

高温下未包裹混凝土灌浆套筒及对照组钢筋实测结果汇总如表 3-16、表 3-17 所示。

表 3-16　高温下未包裹混凝土灌浆套筒实测结果汇总表

试件	温度 /℃	屈服力 /kN	极限力 /kN	弹性阶段位移 /mm	极限阶段位移 /mm
GS14H-1	室温	84.27	100.98	0.74	12.35
GS14H-2	室温	79.63	100.01	0.67	16.36
GS14H-3	室温	81.06	100.34	0.54	15.12
GS14H-4	200	74.38	93.94	0.57	14.39
GS14H-5	200	80.37	98.50	0.66	13.90
GS14H-6	200	73.90	89.05	0.61	10.25
GS14H-7	400	57.27	63.45	2.81	5.90
GS14H-8	400	84.02	97.70	1.49	12.40
GS14H-9	400	78.46	96.58	1.58	8.57
GS14H-10	600	45.81	45.81	3.31	3.31
GS14H-11	600	43.70	46.84	2.83	6.99
GS14H-12	600	56.00	56.00	3.51	3.51

表 3-17　高温下对照组钢筋实测结果汇总表

试件	温度 /℃	屈服力 /kN	极限力 /kN	弹性阶段位移 /mm	极限阶段位移 /mm
SL14H-1	室温	75.81	94.97	0.65	19.74
SL14H-2	室温	81.98	99.31	0.62	22.62
SL14H-3	室温	81.08	100.09	0.56	20.66
SL14H-4	200	75.81	94.97	0.61	16.60

试件	温度 /℃	屈服力 /kN	极限力 /kN	弹性阶段位移 /mm	极限阶段位移 /mm
SL14H-5	200	77.82	97.05	0.73	13.24
SL14H-6	200	73.50	95.10	0.50	22.53
SL14H-7	400	76.60	96.79	0.88	12.40
SL14H-8	400	79.25	91.38	0.80	9.00
SL14H-9	400	75.02	95.78	0.66	13.92
SL14H-10	600	46.51	51.06	2.10	3.34
SL14H-11	600	48.54	52.70	1.70	3.83
SL14H-12	600	42.53	52.03	1.24	8.68

（1）室温下套筒及对照组实测结果

室温下套筒破坏及对照组钢筋如图 3-20 所示。

图 3-20　室温下套筒及对照组钢筋破坏图

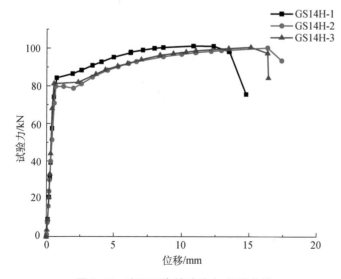

图 3-21　室温下套筒试验力-位移曲线

GS14H-1、GS14H-2、GS14H-3 从左往右放置。破坏形式均为拉断，其中 GS14H-1 与灌浆料连接一端钢筋被拉断。GS14H-2、GS14H-3 则是与套筒滑丝连接钢筋在钢筋与套筒滑丝连接的末端被拉断，可能是由于钢筋的螺纹导致的应力集中所导致。

室温下钢筋及套筒试验力-位移曲线如图 3-21、图 3-22 所示，试件试验力-位移曲线与对照组钢筋基本相同,标记段位移略小于对照钢筋组。推测为室温条件下灌浆套筒粘结力对于套筒的拉伸有阻碍,导致套筒强化阶段位移小于对照组钢筋。整体而言,室温下套筒连接钢筋与钢筋的力学拉伸性能大致相同。

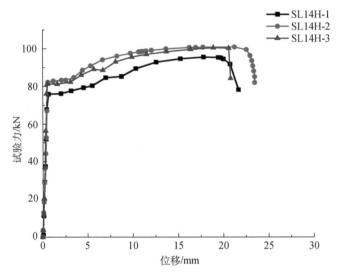

图 3-22　室温下对照组钢筋试验力-位移曲线

（2）200℃高温下套筒及对照组实测结果

200℃高温下套筒破坏及对照组钢筋如图 3-23 所示,GS14H-4、GS14H-5、GS14H-6 从左往右依次放置,破坏形式均为拉断。

图 3-23　200℃高温下套筒及对照组钢筋破坏图

200℃高温下套筒及对照组钢筋试验力-位移曲线如图 3-24、图 3-25 所示。

因为仅对标记段钢筋进行了加热,所以对照组钢筋试验力-位移曲线在 200℃条件下,总位移较室温下要稍大。对比 200℃条件下套筒半灌浆连接钢筋与对照组钢筋发现,在 200℃条件下粘结力对于套筒连接钢筋的伸长依然有较大阻碍,在试件屈服之前,试件的试验力-位移曲线斜率较对照组钢筋要大,强化及屈服阶段试件的延性较对照组钢筋要小。

（3）400℃高温下套筒及对照组实测结果

400℃高温下套筒破坏及对照组钢筋如图 3-26 所示,GS14H-7、GS14H-8、GS14H-

9 从左往右依次放置,破坏形式均为拉断。其中 GS14H-7、GS14H-9 分别在套筒内 27 mm、29 mm 处被拉断,拉断钢筋拔出后,其表面包裹有灰白色灌浆料。

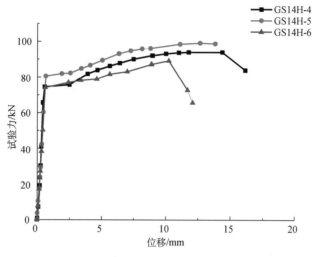

图 3-24　200℃高温下套筒试验力-位移曲线

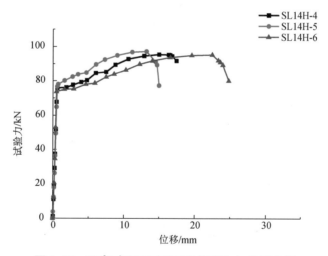

图 3-25　200℃高温下对照组钢筋试验力-位移曲线

图 3-26　400℃高温下套筒及对照组钢筋破坏图

400℃高温下套筒及对照组钢筋试验力-位移曲线如图3-27、图3-28所示,GS14H-7套筒连接钢筋本身可能存在缺陷,故屈服强度较GS14-8、GS14-9要小。由图可知,400℃条件下套筒标记段曲线斜率较对照组钢筋曲线在弹性阶段要小。而滑丝连接段试验结束后未见破坏,且通过测量发现滑丝段试验中伸长位移较小,说明在此段套筒与连接钢筋已经开始产生滑移。套筒屈服和强化阶段的界限相比于对照组钢筋而言更模糊,标记段套筒连接钢筋的延性均小于对照组钢筋。套筒连接钢筋延性小于对照组钢筋的原因与200℃条件下延性小于对照组钢筋原因类似。粘结力不利于套筒内部连接钢筋的伸长。强化及屈服阶段延性较200℃要大,这是由于套筒与连接钢筋产生了滑移,试验后观察到钢筋均被稍稍拔出,与试验结果一致。

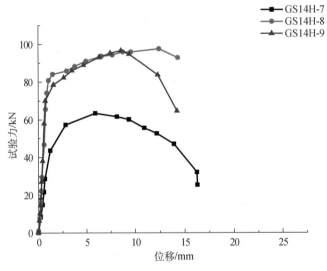

图 3-27　400℃高温下套筒试验力-位移曲线

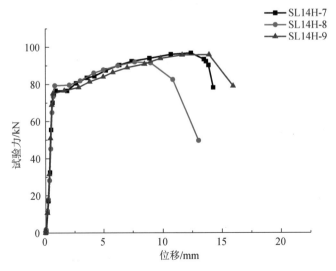

图 3-28　400℃高温下对照组钢筋试验力-位移曲线

（4）600℃高温下套筒及对照组实测结果

600℃高温下套筒破坏及对照组钢筋如图 3-29 所示，GS14H-10、GS14H-11、GS14H-12 从左往右依次放置，破坏形式开始发生差异。GS14H-10 最终的破坏形式为拉断，拉断位置为套筒内 25 mm 处。GS14H-11、GS14H-12 最终的破坏形式是：未见钢筋破坏，灌浆料锚固段钢筋最终被拔出。

图 3-29　600℃高温下套筒及对照组钢筋破坏图

600℃高温下套筒及对照组钢筋试验力-位移曲线如图 3-30、图 3-31 所示。由图可知，600℃温度条件下，GS14H-10 与其他两条曲线在下降段稍有不同，这与 GS14H-10 最终的破坏是钢筋拉断而 GS14H-11、GS14H-12 为刮犁式拔出有关。由此可以看出钢筋拉断破坏试件其延性要好于钢筋拔出者。对比套筒和对照组钢筋整段曲线，钢筋半灌浆套筒与对照组钢筋在弹性阶段差别不大，大致与 400℃温度条件下套筒试验力-位移曲线斜率相似，强化阶段基本消失。但是在颈缩阶段，套筒连接钢筋在试验力下的位移要大于对照组钢筋，结合套筒连接钢筋最终的破坏可知，是因为颈缩阶段套筒灌浆段的钢筋开始被逐渐拔出所致。同时，灌浆段锚固钢筋被拔出时，并不会发生脆性破坏，套筒与钢筋之间依然具有一定的粘结力，粘结力会在被拔出的过程中逐渐消失，此现象与 Ameli M.J.在室温下得出的结论相一致。

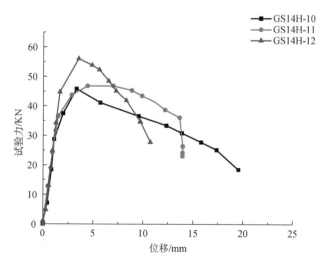

图 3-30　600℃高温下套筒试验力-位移曲线

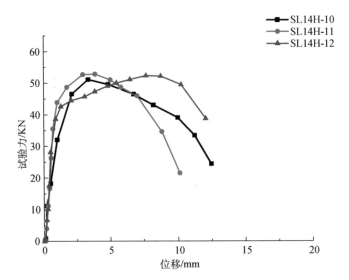

图3-31　600℃高温下对照组钢筋试验力-位移曲线

三、高温后未包裹混凝土灌浆套筒 L_3 段实测结果

高温后未包裹混凝土灌浆套筒及对照组钢筋 L_3 段实测结果汇总如表3-18、表3-19所示。

表3-18　高温后未包裹混凝土灌浆套筒 L_3 段实测结果汇总表

试件	温度 /℃	屈服力 /kN	极限力 /kN	弹性阶段位移 /mm	极限阶段位移 /mm
GS14A1-1	室温	72.77	102.60	0.50	17.24
GS14A1-2	室温	73.11	103.61	0.46	15.91
GS14A1-3	室温	70.10	95.87	0.52	18.20
GS14A1-4	200	77.34	104.80	0.54	14.66
GS14A1-5	200	78.84	100.07	0.55	16.87
GS14A1-6	200	83.04	102.18	0.50	17.12
GS14A1-7	400	72.12	100.87	0.80	20.28
GS14A1-8	400	71.82	100.94	0.76	23.48
GS14A1-9	400	69.19	98.50	0.79	22.09
GS14A1-10	600	69.69	100.63	1.17	26.08
GS14A1-11	600	70.78	100.56	1.33	25.18
GS14A1-12	600	72.81	105.07	1.00	26.12

表 3-19 高温后对照组钢筋实测结果汇总表

试件	温度 /℃	屈服力 /kN	极限力 /kN	弹性阶段位移 /mm	极限阶段位移 /mm
SL14A-1	室温	71.91	100.77	0.47	25.11
SL14A-2	室温	70.98	101.14	0.51	23.76
SL14A-3	室温	70.72	92.41	0.47	20.77
SL14A-4	200	73.57	95.80	0.54	17.93
SL14A-5	200	71.94	97.35	0.54	16.68
SL14A-6	200	70.67	95.19	0.46	17.92
SL14A-7	400	70.75	97.65	0.78	18.32
SL14A-8	400	69.25	101.54	0.71	14.92
SL14A-9	400	75.62	95.78	0.76	16.30
SL14A-10	600	73.08	97.91	1.00	17.47
SL14A-11	600	70.67	99.13	0.99	22.47
SL14A-12	600	75.58	95.78	0.90	17.63

（1）室温下套筒及对照组实测结果

室温下套筒 GS14A1-1、GS14A1-2、GS14A1-3 破坏及对照组钢筋如图 3-32 所示。

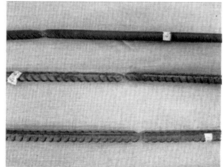

图 3-32 室温下套筒及对照组钢筋破坏图

GS14A1-1、GS14A1-2、GS14A1-3 从左往右放置，破坏方式均为在灌浆一侧钢筋被拉断，且在端口处灌浆料发生破坏。

室温下套筒及对照组钢筋试验力-位移曲线如图 3-33、图 3-34 所示，由图可知，室温条件下，试件试验力-位移曲线与对照组钢筋基本相同，标记段位移略小于对照组钢筋，是因为室温条件下灌浆套筒粘结力对于套筒的拉伸有阻碍，导致套筒强化阶段位移小于对照组钢筋。整体而言，室温下套筒连接钢筋与钢筋的力学拉伸性能无明显区别。

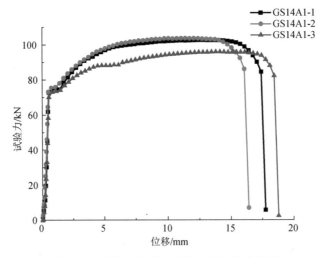

图 3-33　室温下套筒 L_3 段试验力-位移曲线

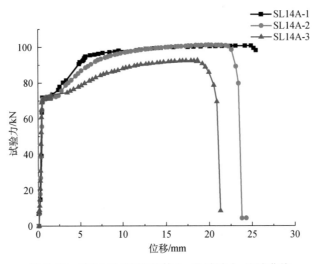

图 3-34　室温下对照组钢筋 L_3 段试验力-位移曲线

（2）200℃高温后套筒及对照组实测结果

200℃高温后套筒 GS14A1-4、GS14A1-5、GS14A1-6 破坏及对照组钢筋如图 3-35 所示。

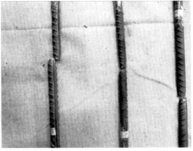

图 3-35　200℃高温后套筒及对照组钢筋破坏图

GS14A1-4、GS14A1-5、GS14A1-6 从左往右放置,破坏方式均为在螺纹连接钢筋一端钢筋被拉断,螺纹连接处钢筋未见拔出破坏,且被拉断钢筋横截面颈缩不明显。试件的破坏均在螺纹一端的原因是螺纹连接钢筋在滚丝加工后会导致其延性降低。

200℃高温后套筒及对照组钢筋试验力-位移曲线如图 3-36、图 3-37 所示,由图可知,试件在 200℃条件下高温冷却后,极限抗拉强度和室温条件下基本相同。由图 3-33 至图 3-36 可知,在 200℃条件下钢筋位移略微下滑,试件 L_3 段位移在 200℃条件下较室温下略微下降;200℃条件下,灌浆套筒粘结力对于套筒的拉伸依然存在阻碍,导致套筒强化阶段位移小于对照组钢筋。

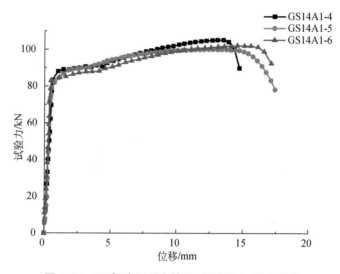

图 3-36   200℃高温后套筒 L_3 段试验力-位移曲线

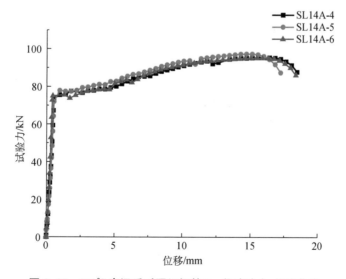

图 3-37   200℃高温后对照组钢筋 L_3 段试验力-位移曲线

（3）400℃高温后套筒及对照组实测结果

400℃高温后套筒 GS14A1-7、GS14A1-8、GS14A1-9 破坏及对照组钢筋如图 3-38 所示。

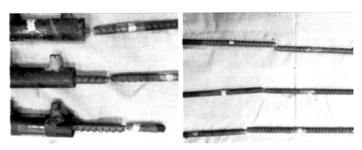

图 3-38 400℃高温后套筒及对照组钢筋破坏图

GS14A1-7、GS14A1-8、GS14A1-9 从上往下放置，破坏方式均为在灌浆连接钢筋一端钢筋被拉断，最外一层灌浆料破坏较室温及 200℃条件下更为明显。

400℃高温后套筒及对照组钢筋试验力-位移曲线如图 3-39、图 3-40 所示。

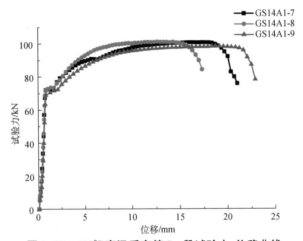

图 3-39 400℃高温后套筒 L_3 段试验力-位移曲线

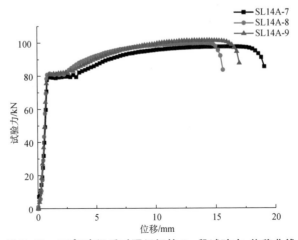

图 3-40 400℃高温后对照组钢筋 L_3 段试验力-位移曲线

由图可知,试件在 400℃ 条件下屈服强度和极限抗拉强度与室温条件下基本相同。由图 3-37、图 3-40 对照组钢筋试验力-位移曲线可知,在 400℃ 条件下对照组钢筋位移与 200℃ 条件下大致相同,试件 L_3 段位移量在 400℃ 条件下比 200℃ 条件下增加,由此可知,试件灌浆段钢筋和套筒在 400℃ 时产生了滑移,导致套筒强化阶段位移大于对照组钢筋及试件 L_3 段在 200℃ 下的位移量。

（4）600℃ 高温后套筒及对照组实测结果

600℃ 高温后套筒 GS14A1-10、GS14A1-11、GS14A1-12 破坏及对照组钢筋如图 3-41 所示。

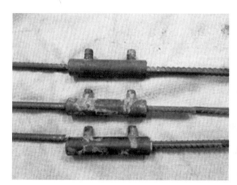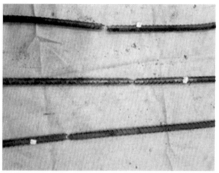

图 3-41　600℃ 高温后套筒及对照组钢筋破坏图

GS14A1-10、GS14A1-11、GS14A1-12 由上而下依次排列。GS14A1-10、GS14A1-12 破坏处为靠近螺纹连接处一端钢筋,GS14A1-11 破坏处为灌浆连接处一端钢筋,且均能看到最外侧一侧灌浆料被拔出。

600℃ 高温后套筒及对照组钢筋试验力-位移曲线如图 3-42、图 3-43 所示。

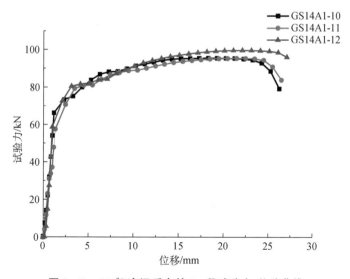

图 3-42　600℃ 高温后套筒 L_3 段试验力-位移曲线

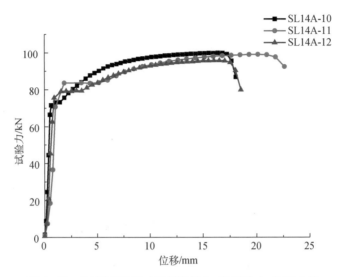

图 3-43　600℃高温后对照组钢筋 L_3 段试验力-位移曲线

由图可知,试件在 600℃条件下屈服力和极限抗拉力与室温条件相比略微下降。由图 3-39、图 3-42 可知,在 600℃条件下对照组钢筋位移比套筒试件减少,试件 L_3 段位移量在 600℃条件下比 400℃条件下增加,由此可知,试件灌浆段钢筋和套筒与 600℃温度下产生了较 400℃温度下更大的滑移,导致试件位移大于对照组钢筋及试件 L_3 段在400℃下的位移量。

四、高温后未包裹混凝土灌浆套筒 L_4 段实测结果

高温下未包裹混凝土灌浆套筒 L_4 段实测结果汇总如表 3-20 所示。

表 3-20　高温后未包裹混凝土灌浆套筒 L_4 段实测结果汇总表

试件	温度 /℃	屈服力 /kN	极限力 /kN	弹性阶段位移 /mm	极限阶段位移 /mm
GS14A2-1	室温	75.21	99.35	0.42	6.16
GS14A2-2	室温	75.66	100.17	0.41	5.36
GS14A2-3	室温	72.16	101.12	0.39	4.87
GS14A2-4	200	73.06	104.20	0.41	5.89
GS14A2-5	200	73.98	104.23	0.71	7.84
GS14A2-6	200	70.10	104.20	0.56	8.31
GS14A2-7	400	75.97	101.30	0.71	13.63
GS14A2-8	400	75.81	104.70	0.49	17.25
GS14A2-9	400	82.83	97.80	0.62	12.78
GS14A2-10	600	80.08	97.80	0.84	19.88
GS14A2-11	600	76.96	95.70	1.10	15.28

试件	温度 /℃	屈服力 /kN	极限力 /kN	弹性阶段位移 /mm	极限阶段位移 /mm
GS14A2-12	600	71.99	98.86	0.99	15.18
GS14A2-13	600	77.84	92.80	1.06	121.40
GS14A2-14	600	83.35	96.40	0.96	110.03
GS14A2-15	600	71.70	96.30	0.99	119.04

(1) 室温下套筒实测结果

室温下套筒 GS14A2-1、GS14A2-2、GS14A2-3 破坏如图 3-44 所示,GS14A2-1、GS14A2-2、GS14A2-3 从上往下依次放置,破坏方式均为在灌浆一侧钢筋被拉断,且在端口处灌浆料发生破坏。

图 3-44　室温下套筒破坏图

室温下套筒试验力-位移曲线如图 3-45 所示。

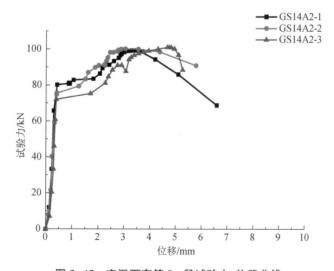

图 3-45　室温下套筒 L_4 段试验力-位移曲线

由图可知,室温条件下,试件 L_4 段试验力-位移曲线中强化阶段位移大致为 L_3 段位移的 1/3,而 L_3 与 L_4 段长度之比约为 2/3,由此可以判定在室温条件下,灌浆套筒粘结力对于套筒的拉伸有阻碍。

（2）200℃高温后套筒实测结果

200℃高温后套筒 GS14A2-4、GS14A2-5、GS14A2-6 破坏如图 3-46 所示。

图 3-46 200℃高温后套筒破坏图

GS14A2-4、GS14A2-5、GS14A2-6 从左往右依次放置,破坏方式均为在螺纹一侧钢筋被拉断,螺纹连接处钢筋未见拔出破坏,且被拉断钢筋横截面颈缩不明显。

200℃高温后套筒 GS14A2-4、GS14A2-5、GS14A2-6 试验力-位移曲线如图 3-47 所示。

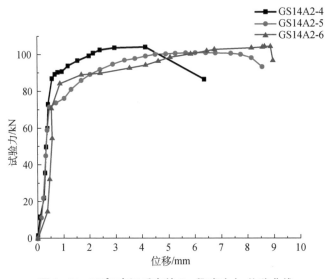

图 3-47 200℃高温后套筒 L_4 段试验力-位移曲线

由图可知,200℃条件下,试件 L_4 段试验力-位移曲线中强化阶段位移大致为 L_3 段位移的 4/9,且 L_3 与 L_4 段长度之比约为 2/3,L_4 段在 200℃条件下位移增量稍大于室温条件下 L_4 段位移增量,由此可以判定在 200℃条件下,灌浆套筒粘结力对于套筒的拉伸依然有阻碍作用,但是较室温条件下要弱。

（3）400℃高温后套筒实测结果

400℃高温后套筒 GS14A2-7、GS14A2-8、GS14A2-9 破坏如图 3-48 所示。

图 3-48　400℃高温后套筒破坏图

GS14A2-7、GS14A2-8、GS14A2-9 从上往下依次放置，GS14A2-7、GS14A2-9 破坏方式为在灌浆一侧钢筋被拉断，GS14A2-8 为在螺纹连接一侧钢筋被拉断。

400℃高温后套筒 GS14A2-7、GS14A2-8、GS14A2-9 试验力-位移曲线如图 3-49 所示。

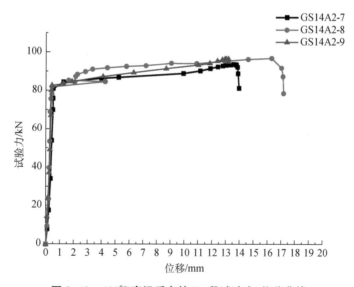

图 3-49　400℃高温后套筒 L_4 段试验力-位移曲线

由图可知，400℃条件下，试件 L_4 段试验力位移曲线中强化阶段位移大致为 L_3 段位移的 3/4，且 L_3 与 L_4 段长度之比约为 2/3，L_4 段在 400℃条件下位移明显大于 200℃条件下位移，由此可以判定，试件灌浆段钢筋和套筒在 400℃时产生了相对滑移。

（4）600℃高温后套筒实测结果

600℃高温后套筒 GS14A2-10、GS14A2-11、GS14A2-12 破坏如图 3-50 所示。

GS14A2-10、GS14A2-11、GS14A2-12 自上而下依次放置，螺纹连接一侧钢筋被拉断，最外侧灌浆料被拔出。

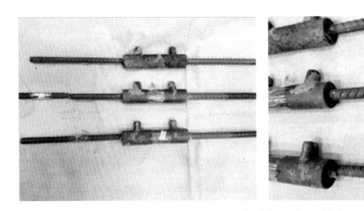

图 3-50　600℃高温后套筒破坏图

600℃高温后套筒 GS14A2-10、GS14A2-11、GS14A2-12 试验力-位移曲线如图 3-51 所示。其中,GS14A2-11 螺纹连接一侧被拉断,钢筋横截面颈缩不明显,且 GS14A2-10、GS14A2-11、GS14A2-12 端口处灌浆料均发生破坏。

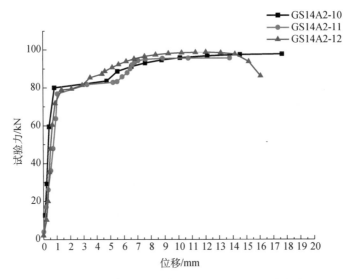

图 3-51　600℃高温后套筒 L_4 段试验力-位移曲线

由图可知,600℃条件下,试件 L_4 段试验力-位移曲线中强化阶段位移大致为 L_3 段位移的 4/5,且 L_3 与 L_4 段长度之比约为 2/3,L_4 段在 600℃条件下位移明显大于 400℃条件下位移,由此可以判定,试件灌浆段钢筋和套筒在 600℃时产生了较 400℃时更大的相对滑移。

3.2.5　600℃套筒浇水冷却实测结果

600℃高温水冷后套筒 GS14A2-13、GS14A2-14、GS14A2-15 破坏如图 3-52 所示。GS14A2-13、GS14A2-14、GS14A2-15 自左向右依次放置,由图可以看出,试件中灌浆连接钢筋均被拔出,拔出时钢筋周围灌浆料呈粉末状随钢筋一起拔出,另有灌浆料附着于套筒内壁,未见其被破坏。

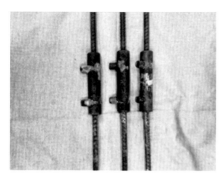

图 3-52 600℃ 高温水冷后套筒破坏图

600℃高温水冷后套筒 GS14A2-13、GS14A2-14、GS14A2-15 试验力-位移曲线如图 3-53 所示。

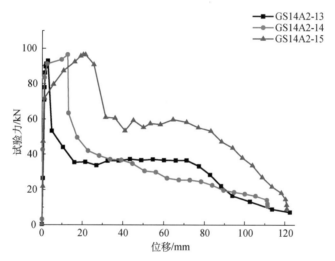

图 3-53 600℃ 高温水冷后套筒 L_4 段试验力-位移曲线

由表 3-13、表 3-14 可知,灌浆料高温后浇水冷却会导致其抗折、抗压强度低于自然冷却后的灌浆料抗折、抗压强度,由此导致灌浆段钢筋被拔出。

3.2.6 高温后包裹混凝土试件实测结果

高温后包裹混凝土灌浆套筒 L_3 段实测结果汇总如表 3-21 所示。

表 3-21 高温后包裹混凝土灌浆套筒 L_3 段实测结果汇总表

试件	温度 /℃	屈服力 /kN	极限力 /kN	弹性阶段位移 /mm	极限阶段位移 /mm
GS14A30-1	25	81.39	107.37	0.52	4.694
GS14A30-2	25	84.2	107.33	0.53	3.65

试件	温度 /℃	屈服力 /kN	极限力 /kN	弹性阶段位移 /mm	极限阶段位移 /mm
GS14A30-3	25	79.67	107.31	0.52	4.679
GS14A30-4	200	76.087	106.37	0.49	13.01
GS14A30-5	200	79.73	106.16	0.52	15.01
GS14A30-6	200	78.87	103.34	0.5	19.22
GS14A30-7	400	81.78	105.58	0.75	16.63
GS14A30-8	400	83.71	103.12	0.71	17.5
GS14A30-9	400	77.9	99.96	0.74	15.64
GS14A30-10	600	75.29	98.89	1.01	23.63
GS14A30-11	600	78.76	105.51	0.933	21.81
GS14A30-12	600	77.55	101.49	0.7	9.84

（1）室温下套筒实测结果

室温下套筒 GS14A30-1、GS14A30-2、GS14A30-3 破坏如图 3-54 所示，GS14A30-1、GS14A30-2、GS14A30-3 从左往右依次放置，GS14A30-1 破坏方式为螺纹连接一端钢筋被拉断，GS14A30-2、GS14A30-3 破坏方式为灌浆一侧钢筋被拉断。由图可知，包裹的混凝土分别在灌浆套筒两端与钢筋连接处发生破坏，且灌浆一端裂纹较螺纹连接一端更大更为显著。由此可知试件在灌浆连接处发生了相比螺纹连接处更大的应变。而由在包裹灌浆套筒部分混凝土未发生破坏可知，此部分的应变很小。

 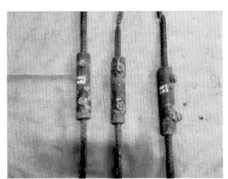

(a) 敲碎混凝土前　　　　　　　　　　　　(b) 敲碎混凝土后

图 3-54　室温下包裹混凝土套筒破坏图

室温下套筒试验力-位移曲线如图 3-55 所示。由图可知，室温条件下，试件包裹混凝土后 L_3 段试验力-位移曲线中强化阶段位移远远小于不包裹混凝土 L_3 段位移，由此可以判定在室温条件下，灌浆套筒包裹混凝土对于套筒的拉伸有阻碍作用。

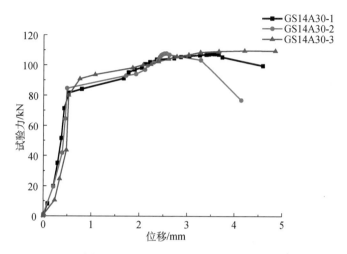

图 3-55　室温下包裹混凝土套筒水冷后试验力-位移曲线

（2）200℃高温后套筒实测结果

200℃高温后套筒 GS14A30-4、GS14A30-5、GS14A30-6 破坏如图 3-56 所示，GS14A30-4、GS14A30-5、GS14A30-6 从上往下依次放置，GS14A30-4、GS14A30-5、GS14A30-6 破坏方式为在灌浆一侧钢筋被拉断，且在端口处灌浆料发生破坏。由图可知，包裹的混凝土分别在灌浆套筒两端与钢筋连接处产生裂缝，且灌浆一端裂纹较螺纹连接一端更大更为显著，导致包裹混凝土发生了破坏和分离。由此可知试件在灌浆连接处发生了相比螺纹连接处更大的应变。与 GS14A30-1、GS14A30-2、GS14A30-3 裂缝对比发现，200℃条件下灌浆一端、螺纹一端裂缝均较室温下要大。而在包裹灌浆套筒部分混凝土开始出现明显的细部裂纹，说明在 200℃条件下，整个套筒包裹段均产生了较室温更大的应变。

(a) 敲碎混凝土前

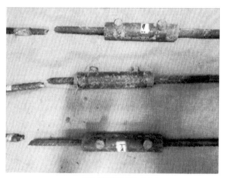

(b) 敲碎混凝土后

图 3-56　200℃高温后包裹混凝土套筒破坏图

200℃高温后套筒试验力-位移曲线如图 3-57 所示。

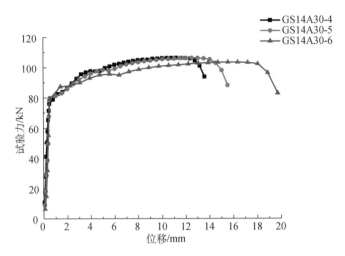

图 3-57　200℃高温后包裹混凝土套筒水冷后试验力-位移曲线

由图可知,200℃条件下,试件包裹混凝土后 L_3 段试验力-位移曲线与不包裹混凝土 L_3 段试验力-位移曲线相类似,而在此温度下钢筋与套筒基本不产生滑移。由此可知,在 200℃条件下,灌浆套筒包裹混凝土对于套筒的拉伸影响不大。

(3) 400℃高温后套筒实测结果

400℃高温后套筒 GS14A30-7、GS14A30-8、GS14A30-9 破坏如图 3-58 所示, GS14A30-7、GS14A30-8、GS14A30-9 从左往右依次放置,破坏方式均为在灌浆一侧钢筋被拉断。GS14A30-7、GS14A30-9 的钢筋部位在混凝土包裹 L_3 段,故混凝土破坏相比 GS14A30-8 更为明显,且 400℃条件下包裹在灌浆段的混凝土破坏较包裹在灌浆段外的更为明显。由此可知试件在 400℃条件下,灌浆连接处钢筋发生了比螺纹连接处更大的应变。

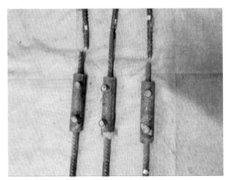

(a) 敲碎混凝土前　　　　　　　　　　　　(b) 敲碎混凝土后

图 3-58　400℃高温后包裹混凝土套筒破坏图

400℃高温后套筒试验力-位移曲线如图 3-59 所示,由图可知,400℃条件下,试件包裹混凝土后 L_3 段试验力-位移曲线位移比不包裹混凝土 L_3 段试验力-位移曲线位移要小,较对照组钢筋位移要大。由此可知,包裹混凝土灌浆套筒在 400℃条件下套筒与钢筋产生了相对滑移,而包裹混凝土有助于减少套筒与钢筋间的相对滑移。

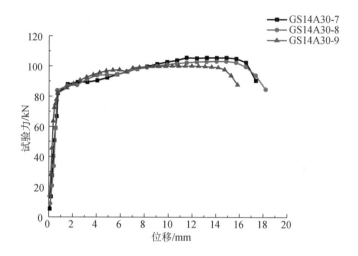

图 3-59　400℃高温后包裹混凝土套筒水冷后试验力-位移曲线

（4）600℃高温后套筒实测结果

600℃高温后套筒 GS14A30-10、GS14A30-11、GS14A30-12 破坏如图 3-60 所示,GS14A30-10、GS14A30-11、GS14A30-12 从左往右依次放置,GS14A30-10 破坏方式为在螺纹一侧钢筋被拉断,而 GS14A30-11、GS14A30-12 破坏方式为在灌浆一侧钢筋被拉断,包裹的混凝土被烧成土黄色。在灌浆套筒破坏时试件包裹的混凝土在套筒两端已完全碎裂,GS14A30-10 包裹在套筒中间部分的混凝土被拉碎,GS14A30-11、GS14A30-12 中间部分的混凝土出现大裂纹。

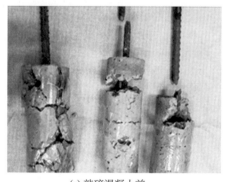 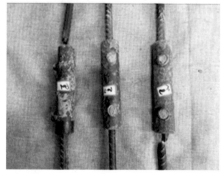

(a) 敲碎混凝土前　　　　　　　　(b) 敲碎混凝土后

图 3-60　600℃高温后包裹混凝土套筒破坏图

600℃高温后套筒试验力-位移曲线如图 3-61 所示。由图可知,试件 GS14A30-10 的破坏方式为螺纹一侧钢筋被拉断,断裂位置与螺纹连接钢筋及套筒极限位移连接处相邻,且其极限位移明显小于试件 GS14A30-11 和 GS14A30-12 的极限位移,由此可知试件 GS14A30-10 螺纹段钢筋在螺纹加工处存在质量缺陷,所以仅对 GS14A30-11 和 GS14A30-12 两试件曲线进行分析。

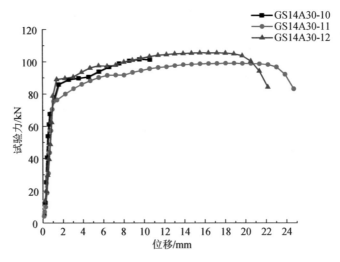

图 3-61　600℃高温后包裹混凝土套筒水冷后试验力-位移曲线

在 600℃条件下,试件包裹混凝土后 L_3 段试验力-位移曲线位移比不包裹混凝土 L_3 段试验力-位移曲线位移要小,较对照组钢筋位移要大。由此可知,包裹混凝土灌浆套筒在 600℃条件下套筒与钢筋产生了相对滑移,而包裹混凝土有助于减少套筒与钢筋间的相对滑移。

3.2.7　试验结果破坏形态对比分析

一、不包裹混凝土套筒与钢筋高温下的性能对比

将本章高温下未包裹混凝土灌浆套筒及对照组钢筋的实测结果计算的平均值整理如表 3-22~表 3-23 所示。

表 3-22　高温下灌浆套筒实测结果平均值

试件	温度 $t/℃$	平均屈服力 F_{yl}/kN	平均极限力 F_{ul}/kN	弹性阶段平均位移 y_1/mm	极限阶段平均位移 u_1/mm
GS14H-1,2,3	25	81.65	100.44	0.65	14.61
GS14H-4,5,6	200	76.21	93.83	0.61	12.84
GS14H-7,8,9	400	73.25	85.91	1.96	8.96
GS14H-10,11,12	600	48.5	49.55	3.21	4.6

表 3-23 高温下对照组钢筋实测结果平均值

试件	温度 $t/℃$	平均屈服力 F_{y2}/kN	平均极限力 F_{u2}/kN	弹性阶段平均位移 y_2/mm	极限阶段平均位移 u_2/mm
SL14H-1,2,3	25	79.62	98.12	0.61	21
SL14H-4,5,6	200	75.71	95.7	0.61	17.45
SL14H-7,8,9	400	76.95	94.65	0.78	11.77
SL14H-10,11,12	600	48.86	51.93	1.68	5.28

由表 3-22、表 3-23 可得钢筋半灌浆套筒及对照组钢筋极限力与温度的关系如图 3-62 所示。由图 3-62 可知试件在 400℃ 及以下极限力相差不大,在 400℃ 以后试验力急剧下降。由图 3-63 可知,室温下试件位移小于对照组钢筋,随温度增加,二者位移逐渐减小,由此可知,随温度升高,钢筋半套筒灌浆连接中钢筋和套筒开始逐渐产生滑移。

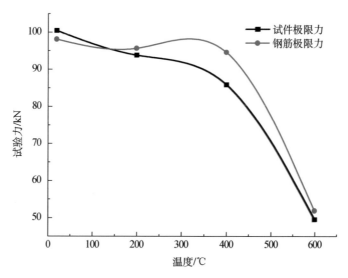

图 3-62 试件及对照组钢筋极限力与温度的关系

试件及对照组钢筋高温下试验力与温度的关系如公式(3-4)、公式(3-5)所示:

$$F_{u1} = -6 \times 10^{-7} t^3 + 0.000\,4t^2 - 0.090\,2t + 102.1 \tag{3-4}$$

$$F_{u2} = -9 \times 10^{-7} t^3 + 0.000\,6t^2 - 0.104\,2t + 99.972 \tag{3-5}$$

式中:F_{u1} 及 F_{u2} 为试件与钢筋的极限承载力;t 为温度。公式(3-4)、公式(3-5)与图中曲线的相关系数 $R_{F_{u1}} = 0.919$,$R_{F_{u2}} = 0.822$。

试件及对照组钢筋极限位移与温度的关系如公式(3-6)、公式(3-7)所示:

$$u_1 = -1 \times 10^{-5} t^2 - 0.008\,2t + 14.862 \tag{3-6}$$

$$u_2 = -2 \times 10^{-5} t^2 - 0.017\,3t + 21.407 \tag{3-7}$$

式中:u_1 及 u_2 为试件与钢筋的极限位移;t 为温度。公式(3-6)、公式(3-7)与图中曲线的

相关系数 R_{u1}＝0.999，R_{u2}＝0.998。

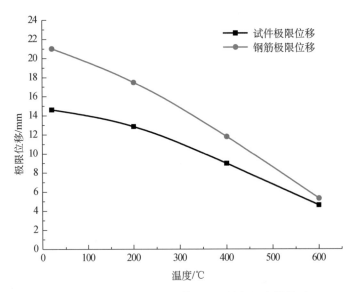

图 3-63　高温下试件及钢筋极限位移与温度的关系

二、不包裹混凝土套筒高温后 L_3 段及 L_4 段对比

将高温后未包裹混凝土灌浆套筒及对照组钢筋的实测结果平均值计算如表 3-24～表 3-26 所示。

表 3-24　高温后灌浆套筒 L_3 段实测结果平均值

试件	温度 $t/℃$	平均屈服力 F_{y3}/kN	平均极限力 F_{u3}/kN	弹性阶段平均位移 y_3/mm	极限阶段平均位移 u_3/mm
GS14A1-1,2,3	25	71.99	100.69	0.49	17.11
GS14A1-4,5,6	200	79.74	102.35	0.53	16.21
GS14A1-7,8,9	400	71.04	100.10	0.78	21.95
GS14A1-10,11,12	600	71.09	102.08	1.16	25.79

表 3-25　高温后灌浆套筒 L_4 段实测结果平均值

试件	温度 $t/℃$	平均屈服力 F_{y4}/kN	平均极限力 F_{u4}/kN	弹性阶段平均位移 y_4/mm	极限阶段平均位移 u_4/mm
GS14A2-1,2,3	25	74.34	100.21	0.41	5.46
GS14A2-4,5,6	200	72.38	104.21	0.56	7.34
GS14A2-7,8,9	400	78.20	101.28	0.61	14.55

试件	温度 $t/℃$	平均屈服力 F_{y4}/kN	平均极限力 F_{u4}/kN	弹性阶段平均位移 y_4/mm	极限阶段平均位移 u_4/mm
GS14A2-10,11,12	600	76.34	97.45	0.98	16.78
GS14A2-13,14,15	600	77.63	95.16	1.00	116.82

表 3-26　高温后对照组钢筋实测结果平均值

试件	温度 $t/℃$	平均屈服力 F_{y5}/kN	平均极限力 F_{u5}/kN	弹性阶段平均位移 y_5/mm	极限阶段平均位移 u_5/mm
SL14A-1,2,3	25	71.20	98.10	0.48	23.21
SL14A-4,5,6	200	72.06	96.11	0.51	17.51
SL14A-7,8,9	400	71.87	98.32	0.75	16.51
SL14A-10,11,12	600	73.11	97.60	0.96	17.19

由上表可知,高温后未包裹混凝土灌浆套筒及对照组钢筋在不同温度下,仅平均极限位移有较大差异。由表 3-18、表 3-19、表 3-20 可得高温后钢筋半灌浆套筒及对照组钢筋平均极限位移与温度的关系如图 3-64 所示,由图可知,对照组钢筋极限位移仅在室温至 200℃ 条件下下降,200℃ 至 600℃ 条件下,极限位移基本无变化。试件 L_3 段及 L_4 段极限位移在室温至 200℃ 条件下变化不大,在 200℃ 以后极限位移随温度升高而升高。由此可以推断,钢筋半套筒灌浆连接中钢筋和套筒在高温冷却后,随温度的升高,钢筋及套筒的相对滑移逐渐增大,且在 200℃ 至 400℃ 这一温度区间增量最大。

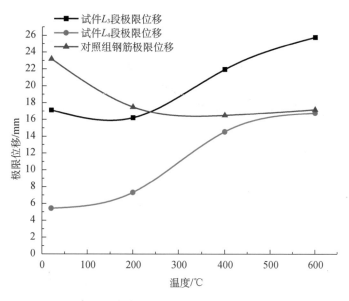

图 3-64　高温后试件及对照组钢筋极限位移与温度的关系

高温后试件 L_3 段极限位移、L_4 段极限位移及对照组钢筋极限位移在高温后与温度的关系如公式(3-8)、公式(3-9)、公式(3-10)所示：

$$u_3 = -2 \times 10^{-7} t^3 + 0.000\,2t^2 - 0.042\,3t + 17.875 \tag{3-8}$$

$$u_4 = -2 \times 10^{-7} t^3 + 0.000\,2t^2 - 0.024\,9t + 5.8783 \tag{3-9}$$

$$u_5 = -8 \times 10^{-8} t^3 + 0.000\,1t^2 - 0.054\,9t + 24.26 \tag{3-10}$$

式中：u_3、u_4、u_5 为试件在高温后 L_3 段、L_4 段及对照组钢筋在高温后的极限位移；t 为温度。公式(3-8)、公式(3-9)、公式(3-10)与图中曲线的相关系数 $R_{u3} = R_{u4} = R_{u5} = 1$。

三、包裹混凝土套筒高温后 L_3 段实测结果分析

将高温后包裹混凝土灌浆套筒实测结果平均值计算如表 3-27 所示。

表 3-27　高温后灌浆套筒 L_3 段实测结果平均值

试件	温度 $t/℃$	平均屈服力 F_{y6}/kN	平均极限力 F_{u6}/kN	弹性阶段平均位移 y_6/mm	极限阶段平均位移 u_6/mm
GS14A30-1,2,3	25	81.75	107.33	0.52	4.34
GS14A30-4,5,6	200	78.229	105.29	0.5	15.74
GS14A30-7,8,9	400	81.13	102.88	0.73	16.59
GS14A30-10,11,12	600	77.2	101.96	0.81	18.42

由上表可知,高温后包裹混凝土灌浆套筒在不同温度下,仅在平均极限力位移有较大差异,由表 3-18、表 3-21 可得高温后未包裹混凝土和包裹混凝土半灌浆套筒平均极限位移与温度的关系如图 3-65 所示。

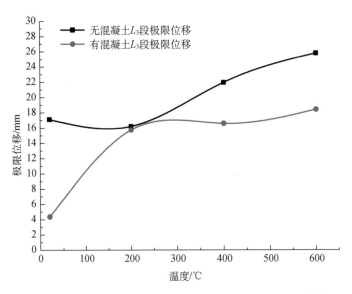

图 3-65　高温后未包裹与包裹混凝土试件极限位移与温度的关系

由图 3-65 可知,包裹混凝土试件在室温下极限位移较不包裹混凝土的试件更低,说明

包裹混凝土能够保护钢筋避免其被拔出。在 200℃时,二者相差不大,说明在此温度下,包裹的混凝土加热后对于试件约束减弱。在 400℃及 600℃条件下包裹混凝土试件极限位移小于未包裹混凝土试件,原因在于混凝土有隔热效果,降低了灌浆套筒与钢筋间的滑移。

高温后试件包裹混凝土 L_3 段极限位移与温度的关系如公式(3-11)所示:

$$u_6 = 3E - 0.7t^3 - 0.000\,3t^2 - 0.124\,1t + 1.988\,7 \tag{3-11}$$

式中:u_6 为高温后包裹混凝土 L_3 段极限位移;t 为温度。公式(3-11)与图中曲线的相关系数 $R_{u6} = 1$。

3.2.8 灌浆套筒粘结力分析

粘结应力即钢筋受力后在与灌浆料接触面上产生的剪应力。粘结力使钢筋中的正应力沿受力方向衰减。

钢筋刮犁式拔出破坏承载力取决于钢筋与灌浆料之间的平均粘结强度 τ_u。根据 Einca 等的研究可知钢筋与灌浆料之间的平均粘结强度 τ_u 可以假设如下:

$$\tau_u(t) = k(t)\sqrt{f_c(t)} \tag{3-12}$$

式中:k 为常数(在固定温度下);f_c 为灌浆料的抗压强度。假设 k 在高温中依然为常数。

已知 600℃高温条件下,半灌浆套筒连接钢筋试件 GS14H-11、GS14H-12 及高温浇水冷却后的试件 GS14A2-13、GS14A2-14、GS14A2-15 破坏方式为刮犁式拔出破坏,则套筒试验最大试验力即为粘结力。粘结力与粘结强度之间关系如下:

$$\tau_u(t) = \frac{P_u(t)}{\pi d L_2} \tag{3-13}$$

式中:P_u 为粘结力;d 为钢筋直径;L_2 为钢筋连接的锚固长度。将公式(3-12)代入公式(3-13),可得:

$$k = \frac{P_u(t)}{\pi d L_2 \sqrt{f_c(t)}} \tag{3-14}$$

其中,由试验力-位移曲线获取灌浆套筒的粘结力,钢筋直径、钢筋连接的锚固长度为已知,由此可得试件的粘结应力及 k 值如表 3-28 所示。

表 3-28 试件的粘结应力和 k 值

试件	温度	粘结应力/MPa	k 值
GS14H-11	600℃	6.82k	1.59
GS14H-12	600℃	6.82k	1.87
GS14A2-13	600℃后浇水冷却	6.98k	1.51
GS14A2-14	600℃后浇水冷却	6.98k	1.80
GS14A2-15	600℃后浇水冷却	6.98k	1.73

显而易见,未发生钢筋刮犁式拔出破坏的套筒半灌浆连接,k 的实际值比此处的计算

值大,但是此处可以取最不利条件即高温条件 600℃下 $k=1.59$,高温浇水冷却后 $k=1.51$。若在套筒设计中 $k\leqslant1.51$,则套筒可能在 600℃及以上高温中发生钢筋刮犁式拔出破坏,从而导致其延性降低。

3.2.9 主要结论

通过钢筋半套筒灌浆连接静力试验和连接性能分析,关于高温下半灌浆套筒连接的性能,可以得到以下结论:

(1) 钢筋半套筒灌浆连接试件的破坏形态有 2 种,分别为钢筋拉断、钢筋刮犁式拔出(即钢筋在套筒内灌浆料粘结锚固失效)。温度的升高可能使试件的破坏形式发生改变。温度的升高会引起灌浆料强度的下降,并导致灌浆套筒中灌浆料对于连接钢筋的粘结应力减弱。

(2) 在常温下,钢筋半套筒灌浆连接的破坏形态为钢筋被拉断,与对照组钢筋静力拉伸的本构关系类似。

(3) 钢筋半套筒灌浆连接在 200℃的条件下,试件的试验力-位移曲线斜率较对照组钢筋要大,强化及屈服阶段试件的延性远小于对照组钢筋。

(4) 在 400℃的条件下,钢筋半套筒灌浆连接的破坏形态为钢筋被拉断,但是二者的静力本构关系存在明显差异。套筒与连接钢筋已经开始产生较为明显的滑移;套筒屈服和强化阶段的界限相比对照组钢筋而言更模糊,套筒连接钢筋的延性均小于对照组钢筋。

(5) 在 600℃的条件下,钢筋半套筒灌浆连接的破坏形态为钢筋拉断、钢筋刮犁式拔出两种,且钢筋拉断的延性较钢筋刮犁式拔出更大。试件和对照组钢筋整段曲线在弹性阶段差别不大,强化阶段均基本消失。由于颈缩阶段套筒灌浆段的钢筋开始被逐渐拔出,套筒连接钢筋在试验力下的位移要大于对照组钢筋。

(6) 在 600℃以上温度的条件下,高温下半灌浆套筒的连接性能表现为钢筋刮犁式拔出破坏,说明常温下可靠的半灌浆套筒连接在高温(600℃以上)时变得不可靠。当考虑混凝土保护层厚度的影响时,混凝土有隔热效果,降低了灌浆套筒与钢筋间的滑移,对应的显著影响温度还会更高(常规情况下约高出 200℃)。

通过钢筋半套筒灌浆连接静力试验和连接性能分析,关于高温后半灌浆套筒连接的性能,可以得到以下结论:

(1) 钢筋半套筒灌浆连接试件高温后存在钢筋拉断、钢筋刮犁式拔出两种破坏形态,且破坏形态主要受处理温度和高温后冷却方式的影响。当 600℃高温后且冷却方式为浇水冷却时,试件将发生钢筋刮犁式拔出破坏;对于 600℃及以下的高温处理的试件,采用自然冷却的方式将产生钢筋拉断的破坏形态。

(2) 随着温度的升高,套筒内灌浆料强度逐渐降低。温度由常温升至 200℃时,自然冷却至室温后灌浆料抗压强度降低幅度最大,下降约 21.01%,由 200℃升至 400℃以及400℃升至 600℃时,自然冷却的情况下强度下降不明显。

(3) 高温后冷却方式的不同会影响钢筋半套筒灌浆连接试件的力学性能。温度由400℃升至 600℃时,采用浇水冷却的方式导致的灌浆料强度降低与自然冷却的方式相比降低幅度更为明显,二者强度分别下降了 33.21% 和 9.15%,且浇水冷却的强度仅为自然冷却强度的 73.52%。

(4) 高温后钢筋半套筒灌浆连接及对照组钢筋在不同温度下屈服强度和极限强度差异较小,且当温度高于 200℃ 时,随着温度的升高,高温后钢筋和套筒产生的相对滑移愈发明显,屈服位移和极限位移呈现出显著增大的趋势。

(5) 根据已有粘结强度公式,对于高温后抵抗钢筋刮犁式拔出的承载力,可以选用抗压强度更高、性能更稳定的灌浆料或增加钢筋粘结锚固长度等措施,以避免套筒高温后发生钢筋刮犁式拔出的破坏形态。

3.3 有缺陷灌浆套筒的连接性能

3.3.1 工程典型灌浆缺陷

由于灌浆套筒内部构造复杂,灌浆料灌注过程受诸多操作因素影响,套筒灌浆连接的实际质量控制难度较大。套筒灌浆又属隐蔽工程,灌浆后的质量检验也是一项工程难题。欧美、日本等装配式技术较发达国家主要依靠工人系统培训、合理工法和有效管理等保证套筒灌浆质量。我国装配式混凝土技术尚处在发展阶段,目前国内工程建设速度快、预制构件制作精度有待改善、现场施工人员技术培训不足、质量检测监管不到位等诸多因素导致装配式混凝土结构中套筒灌浆连接存在一定的问题。套筒灌浆缺陷不仅对结构的受力性能产生不利的影响,而且会影响装配式结构的长期耐久性,因此该问题受到了工程界的广泛关注。

对于钢筋套筒灌浆连接的施工,规范和相关的技术规程已做出了详细的规定和要求,但是在实际工程中,各种原因都有可能导致灌浆缺陷的出现。经工程实践调研和分析,可发现以下几种主要灌浆缺陷:

(1) 套筒端部灌浆缺陷。此类缺陷主要发生在竖向套筒灌浆连接中。竖向套筒的灌浆可以分为套筒独立灌浆和单点联合压浆,套筒灌浆需要在竖向构件连接处坐浆完毕后进行。若构件连接处坐浆层的封缝不严密或灌浆口封堵胶塞出现松动,则套筒灌浆完成后可能造成底部漏浆,进而套筒顶部脱空形成端部缺陷,最终导致钢筋和灌浆料的有效锚固长度减小。

(2) 套筒水平灌浆缺陷。此类缺陷主要发生在水平套筒灌浆连接中。同上述竖向灌浆情况类似,如果出现套筒端部的胶塞松动以及灌浆口和出浆口的封堵不实等情况,水平套筒顶部将形成长弧状的空腔缺陷,降低灌浆料和钢筋间的粘结锚固作用。

(3) 套筒中部灌浆缺陷。此类缺陷可能发生在竖向或水平套筒灌浆连接中,其主要原因在于注浆时套筒内部的空气无法彻底排出,在套筒中部形成空腔缺陷。初次灌浆后如果发现漏浆情况,补灌时也可能发生套筒内部的空气无法彻底排出而导致中部灌浆缺陷的产生。此外,现场施工中套筒内因掺杂各种异物(如沙石、木片等)却未能及时清理,亦可导致灌浆后在套筒中产生了异物夹杂等缺陷。

(4) 此外,套筒灌浆中还会发生其他多种缺陷。比如因混凝土预制构件制作精度不足,常发生预制构件连接钢筋偏位等现象,甚至出现施工现场截断部分连接钢筋等问题。如因灌浆料配制质量等原因,出现灌浆料强度不足或流动性不达标导致灌浆不实等现象,现场施工时套筒灌浆中也因此可能出现各种形式或形状的空隙缺陷。再如若过早拆除斜撑等支撑措施,可能对灌浆接头产生扰动,破坏钢筋与灌浆料之间的粘结,影响套筒接头的连接性能。

3.3.2 灌浆缺陷对连接受力性能的影响

为了研究可能的灌浆缺陷对套筒连接接头力学性能的影响,本项目开展了带模拟缺陷的灌浆套筒连接性能试验,测试了不同缺陷分布类型和缺陷程度对连接性能的影响。

（1）试验情况

已有研究表明,当套筒具备合理的内部构造并且灌浆连接长度达到钢筋直径 7 倍时,即可保证套筒灌浆连接具有良好的承载力。本试验采用了半灌浆套筒,其几何形状和尺寸分别如图 3-66 和表 3-29 所示。该套筒采用 QT 550-5 球墨铸铁按照中国行业标准制造,其灌浆锚固长度为 7 倍钢筋直径,因此在灌浆饱满的情况下其连接性能符合规范设计要求。

本试验套筒对应连接钢筋直径 d_b= 20 mm,采用了 HRB400 变形钢筋,其材料组成和力学性能均符合国家标准《钢筋混凝土用钢 第 2 部分:热轧带肋钢筋》(GB/T 1499.2—2018),实测屈服强度和极限强度分别为 458 MPa 和 588 MPa。本试验采用 M85 级砂浆作为粘结材料,符合中国行业标准《钢筋机械连接技术规程》(JGJ 107—2016),实测抗压强度为 91.85 MPa。

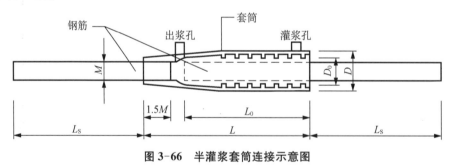

图 3-66 半灌浆套筒连接示意图

表 3-29 半灌浆套筒型号和尺寸

套筒型号	总长 L/mm	锚固长度 L_0/mm	钢筋直径 M/mm	伸出长度 L_s/mm	外径 D/mm	内径 D_0/mm
GTB4-20	190	143	21	31.5	44	36

前述研究表明实际套筒灌浆连接中可能出现多种形式的灌浆缺陷,由于实际产生缺陷情况各异,在分布形式和空隙率上存在不可预测性。为了研究可能的缺陷对套筒连接性能的影响,本试验采用模拟缺陷形式反映实际套筒灌浆连接中的缺陷问题。本试验设计了四种形式的灌浆缺陷,分别是均匀灌浆缺陷、轴向灌浆缺陷、环向灌浆缺陷和斜向灌浆缺陷,分别如图 3-67 所示。其中均匀灌浆缺陷采用在灌浆料中均匀地掺杂直径小于

1 mm 的泡沫颗粒的方法配制,该缺陷形式主要模拟灌浆料水化过程中气泡未完全排出的情况;轴向灌浆缺陷、环向灌浆缺陷和斜向灌浆缺陷是分别在灌浆前向套筒中填入相应形状和体积的黏土泥浆,待黏土固结后注入灌浆料所制作而成,此三种形式的灌浆缺陷模拟实际灌浆过程中所可能产生的缺陷。本次试验分为五组(A~E 组),A 组为对照组,灌浆饱满无缺陷,B 至 E 组为试验组,分别对应上述四种灌浆缺陷,各种灌浆缺陷的缺陷率为 0~50% 不等。本试验缺陷形式和缺陷率如图 3-67 和表 3-30 所示。

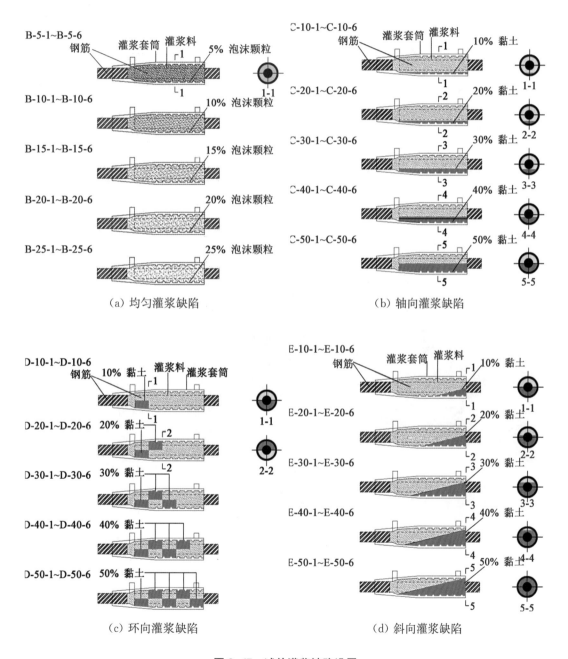

图 3-67　试件灌浆缺陷设置

表 3-30 试件缺陷参数设置

试件编号	缺陷类型	缺陷比例	试件编号	缺陷类型	缺陷比例
A-0-1～A-0-6	无缺陷	0	D-10-1～D-10-6	环向缺陷	10%
B-5-1～B-5-6	均匀缺陷	5%	D-20-1～D-20-6		20%
B-10-1～B-10-6		10%	D-30-1～D-30-6		30%
B-15-1～B-15-6		15%	D-40-1～D-40-6		40%
B-20-1～B-20-6		20%	D-50-1～D-50-6		50%
B-25-1～B-25-6		25%	E-10-1～E-10-6	斜向缺陷	10%
C-10-1～C-10-6	轴向缺陷	10%	E-20-1～E-20-6		20%
C-20-1～C-20-6		20%	E-30-1～E-30-6		30%
C-30-1～C-30-6		30%	E-40-1～E-40-6		40%
C-40-1～C-40-6		40%	E-50-1～E-50-6		50%
C-50-1～C-50-6		50%			

试件制作完成后移至养护室,在规范标准环境下养护 28 天。养护完毕后采用电液伺服万能试验机进行拉伸加载试验。试件钢筋屈服前采用荷载控制加载,屈服后采用位移控制加载直至试件破坏或产生过大位移而不适于继续加载。试验中荷载通过电液伺服试验机测量得到,钢筋的滑移通过位移计测量。相关试验情况如图 3-68 所示。

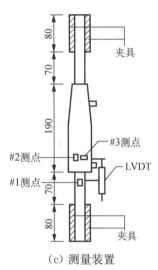

（a）试件　　　　　　　（b）试验加载　　　　　　（c）测量装置

图 3-68 试件试验情况

（2）破坏形态

试验表明套筒灌浆连接试件有三种主要破坏形态:钢筋拉断破坏、钢筋屈服后拔出粘结破坏和钢筋拔出粘结破坏(如图 3-69 所示)。当灌浆密实时套筒连接的拉拔力较大,钢筋达到极限应力后发生拉断破坏,此时钢筋和灌浆料间粘结完好。而当套筒连接存在灌浆缺陷时,套筒连接承载力有所降低,可能在钢筋屈服后发生界面粘结破坏,钢筋从套筒中拔出而导致试件粘结破坏失效;当灌浆缺陷较大时,钢筋与灌浆料间直接发生界面粘结破坏,钢筋未屈服前即被从套筒中拔出。

(a) 拉伸断裂　　　　　　　　　　　(b) 拔出破坏

图 3-69　试件破坏形态

(3) 粘结-滑移曲线

试验所测得的粘结-滑移(τ-S)曲线如图 3-70~图 3-73 所示。其中界面粘结应力由拉拔力除以粘结面积而得,滑移量为拉拔端钢筋与套筒间的滑移值。

均匀灌浆缺陷试件(缺陷比例为 5%~25%)的粘结-滑移曲线如图 3-70 所示。由图 3-70(a)~(c)可见,当缺陷比例较小时,试件都发生钢筋屈服后拉断破坏。此时,无论缺陷比例是多少,其屈服粘结强度基本相同,极限粘结强度随着缺陷比例增大而略有降低,这是由于试件粘结破坏发生在钢筋屈服之后,屈服时粘结强度由钢筋屈服应力决定,而极限粘结强度由粘结破坏决定。试件屈服滑移值随缺陷比例增大而略微增大,因本实验均匀缺陷由泡沫颗粒模拟灌浆料中均匀分布的气泡,不同缺陷比例的试件在达到钢筋屈服时,缺陷比例大的试件其灌浆料轴向变形更大,钢筋的屈服滑移值也会随之增大。由图 3-70(d)~(f)可知,在缺陷比例达到 20%以后,试件开始出现钢筋未屈服的拔出破坏形式(1 例),此后钢筋未屈服的试件数量随缺陷比例增大而增加;试件的极限粘结强度对应的滑移值随缺陷比例增大而减小。由试验结果可知,均匀缺陷套筒连接试件在 25%缺陷比例以后有较高的概率出现钢筋屈服前发生粘结破坏。

轴向灌浆缺陷、环向灌浆缺陷和斜向灌浆缺陷试件(缺陷比例为 10%~50%)的粘结-滑移曲线分别如图 3-71~图 3-73 所示,上述类型灌浆缺陷试件的粘结性能规律较为类似,总结如下:① 当缺陷比例较小(约 10%)时,各组试件发生钢筋屈服后拉断破坏,且各组试件的屈服粘结强度和屈服滑移值基本相同,极限粘结强度和滑移值略有不同。② 当缺陷比例在 10%~30%时,较多的试件发生钢筋屈服后拔出破坏,此时的屈服粘结强度和屈服滑移值保持稳定不变,但极限粘结强度和对应的滑移值随着缺陷比例增大而减小。③ 在缺陷比例达到30%以后,试件开始出现钢筋未屈服的拔出破坏形式,且发生此类破坏的试件数量随缺陷比例增大而增加。此时试件的极限粘结强度随缺陷比例增大而降低,尤其是缺陷比例达到40%以上时,粘结强度急剧下降。

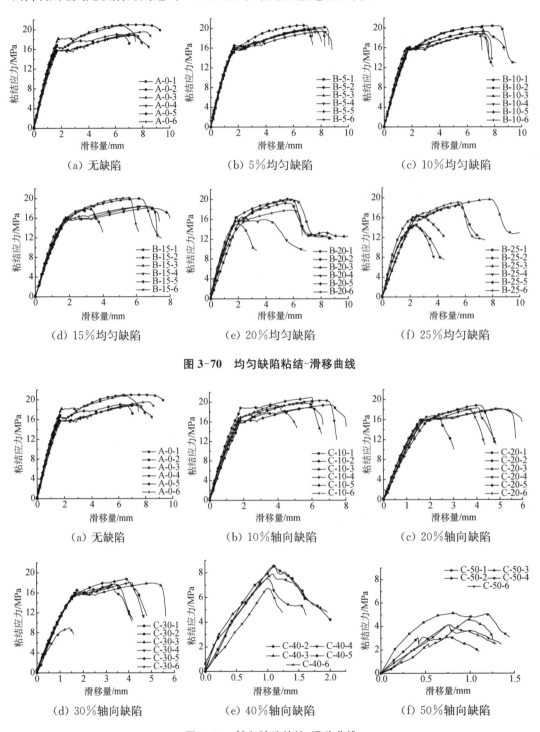

图3-70 均匀缺陷粘结-滑移曲线

图3-71 轴向缺陷粘结-滑移曲线

　　通过对试验结果和数据对比发现,对于不同类型的缺陷形式,当缺陷比例相同时,各组试件破坏模型和对应粘结强度规律基本一致,但添加泡沫颗粒的均匀缺陷试件的滑移值略大于非均匀缺陷试件。对比各组非均匀缺陷试件,轴向缺陷试件钢筋拉断破坏个数最少,粘结强度均值最低,在 40% 缺陷比例以后粘结强度下降速度大于其他非均匀缺陷试件,且极限粘结强度对应滑移值最小,在施工过程中属于最危险的缺陷类型。当缺陷比例不超过 30% 时,套筒连接试件基本都能发生钢筋屈服(之后拉断或拔出),各组试件屈服粘结强度基本相同,而对应屈服滑移值因缺陷不同而略有不同。而当缺陷比例超过 30% 时,套筒连接试件基本都发生钢筋拔出粘结破坏(钢筋不屈服),其粘结强度随着缺陷比例的增大而降低,其对应的滑移量也随之降低(均在 2 mm 以内)。

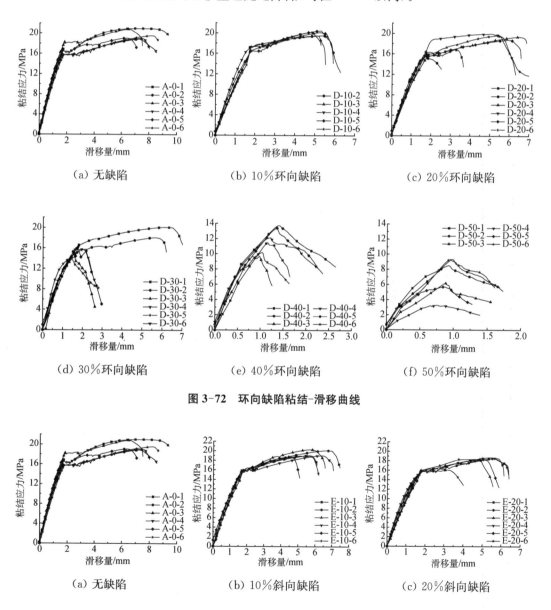

图 3-72　环向缺陷粘结-滑移曲线

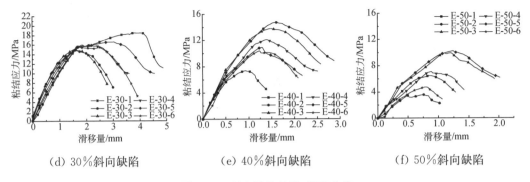

(d) 30%斜向缺陷　　　　　(e) 40%斜向缺陷　　　　　(f) 50%斜向缺陷

图 3-73　斜向缺陷粘结-滑移曲线

3.3.3　带缺陷套筒灌浆连接的粘结本构模型

（1）粘结本构曲线

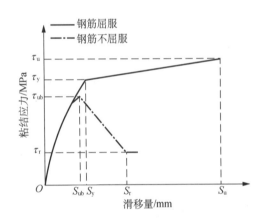

图 3-74　粘结应力-滑移关系本构模型

根据上节粘结-滑移曲线结果，带缺陷灌浆套筒连接的粘结本构关系可以采用如图 3-74 所示的曲线形式。当试件在钢筋屈服后发生破坏时，粘结-滑移曲线可用上升段和强化段两阶段曲线表示，钢筋屈服时的粘结应力定为屈服粘结强度 τ_y，相应的滑移量记为 S_y；而试件的极限拉拔力对应的粘结强度定为极限粘结强度 τ_u，相应的滑移量记为 S_u。当试件在钢筋屈服前发生拔出破坏时，粘结-滑移曲线可用上升段、下降段和残余段三阶段曲线表示，将拔出荷载对应的粘结强度定义为极限粘结强度 τ_{ub}，相应的滑移量定义为 S_{ub}，并将此情况下的残余粘结强度定义为 τ_r，相应的滑移量定义为 S_r。

a. 钢筋屈服后拉断或拔出破坏。对于此类型破坏，其粘结-滑移曲线可以采用如下式（3-15）所示的数学形式：

$$\tau(S) = \tau_y \left(\frac{S}{S_y}\right)^\alpha \qquad 0 \leqslant S \leqslant S_y \tag{3-15a}$$

$$\tau(S) = \left(\frac{S - S_y}{S_u - S_y}\right)(\tau_u - \tau_y) + \tau_y \qquad S_y < S \leqslant S_u \tag{3-15b}$$

b. 钢筋未屈服前拔出破坏。对于此类型破坏，其粘结-滑移曲线可以采用式（3-16）所示的数学形式：

$$\tau(S) = \tau_{ub} \left(\frac{S}{S_{ub}}\right)^\alpha \qquad 0 \leqslant S \leqslant S_{ub} \tag{3-16a}$$

$$\tau(S) = \left(\frac{S - S_r}{S_{ub} - S_r}\right)(\tau_{ub} - \tau_r) + \tau_r \qquad S_{ub} < S \leqslant S_r \tag{3-16b}$$

$$\tau(S) = \tau_r \quad S > S_r \tag{3-16c}$$

式中：α 为曲线形状参数，用来表征粘结-滑移曲线上升段的变化，其取值范围是 $[0,1]$。

（2）粘结参数

根据前述各试件的粘结-滑移曲线试验结果，对各粘结强度、对应滑移量与缺陷比例进行统计分析，如图 3-75 所示。在统计时，各参数取每组 6 个试件试验结果的平均值。

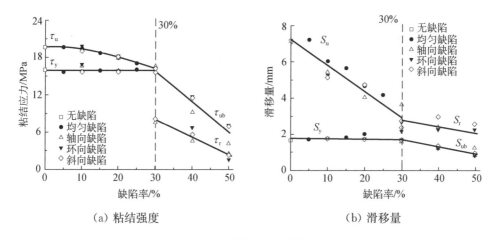

（a）粘结强度　　　　　　　　　　（b）滑移量

图 3-75　粘结强度和滑移量

从图 3-75 可以看出，试验结果参数分布受破坏模式控制，而破坏模式受到灌浆缺陷比例的影响。灌浆缺陷比例为 30% 是破坏模式发生改变的临界点，也是参数统计的分界点，粘结强度和相应的滑移量都有着显著差异。当灌浆缺陷比例小于 30% 时，试件在钢筋屈服后发生破坏。此时，试件的屈服粘结强度 τ_y 取决于钢筋的屈服荷载，可见 τ_y 基本保持不变，对应的滑移量记为 S_y，变化也不大。而极限粘结强度 τ_u 取决于粘结承载力，其随着缺陷比例的增大而减少，试验表明，当缺陷比例从 0 增加到 30%，极限粘结强度 τ_u 从 19.7 MPa 单调下降到 τ_y，而相应的滑移量记为 S_u，从 7.2 mm 降到约 3 mm。当试件的灌浆缺陷超过 30% 时，试件在钢筋屈服前发生拔出破坏。试件极限粘结强度 τ_{ub} 取决于套筒粘结力，其值随着缺陷比例上升而大幅下降，对应的滑移量 S_{ub} 也大幅下降。同时，此时试件的残余粘结强度和滑移量也大幅下降。分别对各粘结强度和相对的滑移量进行统计，得到结果如式（3-17）和式（3-18）所示。

$$\tau_y = \frac{f_y A_s}{\pi d_b l_0} \tag{3-17a}$$

$$\frac{\tau_u}{\tau_y} = -0.212 \left(\frac{R}{R_c}\right)^2 + 0.019 \frac{R}{R_c} + 1.22 \quad R \leqslant R_c \tag{3-17b}$$

$$\frac{\tau_{ub}}{\tau_y} = 1 - 3.166(R - R_c) \quad R > R_c \tag{3-17c}$$

$$\frac{\tau_r}{\tau_{ub}} = -0.71(R - R_c) + 0.56 \quad R > R_c \tag{3-17d}$$

以及

$$\frac{S_u}{S_y} = -8.74(R - R_c) + 1.62 \qquad R \leqslant R_c \qquad (3\text{-}18a)$$

$$\frac{S_{ub}}{S_y} = -5.48(R - R_c) + 1.50 \qquad R > R_c \qquad (3\text{-}18b)$$

$$\frac{S_r}{S_y} = -1.21(R - R_c) + 1.44 \qquad R > R_c \qquad (3\text{-}18c)$$

通过对每个试件测得的粘结-滑移曲线进行回归,可得到每个试件的曲线形状参数 α。参数 α 越小,非线性越明显;反之,线性特征越明显。对于钢筋屈服前破坏的试件曲线拟合结果表明,α 的取值范围为 $[0.56, 0.73]$,均值为 0.63;对于钢筋未屈服的试件,α 的取值范围为 $[0.33, 0.58]$,均值为 0.45。式(3-15a)中的 α 值大于式(3-16a),因为在式(3-16a)中还应考虑钢筋和灌浆料之间的滑移,其非线性特性更为明显。

本项目将上述本构关系曲线与试验所得平均粘结-滑移曲线进行对比,如图 3-76 所示。由对比结果可以看出,无论灌浆缺陷的形式如何,基本不影响套筒的粘结-滑移曲线对比结果,该结果也表明本项目所提出的本构关系与试验曲线有着较高的吻合程度。该本构关系模型对于带缺陷套筒灌浆连接的装配式混凝土结构的分析具有现实工程意义。

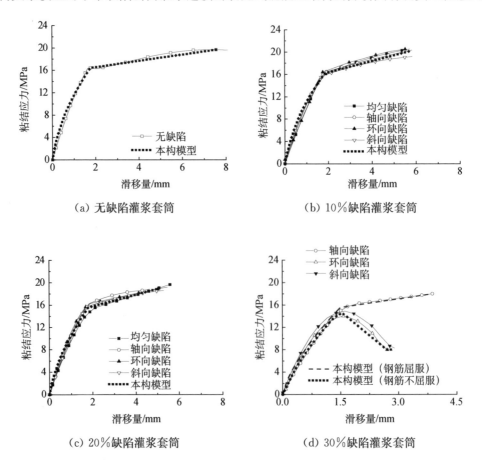

(a) 无缺陷灌浆套筒　　　　　　　　(b) 10%缺陷灌浆套筒

(c) 20%缺陷灌浆套筒　　　　　　　　(d) 30%缺陷灌浆套筒

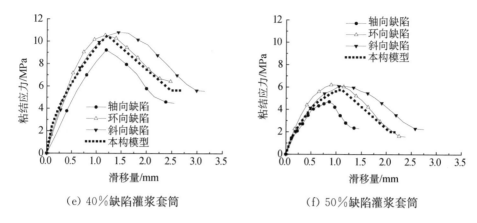

（e）40%缺陷灌浆套筒　　　　　　　（f）50%缺陷灌浆套筒

图 3-76　本构模型与试验结果对比

3.3.4　主要结论

通过试验模拟了灌浆料的四种缺陷对灌浆套筒连接的影响，缺陷形式分为均匀灌浆缺陷、轴向灌浆缺陷、环向灌浆缺陷和斜向灌浆缺陷，主要结论如下：

（1）当缺陷比例较小时，试件都发生钢筋屈服后拉断破坏，灌浆套筒连接性能可靠。

（2）在缺陷比例达到 20% 以后，试件开始出现钢筋未屈服的拔出破坏形式，意味着灌浆套筒连接性能开始变得不可靠。均匀缺陷套筒连接试件在 25% 缺陷比例以后有较高的概率出现钢筋屈服前发生粘结破坏。

（3）在缺陷比例达到 30% 以后，试件开始出现钢筋未屈服的拔出破坏形式，且发生此类破坏的试件数量随缺陷比例增大而增加。

（4）对于不同类型的缺陷形式，当缺陷比例相同时，各组试件破坏模型和对应粘结强度规律大致一致，但添加泡沫颗粒的均匀缺陷试件的滑移值略大于非均匀缺陷试件。

3.4　带缺陷灌浆套筒连接性能的不确定性模型

实际工程中的灌浆缺陷比例是一个随机变量，本节讨论灌浆缺陷随机性对套筒连接性能的影响。

由图 3-74 的粘结-滑移基本模型和 3.3 节的试验结果可以看出，灌浆缺陷导致连接性能下降的直观体现为：套筒连接承载力较早出现下降。例如：当套筒连接灌浆缺陷较小时，在钢筋屈服后发生界面粘结破坏，钢筋从套筒中拔出；而当灌浆缺陷较大时，钢筋与灌浆料间直接发生界面粘结破坏，钢筋未屈服前即从套筒中拔出。这两种破坏形态的分界点大致为 30% 的灌浆缺陷比例。对 3.3 节的试验结果进行综合汇总，对应不同的灌浆缺陷比例，套筒的平均粘结-滑移曲线如图 3-77 所示。

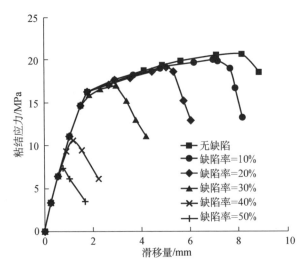

图 3-77　不同缺陷比例套筒的平均粘结应力-滑移量曲线

在实际施工现场,灌浆缺陷比例是一个随机变量。已有的工程实践和初步调查表明,由于缺乏有效手段对灌浆缺陷进行有效检测,导致这一缺陷普遍存在于套筒连接中,只是缺陷的程度随施工管理水平和工人操作水平的不同而有所差异,最大灌浆缺陷比例可达50%。由于目前套筒灌浆质量缺乏高效率的检测手段,只能采取破损的方法估计灌浆缺陷比例,造成了数据采集的困难,导致在施工现场获得的灌浆缺陷比例的数据非常有限,无法进行统计分析,因此在后面的研究中,我们假设灌浆缺陷比例在 0 和 50% 之间均匀分布,待实测数据充足了再给出更准确的概率分布模型。

在前面 3.3.3 节的本构模型中,形状参数 α、粘结强度 τ_u、滑移量 S_u 是 3 个基本参数,反映灌浆缺陷比例的影响。在不确定性的粘结-滑移模型中,考虑到灌浆缺陷比例的随机性,α、τ_u、S_u 这 3 个基本参数也应描述成随机变量。但是,形状参数 α 对结构的抗震性能影响较小,而粘结强度 τ_u 和强度下降时的滑移量 S_u 密切相关(如图 3-76 和图 3-77 所示),因此只把粘结强度出现下降时的滑移量 S_u 作为唯一的随机变量。由于灌浆缺陷比例是随机的,对于任意一个介于 0 至 50% 的缺陷比例,对应的滑移量 S_u 总是可以通过图 3-77 中 0、10%、20%、30%、40%、50% 这 6 条粘结-滑移曲线的插值得到。通过蒙特卡洛数值模拟,循环次数设为 10 000 次,操作流程如图 3-78 所示,得到不确定的粘结-滑移本构模型,如图 3-79。其中,实线表示无缺陷的粘结-滑移关系,灌浆缺陷程度越大,粘结破坏则越早出现,表现为粘结强度提前出现下降,滑移量 S_u 较小。滑移量 S_u 的离散性便代表了粘结-滑移本构模型的离散性,可由图 3-79 的直方图看出。经过统计分析,S_u 的均值为4.18 mm,第 2 至第 5 阶矩分别为 24.35 mm^2、161.80 mm^3、1 139.4 mm^4、8 278.6 mm^5。这些统计结果将用于后面章节中装配式节点和装配式剪力墙抗震性能的不确定性分析。

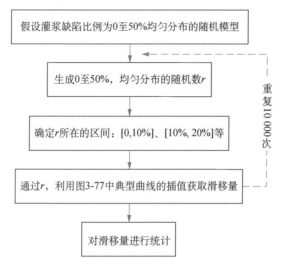

图 3-78 对 S_u 进行统计分析的蒙特卡洛模拟流程

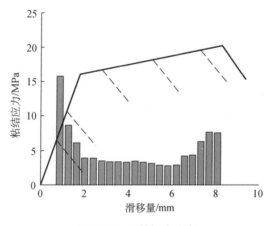

图 3-79 S_u 的概率分布

本章参考文献

［1］中国建筑标准设计研究院. 装配式混凝土结构技术规程：JGJ 1—2014［S］.北京：中国建筑工业出版社，2014

［2］Precast/Prestressed Concrete Institute. New precast prestressed system saves money in Hawaii hotel［J］. PCI Journal,1973,18(3)：10-13

［3］ACI Committee 439. Mechanical connections of reinforcement bars［R］. Farmington Hills：Concrete International,1983：24-35

［4］Ling J H，Abd Rahman A B，Mirasa A K，et al. Performance of CS-sleeve under direct tensile load（part Ⅰ）：failure modes［J］. Malaysian Journal of Civil Engineering，2008，20 (1)：89-106

[5] Ling J H, Abd Rahman A B, Ibrahim I S, et al. Behaviour of grouted pipe splice under incremental tensile load [J]. Construction and Building Materials,2012,33(8):90-98

[6] Ling J H, Abd Rahman A B, Ibrahim I S. Feasibility study of grouted splice connector under tensile load [J]. Construction and Building Materials, 2014,50(10): 530-539

[7] Belleri A, Riva P. Seismic performance and retrofit of precast concrete grouted sleeve connections [J]. PCI Journal, 2012, 57: 97-109

[8] Haber Z B, Saiidi M S, Sanders D H. Seismic performance of precast columns with mechanically spliced column-footing connections[J]. ACI Structural Journal, 2014, 111 (3):639-650

[9] Popa V, Papurcu A, Cotofana D, et al. Experimental testing on emulative connections for precast columns using grouted corrugated steel sleeves [J]. Bulletin of Earthquake Engineering, 2015,13(8): 2429-2447

[10] 中华人民共和国住房和城乡建设部.钢筋连接用灌浆套筒:JG/T 398—2012[S]. 北京:中国标准出版社,2012

[11] 中华人民共和国住房和城乡建设部.钢筋连接用套筒灌浆料:JG/T 408—2013[S]. 北京:中国标准出版社,2013

[12] 中华人民共和国住房和城乡建设部.钢筋套筒灌浆连接应用技术规程:JGJ 355—2015 [S].北京:中国标准出版社,2015

[13] 吴小宝,林峰,王涛.龄期和钢筋种类对钢筋套筒灌浆连接受力性能影响的试验研究[J]. 建筑结构, 2013, 43(14):77-82

[14] 郑永峰,郭正兴,孙志成.新型变形灌浆套筒连接接头性能试验研究[J].施工技术,2014, 43(22):40-44

[15] 钱稼茹,彭媛媛,张景明,等.竖向钢筋套筒浆锚连接的预制剪力墙抗震性能试验[J].建筑结构,2011,41(2):1-6

[16] 卫冕,方旭.钢筋套筒浆锚连接的预制柱试验性能研究[J].佳木斯大学学报(自然科学版),2013,31(3):352-357

[17] 刘家彬,陈云钢,郭正兴,等.螺旋箍筋约束波纹管浆锚装配式剪力墙的抗震性能[J].华南理工大学学报(自然科学版),2014,42(11):92-98

[18] 中华人民共和国公安部. 建筑设计防火规范:GB 50016—2014 [S]. 北京:中国计划出版社, 2014

[19] 戚斑. 近10年亡人火灾统计数据分析及防范对策 [J]. 中国消防, 2017(11): 18-23

第4章
装配式混凝土框架防连续倒塌研究

4.1 装配式空间子结构防连续倒塌性能研究

4.1.1 背景

在常规建筑结构设计中,通常采用基于概率理论的极限状态设计法,包括承载能力极限状态和正常使用极限状态。设计时根据要求采用相应状态的荷载进行组合,但不论是以正常使用和耐久性的规定为目标的正常使用极限状态设计时采用的标准组合、频遇组合和准永久组合,还是以满足安全性功能为要求的承载能力极限状态设计时采用的荷载效应的基本组合,均是以永久荷载和可变荷载作为基准进行不同的组合形式,对偶然荷载作用考虑较少。偶然荷载中考虑最多的是地震作用,通过计算分析及构造设计满足结构的抗震需求,但设计上对于爆炸、冲击、基础失效等极端荷载情况并未考虑在内。然而,这些可能性较低的荷载往往会导致局部构件短时间内完全失效,进而产生更大范围内的结构破坏,引起结构中一系列的连锁反应,甚至导致整体结构的倒塌,造成巨大的生命和财产损失,产生严重的后果。

爆炸、滑坡、火灾、洪水等事件的发生可能对建筑造成较为严重的初始破坏,进而导致建筑的整体失效或者倒塌。《美国建筑荷载规范》(ASCE 7-10)的条文说明1.4中将结构的倒塌根据其对建筑影响的范围分为局部倒塌或者整体倒塌:结构的整体倒塌为由初始的局部破坏蔓延扩展而导致的整体结构的毁坏倒塌;结构的局部倒塌为由初始的局部破坏引起邻近跨度和层数的建筑局部倒塌[1]。我国《建筑结构抗倒塌设计规范》(CECS 392:2014)中将连续倒塌定义为由初始的局部破坏,从构件到构件扩展,最终导致一部分结构倒塌或整个结构倒塌[2]。

当柱、墙或其他承重构件发生局部失效(移除)、失去其原有的结构功能后,其邻近承重构件的受力模式发生较为显著的变化,如框架结构中框架柱失效后,其上方两跨梁的中部由承受负弯矩转变为承受正弯矩,其上方柱由受压变为受拉,与原有设计荷载差异较大。初始的结构破坏对周边梁、柱或墙产生作用,可能引起更多的承重构件破坏并进一步扩大影响。此外,初始的结构破坏会引起其支撑的部分变形较大,远远超过建筑正常使用状态下的限值。研究这些与常规设计具有显著区别的受力及变形特性,需要在当前的设计基础上,专门针对连续倒塌的目标考察结构整体在部分构件失效后剩余结构体系的受力模式及承载能力。

1968年在英国Ronan Point公寓发生的倒塌事故引起了国内外工程界的广泛关注与重视[3],促进了与连续倒塌相关理论研究的开展,并推动了相关规范的修改编纂。英国是最早将建筑结构连续倒塌编入规范的国家,早在1976年即在建筑法案修正案中对建筑的连续倒塌性能提出了相应的要求,同期美国也有相关的研究和分析方法的探讨。而1995年美国Alfred P. Murrah联邦政府办公楼的爆炸倒塌事故及随后2001年纽约世界贸易中心由于飞机撞击导致的火灾引起的结构倒塌事故使得结构的连续倒塌问题受到了广泛关注,进而引发大量关于建筑结构倒塌问题的理论与试验研究[4],美国及很多其他国家均因此在建筑规范中完善了与结构抗连续倒塌相关的条文,并相继颁布了结构抗连续倒塌设计的专业规范。在"9·11"事件之后,我国也陆续针对建筑的连续倒塌进行了大量的分析研究,涌现了大量的研究成果,在《混凝土结构设计规范》(GB 50010—2010)[5]、《高层建筑混凝土结构技术规程》(JGJ 3—2014)[6]中对结构的抗连续倒塌设计提出了相应的要求,中国工程建设标准化协会还颁布了专门的抗倒塌规范《建筑结构抗倒塌设计规范》(CECS 392:2014)[2],充分体现了建筑设计上对结构连续倒塌的重视。

我国早在20世纪50年代就提出了建筑工业化的概念[7],参照苏联的做法在全国推广实行标准化和工厂化的预制装配建筑。随着我国建筑工业化的推广,装配式建筑逐渐崭露头角。建筑装配式是将不同类型的房屋按照位置或功能划分成各种组成部分,将工厂统一制作完成的各部分在现场进行拼接安装。装配式建筑按照建筑材料分为装配式钢结构建筑和装配式混凝土建筑,其中装配式混凝土建筑按照其装配化程度可分为全装配式和部分装配式,按照其结构体系可分为框架结构体系、剪力墙结构体系及框架-剪力墙结构体系三大类[8]。作为传统的建筑体系,框架结构建筑应用十分广泛,装配式混凝土框架结构的研究与应用推广具有十分重要的意义。

发生首例结构连续倒塌事件的英国Ronan Point公寓为装配式钢筋混凝土板式结构体系。装配式建筑具有建造速度快、劳动力需求低、经济便捷等工业化特点,适应当今建筑需求量大、劳动力短缺的现状,但也存在钢筋连接质量难以控制、节点处较为薄弱的问题,这正是影响建筑连续倒塌性能的关键部位。对于装配式混凝土建筑,尤其是装配式混凝土框架结构体系的建筑,研究其抗连续倒塌性能是当前推广装配式建筑亟须解决的问题。

4.1.2 装配式混凝土框架空间子结构连续倒塌试验

本章通过拟静力试验对一个三梁四柱的装配整体式钢筋混凝土框架空间子结构试件进行了连续倒塌试验研究。对试件的设计方案、加载方案、测量方案进行了详尽介绍,对试验全过程现象及失效模式进行了分析,对包括作用荷载、竖向位移、各方向挠度曲线及钢筋和混凝土应变等测量结果进行了总结,以研究空间框架的连续倒塌性能。本章的试验结果为后续装配式混凝土空间框架子结构的连续倒塌数值分析奠定了验证基础。

一、试件设计

(1) 原型结构

对于常规的多层框架结构建筑,外围框架是整体结构中有较大倾向发生爆炸、火灾或其他偶然荷载导致构件发生突然失效的部分,现有的研究中[9-12]也多以多层框架结构的外侧框架作为试验或理论对象。根据《装配式混凝土结构技术规程》(JGJ 1—2014),装配整体式结构可以用与现浇混凝土结构相同的方式进行结构设计分析[13]。参考典型试验设计,并考虑后续数值模拟需求,本章原型建筑选为 5 层的多层钢筋混凝土框架结构,结构平面及立面尺寸如图 4-1 所示,图中标注单位均为 mm。结构平面柱网尺寸为 6 000 mm× 6 000 mm,纵向 5 跨共计 30 m,横向 4 跨共计 24 m。结构首层高度为 4.2 m,其余各层高 3 m,总高度为 16.2 m。

建筑结构设计依据《建筑结构荷载规范》(GB 50009—2012)[14]、《混凝土结构设计规范》(GB 50010—2010)[5]、《建筑抗震设计规范》(GB 50011—2010)[15]进行。混凝土选用 C35,纵向受力筋为 Ⅲ 级钢筋 HRB400,横向箍筋为 Ⅰ 级钢筋 HPB300。建筑结构抗震设防 6 度,地震分组为第一组,场地类别为 Ⅱ 类,框架抗震等级为四级。按照常规民用建筑荷载取值,混凝土容重取为 26 kN/m³,楼板厚度取为 150 mm,结构荷载如表 4-1 所示。

采用设计计算软件盈建科对整体结构进行构件尺寸及配筋计算,如图 4-2 所示。根据计算结构,框架柱尺寸选用 500 mm×500 mm,框架梁选用 300 mm×600 mm。再根据现有构件尺寸、荷载条件手算配筋,与盈建科计算结果综合对比,配筋结果见表 4-2 所示。梁、柱构件根据《建筑抗震设计规范》抗震设计要求,端部箍筋加密,梁、柱箍筋加密区长度分别为 900 mm、500 mm。

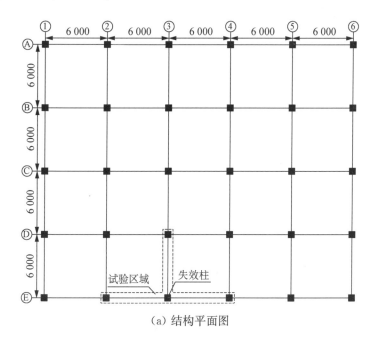

(a) 结构平面图

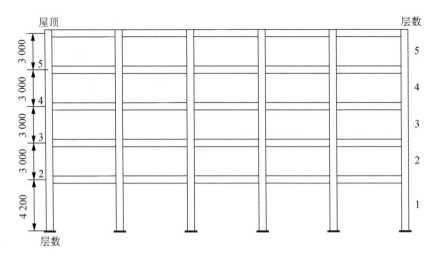

（b）结构立面图

图 4-1 试验原型示意图

表 4-1 模型荷载取值

荷载类别	荷载标准值
楼层恒载	2 kN/m²（含板自重 5.9 kN/m²）
屋顶恒载	4.5 kN/m²（含板自重 8.4 kN/m²）
楼层活载	2 kN/m²（储藏室 5 kN/m²）
屋顶活载	2 kN/m²
外框架线荷载	20 kN/m
内框架线荷载	18 kN/m

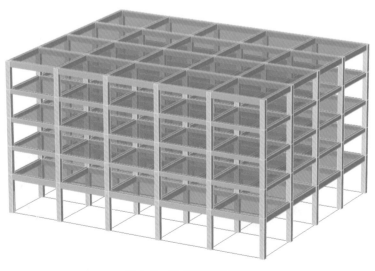

图 4-2 盈建科计算模型

表 4-2　框架结构配筋

截面位置	纵筋	纵筋配筋率	箍筋
梁端部	3 Φ 25(顶部);2 Φ 25(底部)	0.85%;0.57%	双肢 φ 8@100
梁跨中	2 Φ 25(顶部);2 Φ 25(底部)	0.57%;0.57%	双肢 φ 8@200
框架柱	12 Φ 25	2.534%	双肢 φ 8@200

注:梁、柱的混凝土保护层厚度分别为 25 mm、35 mm;配筋率按照 $\rho = A_s/(bh_0)$ 计算,其中 h_0 为截面有效高度。

(2)试验模型

考虑试验室的场地条件及仪器情况,根据原型结构进行比例缩尺,结构的缩尺试件比例系数应不小于 1/4[16],因此选取 2/3 缩尺的梁柱子结构,配筋见表 4-3 所示。柱截面尺寸为 350 mm×350 mm,梁截面尺寸为 200 mm×400 mm。混凝土选用 C35,纵筋、箍筋分别选用 HRB400、HPB300。试件为与失效中柱相连的共三梁四柱的子结构,中柱即为缩尺框架柱尺寸。试验主要考察梁的性能,边柱主要作用是为梁端提供可靠锚固,故采用扩大的截面尺寸 400 mm×400 mm。考虑到试件的锚固需与防灾实验室地槽匹配,在边柱下端设置柱脚,柱脚尺寸为 1 500 mm(长)×800 mm(宽)×600 mm(高)。为与实验室地槽配合,侧梁边柱的柱脚单向加长至 1 950 mm。

梁柱子结构试件配筋图如图 4-3 所示,梁钢筋端部采用 90°钢筋弯曲锚固。根据《装配式混凝土结构技术规程》(JGJ 1—2014)[17]及《装配式混凝土结构连接节点构造》(15G310-1~2)[18]的要求,梁钢筋锚固长度为 550 mm,预制梁长 3 600 mm,高度为 300 mm,箍筋在预制梁上侧开口,便于后续整体浇筑前放置后浇部分纵筋。子结构试件的梁高增至420 mm。箍筋由两部分组成,除预制部分的开口箍筋外,还有一部分箍筋是后续放置,在图 4-3 中有后续箍筋部分尺寸。预制梁端部钢筋锚固进柱子中,柱下方钢筋弯曲锚固至柱脚。

表 4-3　框架 2/3 缩尺结构配筋

截面位置	纵筋	纵筋配筋率	箍筋
梁端部	3 Φ 16(顶部);2 Φ 16(底部)	0.75%;0.50%	双肢 φ 8@75
梁跨中	2 Φ 16(顶部);2 Φ 16(底部)	0.50%;0.50%	双肢 φ 8@150
框架柱	12 Φ 20	3.366%	双肢 φ 8@150

注:梁、柱的混凝土保护层厚度分别为 20 mm、30 mm;配筋率按照 $\rho = A_s/(bh_0)$ 计算,其中 h_0 为截面有效高度。

二、试验方案

预制装配式混凝土框架空间梁柱子结构的连续倒塌试验通常采用单调位移控制加载,试验过程中需要控制及测量的数据较多,因此对各测量的量进行分组。由于是装配整体式构件,需要分两批浇筑成型,每批均需留置一定数量的钢筋及混凝土试样进行材性试验。

框架子结构连续倒塌静力试验的加载主要通过千斤顶的单调 pushdown 加载实现。大

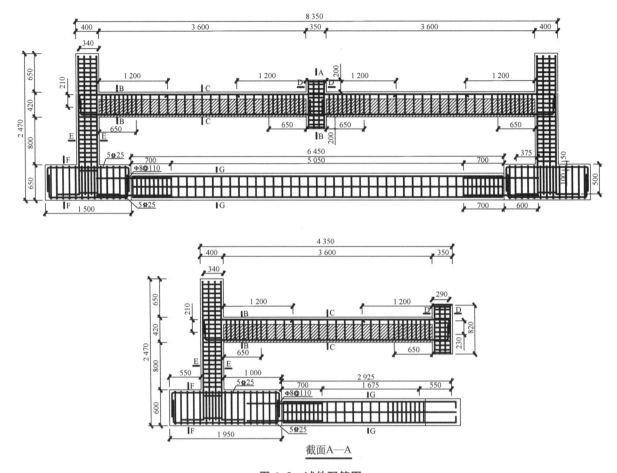

图 4-3　试件配筋图

位移变形的加载需求主要是在一定荷载下有足够的加载行程,以保证试验加载的连续进行。

　　空间框架子结构试件的加载采用液压千斤顶进行,加载装置如图 4-4 所示。结构浇筑完成后,在失效柱下方放置一个机械千斤顶和一个力传感器,替代框架中柱的作用,使梁在加载前保持原有状态。为保证失效中柱上侧中心加载,在中柱四周放置两对反力架,中间设置横梁,横梁下侧与中柱顶之间约 1 420 mm,依次放置钢垫板、球铰、力传感器、千斤顶和球铰。

　　根据文献[19]的结论总结出约束梁构件的极限转角平均值为 10.65°,初步计算出本试验试件的极限竖向位移约为 739.2 mm。失效中柱上侧放置了 1 个液压千斤顶和 1 个螺旋千斤顶串联。液压千斤顶为双节控制,30 t,作用行程 700 mm,采用手动液压泵施加荷载。为保证加载行程足够,且满足横梁与中柱之间的空间,增加 30 t、作用行程为 200 mm 的机械千斤顶放置在液压千斤顶下方。现有连续倒塌试验中多数通过设置约束控制了中柱的转动,保证中柱在试验过程中持续向下加载。本试验中未设置中柱约束,与失效中柱在实际倒塌过程中的响应更接近,但需要考虑试验过程中中柱在平面外和平面内可能发生的较大偏转。因此,在中柱上表面及反力架横梁下表面各设置一个球铰,最大限度保证加载装置及中柱的偏转需求。

为保证试验过程中仪器和人员的安全,设置了一系列防跌落措施。紧贴横梁下表面设置了钢制防护网,内置 2 个钢板和 1 个球铰,用钢丝固定在反力架横梁上。钢制防护网外与球铰相邻的是 30 t 量程的力传感器,力传感器单独用钢丝绑在反力架横梁上,千斤顶上也有相应的钢丝进行防护。液压千斤顶的液压泵放置在距离中柱较远的地面,防止跌落砸伤人员。

失效中柱下方的螺旋千斤顶吨位为 20 t,加载行程为 180 mm。由于螺旋千斤顶高度有限,下方增垫 300 mm 高混凝土块。螺旋千斤顶主要承荷为构件自重,力传感器采用 10 t 已满足相应需求。

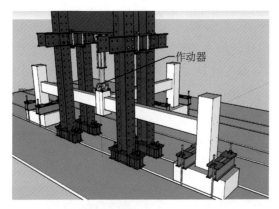
（a）装置示意图

（b）现场装置图

图 4-4   试验加载装置图

（1）加载程序

装配整体式混凝土空间框架梁柱子结构的连续倒塌静力试验加载总过程主要分成 3 个部分,见表 4-4 所示。

第①部分为自重卸载阶段。按照 5 kN 一级进行,逐级卸载至螺旋千斤顶受力为零。

第②部分为力控制阶段。按照 5 kN 一级加载,后续可根据加载进度调整为 10 kN 一级进行,每级持荷 5 min。

第③部分为位移控制阶段。荷载达到峰值后,按照位移控制加载,采用 20 mm 一级,每级持荷 10 min,直至钢筋断裂,试验结束。

表 4-4   试验加载程序

加载阶段	单级变量	终止标志
自重卸载	5 kN	螺旋千斤顶受力为零
力控制加载	5 kN	荷载达到峰值
位移控制加载	20 mm	钢筋断裂

（2）测量方案

试验中力的测量主要是螺旋千斤顶和液压千斤顶的荷载值，选用力传感器直接测定加载量值。根据加载需要，并与千斤顶吨位配合，选用的力传感器分别为 10 t 及 30 t 的荷载传感器。试验前采用压力试验机对力传感器进行标定，试验过程中采用北京泰瑞金星仪器有限公司的 YJZ-16 型智能数字应变仪对应变量进行采集，根据标定时测定的荷载值对加载量进行控制。

构件中的位移测量系统分为两部分，一部分由 10 个电子尺进行测量，另一部分由 12 个百分表测量。

电子尺用于测量框架梁不同位置的竖向位移，电子尺选用深圳德标精密科技有限公司生产的直线位移传感器，如图 4-5 所示。位移传感器有 3 种不同的型号，分别为 LWH-1000、LWH-650 和 KTC-400，三者行程不同，分别用于不同的梁区段。LWH-1000 数量为 1 个，行程为 1 000 mm，用于失效中柱处最大的位移测量；LWH-650 数量为 3 个，行程为 650 mm，用于框架梁近中柱端 1/3 跨度处；KTC-400 数量为 6 个，行程为 400 mm，分别用于框架梁跨中截面及近边柱端 1/3 跨度处。KTC 系列为普通精度 0.05 mm，行程较大时精度变低，故大行程电子尺采用 LWH 的精度加强系列，精度在大位移下保持0.05 mm。电子尺采集数据后通过数显器输出，数显器读数精确至 0.1 mm，可以逐级人工读取记录。

（a）电子尺尺身 　　　　　　　　　　（b）数显器

图 4-5　直线位移传感器

百分表主要用于测量边柱的固定情况，包括边柱外侧面梁轴线处、柱脚外侧面中点位置、柱脚上表面两端部位置在试验加载过程中的固定情况。百分表的量程为 50 mm，采用人工读数记录。百分表及电子尺的布测图如图 4-6 所示，除 4 号电子尺位于中柱侧面外，其余各电子尺均置于梁顶面中轴线处，间距为 1 200 mm，百分表及电子尺均采用对称布置。

电子尺通过固定装置安置在框架梁上方，百分表的固定装置位于柱脚外侧。电子尺和百分表的测量装置如图 4-7 所示。固定装置均由钢结构焊接制作，根据电子尺高度及最上侧百分表高度确定固定装置的高度。固定装置应当具有足够的刚度和稳定性，保证试验过程中测量数据的准确性。

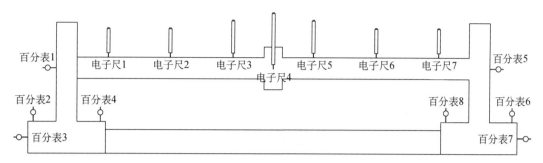

（a）平面内

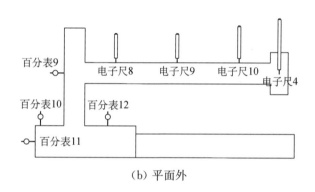

（b）平面外

图 4-6　位移测量布置图

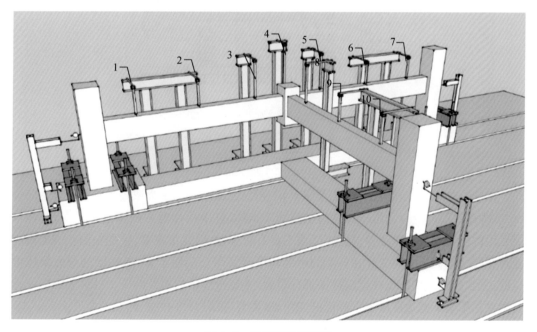

图 4-7　位移测量装置图

（1～10 为电子尺编号）

（3）应变测量

应变的测量包括混凝土和钢筋的应变测量。钢筋及混凝土的应变片主要布置在梁端截面、梁中截面、柱下段上截面和柱下段下截面处，共计 78 个钢筋应变片、30 个混凝土应变片，各应变片位置及编号如图 4-8、图 4-9 所示。图中，前缀 St 表示钢筋应变片编号，前缀 Ct 表示混凝土应变片编号。

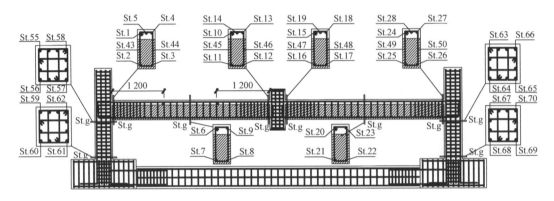

(a) 平面内

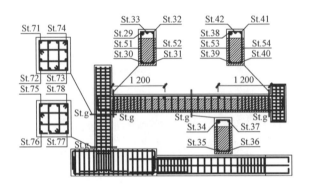

(b) 平面外

图 4-8　钢筋应变片布置图

（St.g 表示钢筋应变测量断面）

钢筋应变片中，St.1～St.42 为梁纵筋应变片，St.43～St.54 为梁箍筋应变片，St.55～St.78 为柱纵筋应变片。由于试件为空间框架结构，且中柱移动方向未设置约束，结构可能发生的扭转现象会导致各梁的应变值不具有对称性，因此每根梁、柱的布测截面均有应变片布置。梁纵筋的应变片在各梁的中部和端部截面全截面布置，考察梁的弯曲及拉伸效应；梁箍筋的应变片仅在梁端截面部分布置，主要考察梁的扭转效应。柱纵筋的应变片布置在框架梁下侧边柱段上下截面的四角处，主要考察边柱内的拉伸及弯曲效应。

混凝土应变片中，Ct.1～Ct.18 为梁混凝土应变片，Ct.19～Ct.30 为柱混凝土应变片。梁的混凝土应变片布置在布测截面的上下表面，柱的混凝土应变片布置在与边柱相连的梁受弯平面内。

应变片采用浙江黄岩测试仪器厂的电阻应变计,纵筋选用 BHF 系列的 BX120-5AA,箍筋选用 BX120-3AA,混凝土应变片选用同系列 BX120-80AA。应变片的数据采集选用东华测试 60 通道的 DH3816 及 DH3816N 静态应变仪,接线时根据应变片粘贴位置的不同分别设置钢材和混凝土的温度补偿片。

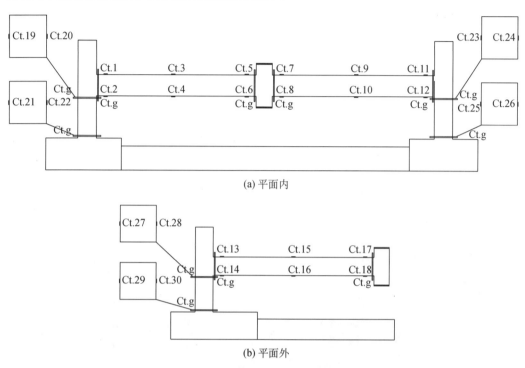

(a) 平面内

(b) 平面外

图 4-9　混凝土应变片布置图

(Ct.g 表示混凝土应变测量断面)

(4) 材料性能测量

根据现行国家标准《普通混凝土力学性能试验方法标准》(GB/T 50081—2002)[20]的规定,每批浇筑的混凝土中均选取 3 个150 mm×150 mm×150 mm 的混凝土立方体试件留样。预制梁及后浇部分共计预留 6 个混凝土立方体试件。

根据《钢及钢产品力学性能试验取样位置及试样制备》(GB/T 2975—1998)[21]的规定,钢筋试样应在制作试件的同批钢筋中抽取,每种规格的钢筋按有关标准取不少于 2 个试样。每批次钢筋每种规格预留 3 个钢筋试样,各钢筋试样长度均为 500 mm。预制梁部分,直径 8 mm 及 16 mm 的钢筋各留 3 根;后浇部分,直径 8 mm、16 mm、20 mm 及 25 mm的钢筋共留 12 根。

三、试验结果

按照加载程序分三阶段对试件进行连续倒塌试验加载,加载前的试件及装置见图 4-10。

开始试验时,将各应变仪读数置零并读取各电子尺及百分表初始读数。在平面内及平面外各放置一个三脚架固定相机,定点观测每级梁的变化。自重卸载阶段,中柱上方千斤顶与球铰未接触,完全卸空中柱下方螺旋千斤顶,下侧传感器的读数即为自重下失效中柱处的轴力。

第二阶段为上方液压千斤顶加载至承载力峰值(202.236 kN)的过程,采用力控制加载。荷载加至 33.721 kN 时,在左梁近中柱端下侧、右梁近中柱端下侧和侧梁边柱端均出现第一条裂缝。荷载达到 44.256 kN 时,左梁近边柱端开始出现裂缝;荷载达到 52.201 kN 时,右梁近边柱端开始出现裂缝,结构呈现初始扭转。此后左梁、右梁的两端处陆续出现裂缝,侧梁的裂缝均匀等距出现并不断加深。竖向加载至位移为 86.0 mm 时结构抗力达到顶峰。

第三阶段为按位移控制加载阶段,每级加载竖向位移 20 mm 直至钢筋拉断终止试验。竖向位移 186.0 mm 时左梁近中柱端底部 2 根钢筋发生断裂,承载力大幅降低了34.3%,钢筋的断裂导致平面内双跨梁的不对称性加剧,结构扭转进一步加强。竖向加载至146.0 mm 时,侧梁近边柱端主裂缝加宽;位移达到 350.2 mm 后,侧梁近边柱端的弯曲段内等间距的主裂缝不断加宽。后续位移分别达到 550.7 mm、581.9 mm 及 588.9 mm 时,在左梁顶面的 3 根钢筋处发生连续断裂,结构失效,终止加载。

图 4-10 装配整体式混凝土空间框架子结构试件及装置图

(1) 荷载位移曲线

图 4-11 为加载过程中施加的荷载与中柱竖向位移的关系曲线。中柱失效的情况下,子结构的受力机制根据受力情况可分为拱机制、梁机制和悬链线机制,实际结构采用复合受力机制作用[22]。本章主要从轴力角度对子结构连续倒塌过程进行分析,将全加载过程分为压拱作用阶段和悬链线作用阶段两个部分,根据 0 节边柱侧向位移和 0 节梁内纵筋应变结果对子结构受力机制进行划

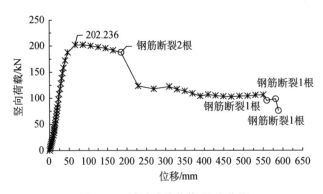

图 4-11 试验试件荷载-位移曲线

分。在压拱作用阶段初期结构处于弹性工作阶段,结构的竖向位移随荷载线性变化。压拱作用阶段是双跨梁内轴向压力发展的重要过程,而悬链线阶段表示梁内轴向拉力形成的阶段[23]。竖向荷载达到 69.892 kN 时,中点位移为 18.1 mm,左梁近边柱端的顶部钢筋屈服,结构由弹性状态进入弹塑性状态。平面内双跨框架梁近边柱端承受负弯矩,近中柱端承受正弯矩。随着梁内近边柱端上侧裂缝和梁内近中柱端下侧裂缝的开展,梁近中柱端中性轴不断上移,梁近边柱端中性轴不断下降,中柱施加的竖向荷载使梁内承受类似拱状的压力作用,并将边柱持续向外推,当梁近中柱端的中性轴高度和梁近边柱端的中性轴高度一致时结构达到压拱作用承载力。当中点位移达到 86 mm 时,竖向荷载达到 202.236 kN,为压拱作用阶段峰值。此后,由于梁近中柱端上侧和梁近边柱端下侧受压区混凝土压溃,随着竖向位移的增长,荷载开始缓慢降低。竖向位移达到 186.0 mm 时,左梁近中柱端底部钢筋发生断裂,钢筋的断裂使梁内的受力钢筋减少,导致承载力出现大幅降低。当子结构由压拱作用阶段变为悬链线作用阶段时,梁内轴向受力方向改变,边柱水平位移发生变化,梁内部承受拉力作用并趋于均匀。在加载的最后阶段,结构的大位移变化使梁端塑性铰区域的钢筋变形增大,逐渐达到其极限拉应变。在中点位移分别达到 559.3 mm、581.9 mm 和 588.9 mm 时,左梁近边柱端顶部 3 根纵筋分别发生断裂,梁柱空间子结构承载力急剧降低,结构发生倒塌破坏。

中柱失效下装配式空间框架子结构抗力分为压拱作用抗力和悬链线作用抗力。表 4-5 列出了各阶段的承载力值及压拱阶段、悬链线阶段相对于压拱阶段内弹性段的抗力提升。

表 4-5　试验各阶段抗力对比

作用阶段	弹性阶段	压拱阶段	悬链线阶段
承载力/kN	69.892	202.236	106.41
相对弹性阶段抗力比值	—	2.89	1.52

(2)挠度曲线

梁顶面位移计测得的各特定阶段梁的挠度曲线如图 4-12 所示。在图中,对左柱、右柱和侧柱以及各梁的位置进行了示意,后文中没有特别说明的情况下,均按该示意图名称进行指代。

在小位移下,各梁相对于中柱的位置处竖向位移接近,为轴对称分布。随着中柱竖向位移的增大,侧梁距中柱相同位置处的挠度相对平面内梁较小,平面内的双跨梁挠度分布仍然对称。当位移进一步增大,结构进入压拱阶段后半段及悬链线阶段后,由于裂缝的开展及主裂缝的形成,各梁出现不同程度的弯曲,且由于左梁近中柱端底部钢筋的断裂导致的柱头偏转在位移的进一步增大下引起左右梁的不对称变形及侧梁的偏转。在整个悬链线阶段,可以清楚地看到左梁和右梁变形的不对称性:同一位置处左梁的位移较右梁更大,并最终于左梁发生近边柱端的顶部钢筋断裂。相较于结构平面内的竖向位移,平面外的位移,即侧梁的位移更小,且在大位移下趋势更明显,呈现明显的类悬臂梁弯曲形态。

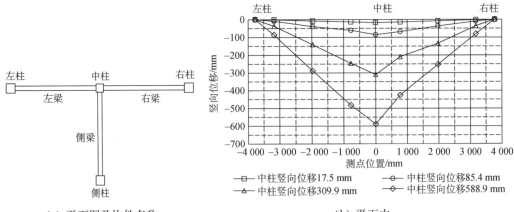

（a）平面图及构件名称　　　　　　（b）平面内

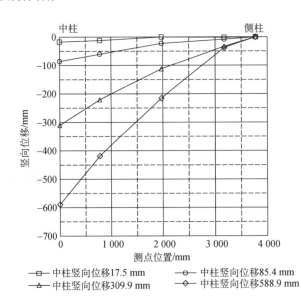

（c）平面外

图 4-12　空间子结构挠度曲线

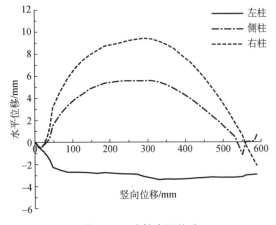

图 4-13　边柱水平位移

（3）侧向位移

边柱在梁中轴线处的水平位移随中柱竖向位移的变化如图 4-13 所示，图中水平位移的正向表示相对中柱方向向外移动，负向表示相对中柱方向向内移动。对平面内的双跨梁，在加载初始至弹性作用阶段，各梁相对中柱向内移动了最大 0.5 mm 的微小位移；进入压拱作用弹塑性阶段之后，梁内的压力作用使得边柱受到推力向外持续移动。

由于柱头未受约束,各种偶然因素综合,对子结构产生的非线性作用导致左柱、右柱变形存在差异,趋势一致但数值不同,同一位移下右柱相较左柱大 70% 左右。当中柱位移加载至较大值时,结构由压拱阶段转入悬链线阶段,梁内的拉力作用使边柱由相对于中柱向外转为向内,这一过程持续至悬链线阶段的终点。当中柱竖向位移达到 550.7 mm 时,左梁近边柱端上侧的钢筋断裂,使原本由梁内拉力导致的左柱相对中柱向内的趋势发生转向,随后裂缝的开展及更多的钢筋断裂加剧了这一过程。

对于平面外的侧梁,其水平位移的变化趋势较平面内双跨梁不同。由于梁近中柱端缺乏足够的约束,不能形成类似平面内双跨梁的压拱和悬链线作用,其变形及受力更趋近于悬臂梁。在加载前期,达到整体子结构压拱阶段峰值之前,侧柱在中柱的竖向位移作用下,经历了相对中柱向内移动的过程;相对中柱向内移动约 2.8 mm 后,由于侧梁近边柱端塑性铰的发展及作用,侧柱仅产生转动,水平位移接近不变。

根据前面所述,采用钢压梁及地梁约束的柱脚在试验过程中的水平及内外竖向位移如图 4-14 所示。与边柱水平位移趋势类似,侧柱的柱脚在加载全过程中的变化微小,竖向位移及水平位移均不超过 0.05 mm;右柱柱脚的各项位移均较左柱柱脚大,除与平面内边柱水平位移发展趋势相同的原因外,还存在钢压梁约束不足的可能。柱脚的竖向位

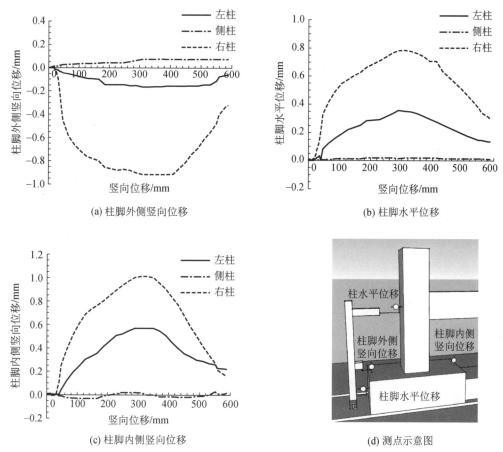

(a) 柱脚外侧竖向位移

(b) 柱脚水平位移

(c) 柱脚内侧竖向位移

(d) 测点示意图

图 4-14   柱脚位移

移及水平位移由边柱的位移及内力决定,随边柱水平位移方向变化发生转向。

整体上看,不论是柱脚内、外侧竖向位移还是柱脚水平位移,在试验过程中的位移变化值均不超过 1 mm,相对整体子结构的大位移变形状态几乎可以忽略不计,在后续的建模过程中可以将柱脚视为固定约束。

(4) 应变结果

图 4-8 和图 4-9 为结构钢筋应变片和混凝土应变片的布置情况及各点编号,本节应变片编号与应变片布置编号一致,全部应变片分为梁纵筋应变、梁箍筋应变、柱纵筋应变、梁混凝土应变及柱混凝土应变 5 部分。

梁内纵筋的应变片情况如图 4-15 所示,图中纵筋屈服应变根据实测的钢筋屈服应力经换算得到,钢筋极限应变依据《混凝土结构设计规范》(GB 50010—2010)6.2.1 节取为 0.01,即 10 000 $\mu\varepsilon$。根据梁内各截面应变整理的梁内纵筋屈服情况如表 4-6 所示。当竖向位移为 18.1 mm 时,左梁近边柱端梁顶钢筋率先屈服,结构由弹性阶段进入弹塑性阶段。中柱进一步的竖向变形使左梁近中柱端梁底钢筋随后屈服。稍晚于左梁的钢筋屈服,右梁依次于近边柱端梁顶处和近中柱端梁底处发生钢筋屈服。中柱竖向位移加载至47.1 mm时,侧梁近边柱端梁顶钢筋进入屈服状态,同时左梁近边柱端纵筋全截面达到屈服。继续加载至 65.9 mm时右梁近边柱端也达到了全截面屈服状态。结构达到压拱阶段承载力之前,梁内纵筋应力不断增长并依次达到屈服。竖向位移达到 86.0 mm 时,左梁近中柱端及右梁近中柱端纵筋全部达到屈服状态,至此平面内双跨梁梁内纵筋全屈服,子结构达到压拱阶段峰值。侧梁近边柱端钢筋应力较平面内双跨梁小,至中柱竖向位移 269.9 mm 才达到全截面屈服。整体来看,双跨梁均由边柱端至中柱端屈服发展,但左梁屈服早于右梁,这是由结构的非线性及各种偶然因素导致的左右梁受力不对称,该不对称性先在截面层次有一定的体现,当结构发生钢筋断裂并进入大位移变形状态时,在结构层面可以观察到不对称应力累积产生的结构变形的差异。与上一节对比可知,纵筋屈服变化与结构竖向位移变化一致。

在框架子结构连续倒塌静力试验中,梁是试验及研究的主体。通过梁内纵筋的变化能从截面及构件层面体现出结构的梁作用、压拱作用及悬链线作用各个结构机制。对比图 4-15(a)(b)双跨梁近边柱端应变可知,梁顶部钢筋 St.4、St.5、St.24、St.27、St.28 在加载全过程均为受拉状态,底部钢筋 St.2、St.3、St.25、St.26 则处于受压状态。图 4-15(c)(d)为左右梁跨中截面钢筋应变,可见在后期承载阶段,梁顶部钢筋 St.6、St.9、St.20、St.23 处于受拉状态,梁底部钢筋 St.7、St.8、St.21、St.22 处于受压状态。综合图 4-15(e)(f)中双跨梁近中柱端的应变,梁底部钢筋 St.12、St.16、St.17 的全过程受拉状态与梁近边柱端截面顶部钢筋受力对应,顶部钢筋 St.10、St.13、St.14、St.15、St.18、St.19 的全过程受压状态与梁近边柱端截面底部钢筋受力状态相称,二者对应的应力状态是结构层面上的压拱阶段中,梁近中柱端截面上侧与近边柱端截面下侧形成的混凝土压应力区内钢筋受压的体现;压拱作用区域外侧的钢筋由于截面变形的影响受到拉力作用。由于结构所受的压拱作用较强,且在压拱阶段内发生了梁底部钢筋受拉断裂的现象,双跨梁近边柱端下侧钢筋及近中柱端上侧钢筋在后续的悬链线作用阶段中仍然呈现压应力状态,削弱了可由

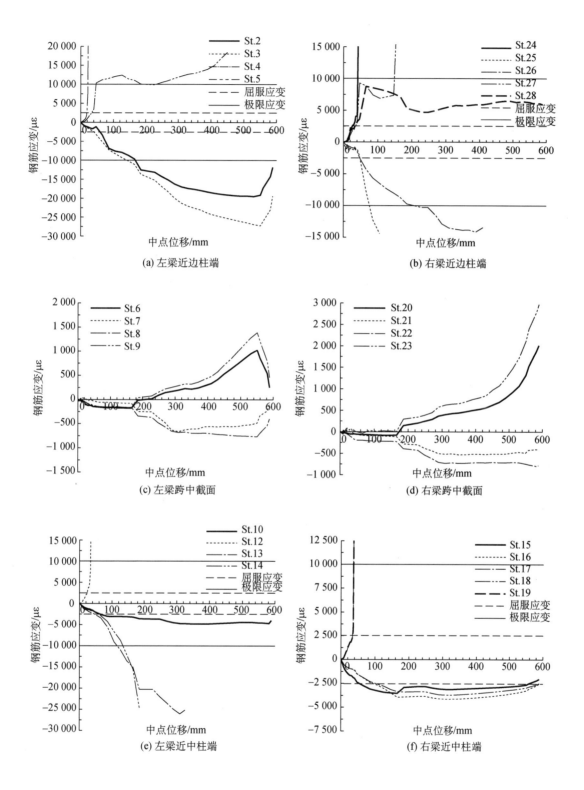

(a) 左梁近边柱端

(b) 右梁近边柱端

(c) 左梁跨中截面

(d) 右梁跨中截面

(e) 左梁近中柱端

(f) 右梁近中柱端

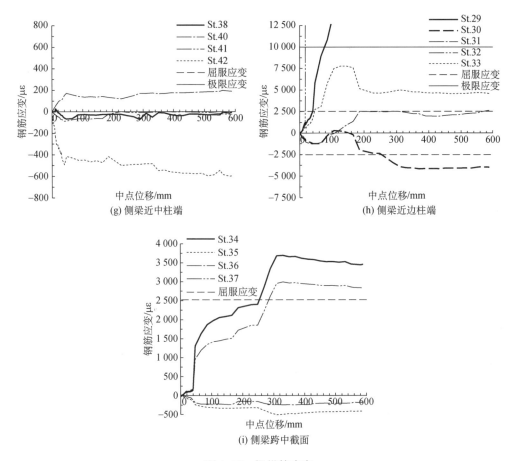

图 4-15　梁纵筋应变

全截面受拉的典型悬链线效应下子结构的后期承载力。左梁右梁跨中截面的应力趋势基本一致,右梁应力值略大于左梁,仅在试验后期左梁近边柱端上侧发生钢筋断裂时,左梁由于钢筋断裂释放了部分能量引起钢筋应力减小,而右梁跨中应力保持持续增长。

表 4-6　梁内纵筋屈服情况

竖向位移/mm	荷载/kN	事件
18.1	69.892	左梁近边柱端梁顶钢筋屈服
23.2	97.915	左梁近中柱端梁底钢筋屈服
29.4	128.357	右梁近边柱端梁顶钢筋屈服
36.0	158.193	右梁近中柱端梁底钢筋屈服
47.1	187.915	侧梁近边柱端梁顶钢筋屈服
		左梁近边柱端纵筋全屈服
65.9	202.079	右梁近边柱端纵筋全屈服
86.0	202.236	左梁近中柱端纵筋全屈服
		右梁近中柱端纵筋全屈服
269.9	117.810	侧梁近边柱端纵筋全屈服

  侧梁纵筋变化也体现了其类悬臂梁行为。侧梁近中柱端应力水平较小,越靠近边柱端截面上侧纵筋拉应力越大。在跨中截面,顶部钢筋 St.34、St.37 在竖向位移 300 mm 之前均达到屈服;对侧梁近边柱端截面,顶部钢筋 St.29、St.32、St.33 在竖向位移 50 mm 之前全屈服,并一直保持较高的应力水平。由于平面内双跨梁的不对称性导致中柱在平面内发生偏转,引起侧梁端部产生扭转,进一步导致侧梁近边柱端底部钢筋由受拉转变为部分受拉,St.31 在结构达到压拱阶段峰值后应力发生转向,其拉应力值与同为底部钢筋的 St.32 的压应力值接近。

  图 4-16 为梁内箍筋的应变片情况,(a)(b)(c) 分别为左梁、右梁及侧梁的箍筋应变图,(d)(e)为综合绘制的平面内梁近边柱端和近中柱端的箍筋应变。由图可知,左梁箍筋均为受压,截面外侧(平面内梁截面以向侧柱方向为内侧,侧梁以左柱方向为内侧,以下皆同)的箍筋 St.44、St.46 压应变值较大,近边柱端内侧 St.43 压应变较小,近中柱端内侧几乎没有应变作用。右梁与左梁箍筋应变略有不同,近边柱端箍筋内外侧应变均匀且受压应变值较大,近中柱端为拉应变且应力水平较低。侧梁箍筋应变整体偏小,且与其纵筋规律一致,由于平面内左右梁的受力不对称性而产生的扭转引起侧梁内外侧箍筋应力受力相反,数值水平相近。通过比较平面内边柱端的箍筋应变可知,除左梁外侧箍筋应力较小外,其余箍筋均超过屈服应变并达到 4 000 με。对平面内近中柱端的箍筋,应力水平总体偏小,仅左梁外侧相对较大并达到屈服应变。平面内双跨梁的应力状态受侧梁弯曲导致的中柱平面外偏转影响,柱头偏转导致平面内梁受到扭转作用,进而引起梁内侧压应力减小,中柱处的扭转作用对平面内梁近边柱端的作用最显著。

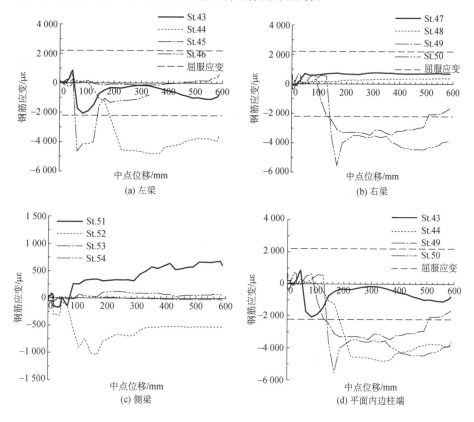

(a) 左梁   (b) 右梁

(c) 侧梁   (d) 平面内边柱端

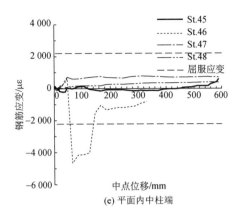

(e) 平面内中柱端

图 4-16 梁箍筋应变

图 4-17 为柱纵筋的应变片情况。可以看出,作为锚固端的柱内纵筋应力水平不大,除侧柱上截面(柱上截面为柱中接近梁底的截面)及右柱下截面(柱下截面为柱中接近柱脚的截面)外,均未达到屈服水平。对平面内的左柱和右柱,柱上截面内侧(边柱以中柱方向为内侧,以下皆同)的 St.57、St.58、St.63、St.64 纵筋全过程受拉,加载初始至位移50 mm 之前,钢筋应变增长较快,之后随中柱竖向位移的变化缓慢增长;柱上截面外侧的St.55、St.56、St.65、St.66 在试验过程中保持受压状态,与内侧纵筋受力变化趋势相同但数值较小,可知左右边柱上截面中性轴位置偏向柱截面外侧,呈现拉弯组合作用。左柱与右柱上截面的钢筋应变趋势在加载后期有所不同,与前文左梁近边柱截面纵筋受力变化原因相同,左柱在后期梁内钢筋断裂的影响下受力减小,而右柱保持持续增长。由于柱脚的锚固作用,平面内的左柱及右柱下截面应力方向与上截面不同,位于截面外侧的钢筋受拉,内侧钢筋受压,该应变变化趋势与图 4-14 柱脚位移的变化趋势一致。

对平面外的侧柱,柱上截面外侧 St.71 的受拉应变水平较大,压拱作用阶段即达到其极限应变,内侧则几乎没有应变作用;柱下截面 St.75、St.76 由于柱脚锚固作用拉应变较小。侧柱的应变分布进一步证实了侧梁在中柱单向加载下的类悬臂梁效应。整体上看,提供框架梁边界约束的边柱应力水平不大,结合图 4-14 可知,边柱作为锚固端配筋合理,具有良好的锚固性能。

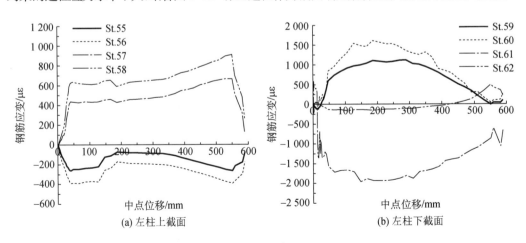

(a) 左柱上截面

(b) 左柱下截面

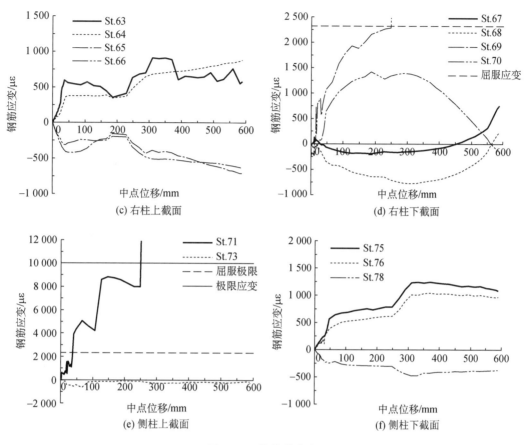

图 4-17　柱纵筋应变

梁混凝土的应变片情况如图 4-18 所示。左梁是变形最大、钢筋发生断裂的梁,从其混凝土应变片数据可知,左梁近边柱端梁顶混凝土在弹性段率先开裂,随后近中柱端梁底、梁顶混凝土分别在压拱阶段相继开裂,开裂顺序与钢筋应变片屈服顺序一致。右梁变形与左梁相似,近边柱端梁顶混凝土稍晚于左梁,在竖向位移 100 mm 左右发生开裂;由于柱头偏向扭转及左梁近中柱端在压拱阶段出现底部钢筋断裂,右梁近中柱端梁底拉应力较小,其近边柱端梁底混凝土表面出现裂缝,之后近中柱端梁顶出现裂缝。侧梁的情况与左梁、右梁均差异较大:近中柱端处拉应力极小;梁中部混凝土全截面受压,且下侧压应力更大;近边柱端处的裂缝形态明显,在竖向位移为 86 mm 处梁顶即开裂,梁底受力从压拱阶段的压应力在悬链线阶段处逐步变为拉应力,并处于较大水平,与侧梁纵筋应力趋势相应。

图 4-19 为柱混凝土的应变片情况。左柱除上截面内侧压应力较大外,其余部分应力均较小。右柱与左柱不对称,仅在上截面外侧拉应力较大并出现裂缝,其余部分应力均较小。侧柱除上截面内侧 C28 在中柱竖向位移 200 mm 之前为受压外,全柱均为受拉状态,外侧部分拉应力较小,内侧拉应力较大,其中上截面的拉应力约为下截面的 2 倍(加载终点时的内侧上、下截面拉应力分别为 4 049$\mu\varepsilon$ 和 2 477$\mu\varepsilon$)。

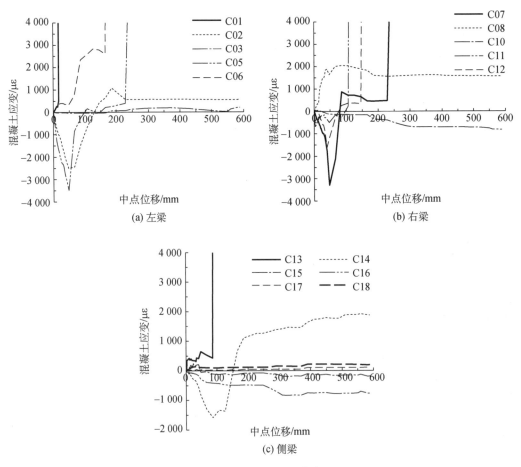

(a) 左梁　(b) 右梁

(c) 侧梁

图4-18　梁混凝土应变

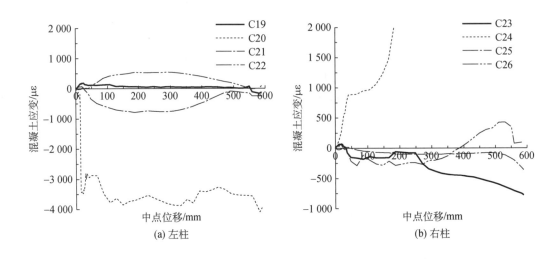

(a) 左柱　(b) 右柱

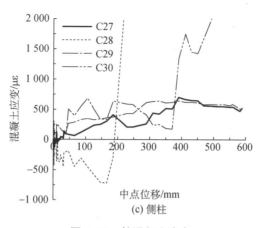

图 4-19　柱混凝土应变

加载极限状态下结构整体的破坏形态如图 4-20 所示,子结构中各梁端部的局部破坏形态如图 4-21 所示。未受约束的中柱在大位移加载下具有明显的空间扭转性质。平面内的扭转是由于结构加载过程中非线性因素综合作用导致双跨梁不对称的结构响应,这种现象在平面框架子结构中也有体现[24-25]。平面外的扭转是单边约束的侧梁在单调向下加载的中柱作用下产生的类悬臂梁效应。根据图 4-11 荷载-位移曲线及试验过程可知,压拱作用阶段左梁近中柱端底部产生的钢筋断裂引起左梁应力水平增大,右梁应力水平降低,在后续加载过程中,左梁应力不断增长并最终在近边柱端顶部产生钢筋断裂。在加载过程中,应力

(a) 结构整体

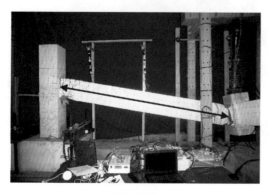

(b) 左梁

(c) 右梁

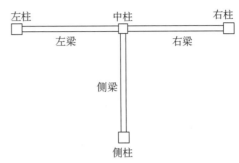

（d）侧梁

图 4-20 加载极限状态下整体破坏形态图

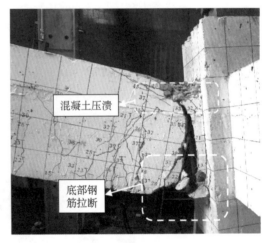

（a）左梁近边柱端　　　　　　　　　　　（b）左梁近中柱端

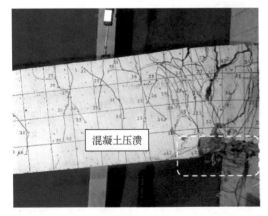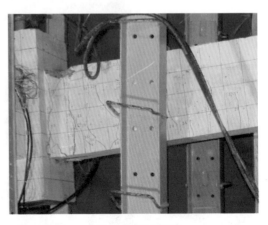

（c）右梁近边柱端　　　　　　　　　　　（d）右梁近中柱端

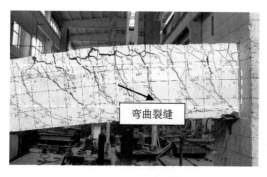
（e）侧梁近边柱端

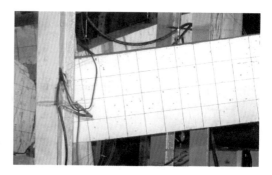
（f）侧梁近中柱端

图 4-21　加载极限状态下局部破坏形态图

水平较大的左梁近中柱端顶部及近边柱端底部混凝土出现压溃；右梁在近边柱端底部出现混凝土压溃，近中柱端顶部仅在受力初始阶段出现部分剥落。侧梁在仅有单侧边柱约束的条件下，加载终点的形态与平面内双跨梁不同，其近中柱端应力水平低，梁上没有裂缝分布；近边柱端在塑性铰区域内裂缝发展充分，呈现类悬臂梁受力状态下的弯曲裂缝分布。

　　装配式混凝土框架空间子结构在倒塌破坏点的正面、反面裂缝形态如图 4-22、图 4-23 所示。子结构在平面内和平面外的扭转效应在裂缝形态中也有所体现，正反两侧的裂缝由于扭转作用并不对称；在侧梁的扭转约束下，平面内双跨梁裂缝多为单侧分布，并未贯通。

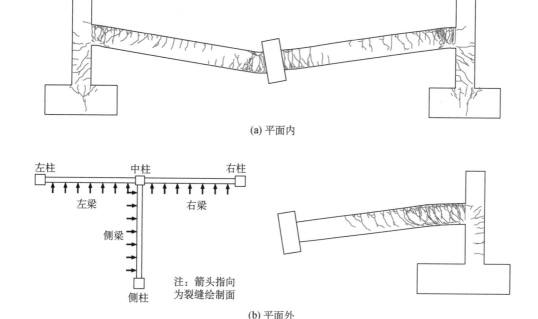
(a) 平面内

(b) 平面外

图 4-22　整体裂缝形态图（正面）

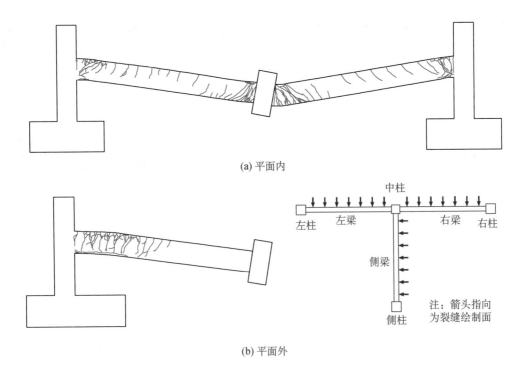

(a) 平面内

(b) 平面外

图 4-23 整体裂缝形态图（反面）

通过对比各梁的裂缝图可以看出,平面内的左、右梁裂缝形态大体相似,细节各有不同。左梁的裂缝较为集中,裂缝宽度也较大,在近中柱端及近边柱端均有较充分的发展。右梁的裂缝宽度较小,除在近边柱端较为集中外,其他区域发展较为均匀,近中柱端裂缝为加载早期底部钢筋发生断裂前产生,后续发展较少,试验过程中也可以观察到右梁的裂缝数量和发展情况较左梁少。侧梁的裂缝呈现明显的悬臂弯曲形态,与理论分析及钢筋应变数据结果对应。

平面内双跨梁裂缝的不对称性未影响边柱的裂缝对称形态。作为梁的锚固端,压拱阶段梁对边柱的推力使边柱表面呈现明显的斜向裂缝,悬链线阶段梁的拉力作用使边柱外侧出现受拉裂缝。平面外侧柱的裂缝在外侧相间分布,体现悬臂弯曲受力状态。

四、材性试验

钢筋的材料性能测试根据规范《金属材料 拉伸实验 第 1 部分:室温试验方法》(GB/T 228.1—2010),混凝土的材料性能测试根据规范《普通混凝土力学性能试验方法标准》(GB/T 50081—2002)[20]。表 4-7 为钢筋及混凝土力学性能指标实测值。其中,混凝土试块采用边长为 150 mm 的立方体试块,由 HCT306B 型 300 t 微机控制电液伺服压力试验机进行加载测定;钢筋试样的断后伸长率 A 采用原始标距 $5.65\sqrt{S_0}$ 的比例试样测得,采用 WAW-E600C 型微机控制电液伺服万能试验机进行拉伸。

表 4-7　空间子结构试件的钢筋及混凝土力学性能指标实测值

材料类别	试验项目	预制部分			后浇部分		
		Φ 8	Φ 16	Φ 8	Φ 16	Φ 20	Φ 25
钢筋	屈服强度/MPa	455	517	389	492	466	464
	极限抗拉强度/MPa	575	628	573	618	584	601
	断后伸长率 A	32.5%	21.7%	37.5%	22.5%	25.7%	26.2%
混凝土	立方体抗压强度/MPa	48.44	48.34				

4.1.3　小结

本节主要介绍了装配式混凝土框架空间子结构的连续倒塌静载试验,包括试件设计、试验方案及各类试验结果。试件选取原型 5 层框架结构的底层外框架进行 2/3 缩尺设计制作。根据试验类型及试验室条件设计加载装置及力、位移、应变测量方案。分两批对预制梁及后浇部分进行浇筑,通过钢压梁将柱脚锚固至地槽中实现子结构的边界条件控制。试件通过千斤顶对失效中柱进行加载,采用力-位移混合加载制度。在试验过程中对试验现象及过程进行了记录,通过力及位移数据绘制了荷载-位移曲线及挠度曲线,根据百分表的变化分析了边柱侧向位移及柱脚的锚固情况;通过各组钢筋及混凝土的应变结果对梁、柱内力变化进行了整理,根据结构整体、局部的破坏形态及正反面的裂缝形态对子结构失效模式进行了分析,试验结果的主要结论如下:

(1)装配式混凝土框架空间子结构试件的连续倒塌过程根据轴力情况可分为两个阶段:压拱作用阶段和悬链线作用阶段。随着结构竖向位移的增大,子结构达到压拱阶段承载力峰值 202.236 kN,之后承载力缓慢下降;竖向位移达到 186 mm 时左梁近中柱端底部钢筋发生断裂。按梁应变和柱水平变形分析,竖向位移加至 309.9 mm 时,结构由压拱阶段变为悬链线阶段。悬链线阶段发展至竖向位移为 588.9 mm 处,由于梁近边柱端顶部钢筋断裂引起结构发生倒塌破坏。

(2)对平面内的双跨梁,初始结构非线性因素作用导致左右梁应力不均,左梁应力较大,并不断积累引起左梁近中柱端底部钢筋发生断裂,柱头出现偏转。底部的钢筋断裂加剧了左右梁挠度及应力的不对称性。随着中柱竖向位移的加载,左梁应力保持较高水平发展,柱头偏向进一步加剧,并最终于近边柱端截面顶部连续出现钢筋断裂现象,柱头平面内偏转达到峰值。平面外的侧梁应力及变形具有类悬臂梁的特点,近边柱端应力水平较大,近中柱端应力水平极低;未受约束的柱头在平面外呈现自由偏转。

(3)平面内双跨梁中左柱、右柱变形趋势一致但数值不同,同一位移下右柱相较左柱大 70% 左右。侧柱在加载初期弯曲作用下产生了微小的水平位移,其后仅有转动,水平位移接近不变。柱脚内、外侧竖向位移及水平位移在试验过程中的变化幅度均不超过 1 mm,相对整体子结构的大位移变形状态几乎可以忽略不计,在后续的建模过程中可以合理地将柱脚视为端部固定状态。

（4）子结构试件的失效模式为框架梁两端钢筋断裂破坏。平面内双跨梁裂缝形态大体相似，细节略有不同：左梁裂缝较为集中，裂缝宽度较大，在近中柱端及近边柱端均有较充分的发展；右梁裂缝宽度较小，近边柱端较为集中，近中柱端裂缝为加载早期底部钢筋断裂前产生，后续发展较少。侧梁的裂缝呈现明显的悬臂弯曲形态。

4.2 全装配式框架子结构防连续倒塌性能研究

关于装配式框架结构防连续倒塌的研究引起了工程界的关注，但目前大多研究集中为湿连接或者装配整体式框架结构的研究，全装配式或者干连接框架试件抗连续倒塌的研究很少，国家也没有出台相应的指导规范规程。因此，开展全装配式框架结构抗连续倒塌的研究很有必要。

本节第一部分利用 PKPM 设计了一栋空间框架结构，提取底层框架子结构按照1：2比例缩尺，设计了三个框架子结构试件，包括两个全装配式试件（PC1、PC2）和一个现浇试件（RC），每个试件分别包含三根柱两根梁，装配式试件梁柱采用插销杆-牛腿-角钢方式连接，完成了三个试件的中柱移除拟静力试验。对每个试件荷载-位移曲线、每个阶段的梁柱变形曲线对比了三个试件的极限承载能力和极限位移，分析了子结构试验在中柱移除过程中裂缝的发展和最终的破坏模式，探讨了子结构试件在中柱移除过程中的荷载转换机制，为有限元模型改进连接形式提供数据支持。基于试验结果的整理分析，利用ABAQUS 有限元软件分别建立了试件的精细化有限元模型，对试件的受力过程进行非线性有限元模拟，模型曲线与试验曲线吻合良好，最终破坏模式也基本相同，验证了模型的正确性。在此基础上，通过改变装配式试件模型梁柱连接处插销杆的参数，比如改变材质或增大直径，进行优化设计连接节点，使其受力性能更加良好，提高全装配式混凝土结构抗连续倒塌二次防御能力。

第二部分以全装配式混凝土框架子结构动力试验为基础，分析其在动力荷载作用下的抗连续倒塌性能，同时利用有限元软件 ABAQUS 对试件进行了有限元分析，并研究了材料应变率效应对动力抗连续倒塌试验的影响。本小节利用结构设计软件 PKPM 设计了一栋空间框架原型结构，从原型框架中选取了包含三个梁柱节点的子结构，按照 1：2 比例缩尺设计了一个全装配式试件和一个现浇试件。装配式试件梁柱节点采用插销杆-牛腿-角钢方式连接，两个试件具有相同的纵向配筋。设计并完成了两个试件的中柱快速移除试验。对两个试件的中柱快速移除试验结果进行了整理和分析，包括轴力响应、位移响应、钢筋应变响应、裂缝开展模式以及破坏模式等结构信息。根据试验结果，从承载力、竖向刚度、材料利用率以及结构抗力机制四个方面对比了上述两个试件的受力性能。根据试验结果的整理与分析，利用了大型有限元软件 ABAQUS/Explicit建立了与试件相同尺寸和边界条件的有限元模型。根据结构未损伤前的试验数据对有限元模型进行了校验，将校验好的模型进行与试验相同荷载的加载，对比了模型结果与现场试验结果。

4.2.1 静载试验研究

一、模型结构设计

总共设计 3 个试件,包括 2 个全装配式混凝土框架子结构试件(PC1、PC2)和 1 个现浇框架子结构对比试件(RC)。子结构试件的详细尺寸见图 4-24,框架子结构试件的框架柱截面是边长为 350 mm 的正方形,边柱取底层整根柱至二层柱的反弯点处,并考虑约束安装位置,柱高为 3 000 mm。为了固定边柱柱底,设置了截面为 500 mm×500 mm 的锚固地梁,框架中柱高度取为 1 500 mm。框架梁为 200 mm×300 mm 矩形截面,梁净跨为 2 650 mm。试件详细信息见表 4-8,其中所有纵向钢筋均采用 HRB400 级钢筋,横向箍筋均采用 HPB300 级钢筋。

表 4-8 试件详细信息表

试件编号	试件尺寸			纵向钢筋				横向箍筋		
	柱截面/mm²	边柱高/mm	梁截面/mm²	梁净长/mm	柱纵向筋	梁纵向筋	牛腿纵筋	柱箍筋	梁箍筋	牛腿
RC	350×350	3 000	200×300	2 650	8Φ T16	4Φ18	—	Φ6@50/100	Φ6@50/100	—
PC1	350×350	3 000	200×300	2 630	8Φ16	4Φ18	4Φ14			Φ6@40
PC2	350×350	3 000	200×300	2 630	8Φ16	4Φ18	4Φ14			Φ6@40

注:表中Φ16 表示直径为 16 mm 的变形钢筋,Φ6 表示直径为 6 mm 的光圆钢筋。

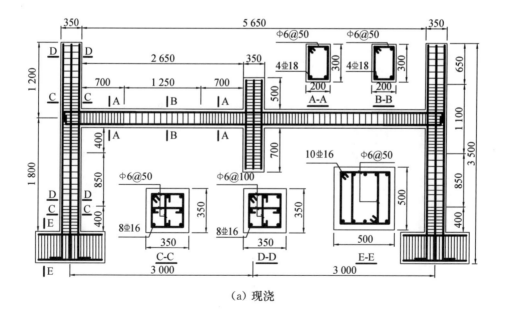

(a) 现浇

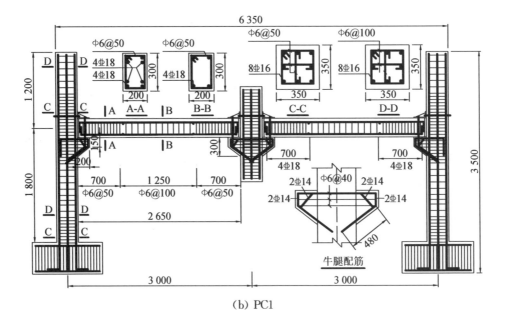

(b) PC1

边节点连接　　　梁截面图　　　中节点连接

(c) A 和 B 截面

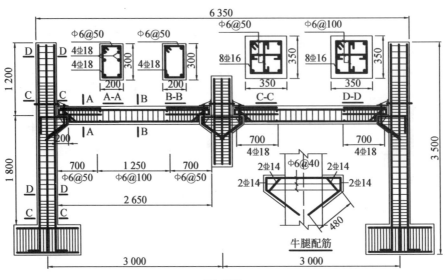

(d) PC2

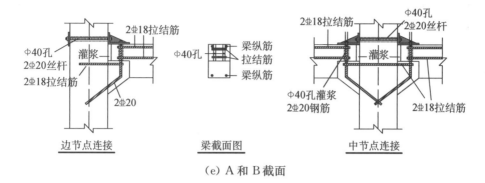

（e）A 和 B 截面

图 4-24　框架子结构尺寸及详细配筋图

根据 PKPM 计算配筋的结果，综合两种计算模型的配筋方案，最终框架子结构试验模型的详细配筋见图 4-24。试件 RC 为现浇框架子结构试件，为预制装配式框架子结构试件的对比试件。现浇框架梁配筋为通长的 4T18，框架梁上下各两根钢筋，端部利用弯钩锚固在边柱内。试件 PC1 为装配式节点的预制试件，采用明牛腿-插销杆-角型钢板连接方式，如图 4-24(b)所示。梁柱纵向钢筋与 RC 试件配筋相同，梁纵向受力钢筋在预制梁端弯起。为安装插销杆，在预制梁端留有 2 个直径为 40 mm 的孔，并在预制梁端上下部位设置 U 形锚固钢筋，绕过孔洞将孔洞拉结锚固。预制柱牛腿内部同样设置 U 形锚固钢筋，将牛腿内部插销部分拉结锚固。试件 PC2 为装配式节点的预制试件，采用暗牛腿-插销杆-角型钢板连接方式，如图 4-24(d)所示。由于采用暗牛腿连接，预制梁端处为企口形式，梁下部纵向受力钢筋在预制梁端企口处弯起，上部钢筋在梁端向下弯起。预制梁端企口位置有 2 个直径为 40 mm 的孔，为安装插销杆预留，在预制梁端上下部位和牛腿内部设置 U 形锚固钢筋，将插销杆拉结锚固。

预制试件节点连接处除了插销杆与牛腿的连接，在预制梁端上表面处插销杆顶端还与角型钢板通过螺母连接在一起。角型钢板为钢板弯曲制作，并焊接了三个小钢肋保证其刚度，如图 4-25 所示。长肢面与插销杆连接，短肢面与穿过预制柱预留孔洞的高强螺杆连接，高强螺杆穿过孔洞，用锚固板锚固于预制柱背面。考虑安装误差，预制梁端面与预制柱相接的地方预留 10 mm 宽的间隙，梁柱安装完成后用高强灌浆料填充。

图 4-25　角型钢板图

二、材料特性

试验试件纵向钢筋均采用 HRB400 级钢筋，箍筋采用 HPB300 级钢筋。钢筋材性试验按照《金属材料室温拉伸试验方法》(GB/T 228—2010)[26]，在材料检测室里微机控制电液伺服万能试验机（WAW-E600C）上完成。在同批次钢筋中，选取每种直径的钢筋

3根,长度为550 mm,将测试得到的钢筋屈服强度、极限强度和伸长率分别取平均值,其结果见表4-9。

表4-9 全装配式子结构试件的钢筋及混凝土的力学性能指标实测值

项目	钢筋类型	屈服强度/MPa	极限强度/MPa	伸长率
钢筋	Φ6	385	460	$\delta_5=26\%,\delta_{10}=21\%$
	Φ14	465	616	$\delta_5=25\%,\delta_{10}=22\%$
	Φ16	505	630	$\delta_5=28\%,\delta_{10}=23\%$
	Φ18	485	622	$\delta_5=24\%,\delta_{10}=21\%$
	Φ20	493	629	$\delta_5=27\%,\delta_{10}=19\%$
混凝土	RC:立方体(边长150 mm) 27.4 MPa PC1:立方体(边长150 mm) 35.3 MPa PC2:立方体(边长150 mm) 37.6 MPa			
灌浆料	PC1:立方体(边长100 mm) 43.4 MPa PC2:立方体(边长100 mm) 40.8 MPa			

混凝土设计强度为C35,按照《混凝土强度检验评定标准》(GB/T 50107—2010)[27],在微型控制恒加载压力试验机(TYA-2000E)上进行。将浇筑当天预留的150 mm的立方体试块进行测试,每3个试块为一组取平均值,结果见表4-9。灌浆料强度设计为C50,测试方法同混凝土,灌浆料预留试块为边长100 mm的立方体。试件RC采用现场原位一次性浇筑完成,试件PC1和PC2采用梁柱单独预制,安装就位时,首先固定预制框架柱,再安装预制框架梁,定位安装后用高强灌浆料对预留孔洞和梁柱连接面间隙进行了填充。

三、测试装置设置

根据试验目的,设计了框架子结构试验加载装置,如图4-26所示。该装置包括加载钢架、中柱支撑约束装置、边柱反弯点约束装置和子结构地梁约束装置四大部分。加载钢

图4-26 框架子结构装置实物图

架既可以保证试件试验过程中的加载程序顺利完成,又可以为边柱约束装置提供可靠的支撑;中柱支撑约束装置可以使中柱竖直向下运动,不发生倾斜和侧移;边柱高度为底层层高加二层一半的层高,所以边柱上端反弯点约束装置可以使边柱端沿平面内自由转动,但不发生位移;地梁约束装置的作用是使框架子结构边柱柱底固定约束。所有装置均为预先设计和现场制作安装完成的。

四、测量方案

为了获取中柱移除过程中框架子结构的承载能力、变形性能以及荷载转换机制,测取了荷载、位移。详细测试布置与编号见图 4-27。

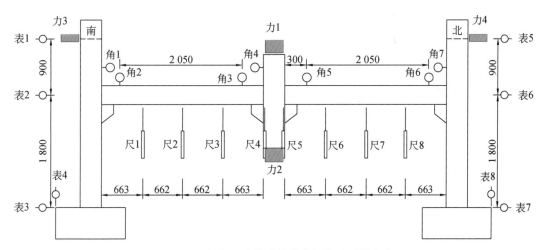

图 4-27　框架子结构试件荷载与位移测量方案

图 4-27 为框架子结构试件荷载和位移测试图。位移项目包括框架梁竖向位移、框架边柱水平侧移及边柱地梁位移、梁柱局部转角。框架梁八个测点的竖向位移可以描绘出子结构两根梁在每个阶段的变形曲线,边柱三个测点的位移描绘出边柱在加载各个阶段的整体变形,中柱施加荷载与竖向位移的关系曲线是评判结构承载能力的重要曲线。边柱反弯点约束荷载和柱顶位移的关系则体现了钢架对边柱反弯点弹性约束的属性。图中荷载测试布置点共 4 个,分别为中柱上下端和南北两侧边柱反弯点约束处。中柱处的荷载传感器是为了测试试验过程中施加的荷载,边柱反弯点处的荷载传感器则是为了测试边柱约束荷载。

五、荷载-位移曲线

图 4-28 为框架子结构试件荷载-位移曲线的对比图。从图中可以看出,现浇试件 RC 和装配式试件 PC2 整个受力过程包括压拱效应和悬索效应两个阶段。RC 试件整个受力过程比较充分,框架梁纵向受力钢筋发生明显屈服,并最终被拉断。压拱效应峰值荷载达到 119.2 kN,悬索效应峰值荷载 145.3 kN,较压拱效应峰值荷载提高了近 22%。PC2 虽然受力进入悬链线阶段,但是受力发展不够充分,梁端纵向受力钢筋未发生屈服现象,插销杆受力复杂,最终被拉剪破坏。压拱效应峰值荷载为 96.9 kN,悬链线阶段荷

载仅76.2 kN,是压拱效应峰值荷载的 79%。相比之下,PC1 试件只有压拱效应阶段,没有出现悬链线阶段。压拱效应峰值荷载为 90.9 kN,低于 RC 试件压拱效应峰值荷载。

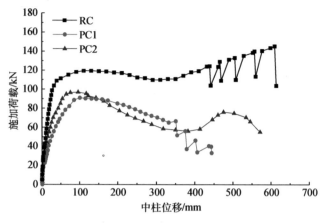

图 4-28　试验试件荷载-位移曲线对比图

表 4-10 列出了三个试件的试验结果,从表中可以看出,相比于现浇试件 RC 的受力过程,装配式试件 PC1 和 PC2 承载能力较低,PC1 和 PC2 试件的压拱效应峰值荷载分别为 RC 试件的 76% 和 81%。压拱效应峰值荷载之后,PC 试件(PC1 和 PC2)的荷载下降明显,很快降低,而 RC 试件相对平缓,荷载保持稳定发展,并且在悬索效应阶段荷载提高明显。相比于 RC 试件,PC 试件悬链线阶段荷载则没有提高,承载能力低于RC 试件。

表 4-10　试验结果汇总表

试件编号	压拱效应峰值		最低点*/kN	回原点*/mm	悬索效应峰值		边节点最大侧移/mm	破坏形式
	荷载/kN	位移/mm			荷载/kN	位移/mm		
RC	119.2	130.9	109.7	423.5	145.3	613.9	7.44/13.56	梁钢筋拉断
PC1	90.9	100.5	—	—	—	—	8.11/—	插销杆剪断
PC2	96.9	95.95	56.1	434.08	76.2	474.9	8.09/3.12	混凝土完全脱落

注:"最低点"表示第一峰值后荷载下降至最小值时的荷载;"回原点"表示边节点水平侧移由向框架外的位移转向框架内的位移的临界点时的中柱竖向位移。

图 4-29 为框架子结构试件边节点水平位移与中柱竖向位移之间关系曲线的对比图,位移为负表示边节点向框架外移动,位移为正表示边节点向框架内移动。从图中可以看出,所有试件的边节点水平位移均呈现先产生向框架外部的位移,在200 mm 左右边节点向框架外的位移达到最大值,随后向外的位移逐渐减小。不同的是,试件 RC和 PC2 边节点向外的位移减小为 0,之后又产生向框架内部的位移,而试件 PC1 向外的位移减小到 1.49 mm 时由于插销杆被剪断试验终止,所以边节点并没有产生向框架内部的位移。

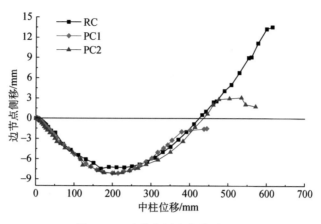

图 4-29　边节点侧移曲线对比图

表 4-10 列出了边节点水平侧移的最大值。现浇试件 RC 边节点向外的位移最大达 7.44 mm,之后逐渐减小变为 0,又逐渐向框架内部移动,向内最大的位移为 13.56 mm。相比于现浇试件 RC,装配式 PC 试件的边节点向外的最大位移分别 8.11 mm 和 8.09 mm,而向框架内部变形的能力不如 RC 试件,PC1 没有向框架内的位移,PC2 向框架内部的位移为 3.12 mm,小于 RC 试件的 13.56 mm。这说明装配式试件悬链线效应阶段发展不充分。

六、混凝土及钢筋本构模型

数值模拟是结合有限元概念,通过数值计算和图像显示的方法,达到对工程问题和物理问题乃至自然界各类问题研究的目的。数值模拟可以理解为在计算机上做试验,省去现实实验室模型制作的过程,效率更高,适用范围更广。ABAQUS 是一款分析能力强、应用范围广的有限元软件,不仅可以高效地处理静态和准静态的分析,对于模态分析、瞬态分析、高度接触分析和冲击撞击分析都能进行简便精确的处理。ABAQUS/Explicit 的显示分析求解器适用于分析短暂的、瞬态的动力事件以及冲击和其他高度不连续问题。除此之外,对于处理复杂接触条件的高度非线性问题非常有效,能够自动找出模型中各部件之间的接触对,高效地模拟复杂接触。与 Standard 分析求解器最大不同在于其无须在每个增量步求解耦合方程和生成结构总刚方程,它的求解方法是在短暂的时间增量内逐步推出结果。在求解复杂的接触问题时,显式过程相对于隐式过程的优势是不存在收敛问题。

(1) 混凝土本构模型

ABAQUS 模型中有三种混凝土本构模型,分别为弥散裂缝模型、脆性破裂模型和塑性损伤模型。塑性损伤模型,又称 CDP(Concrete Damaged Plasticity)材料模型,该模型是连续的、基于塑性的混凝土损伤模型,采用各向同性弹性损伤及各向拉伸和压缩塑性理论来表征混凝土的非线性行为[28]。混凝土的损伤包括受拉开裂和受压压溃两种主要的破坏模式,分别由受拉和受压的等效塑性应变控制,如图 4-30。

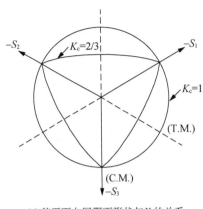

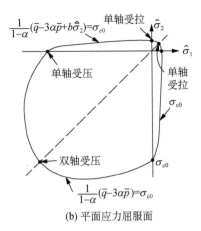

(a) 偏平面上屈服面形状与 K_c 的关系   (b) 平面应力屈服面

图 4-30　混凝土塑性损伤模型图

（2）应力应变关系

CDP 模型应力应变关系为有效应力和弹性应变之间的关系，表达式如下：

$$\sigma = (1-d)D_0^{el} \cdot (\varepsilon - \varepsilon^{pl}) = D^{el} \cdot (\varepsilon - \varepsilon^{pl}) \tag{4-1}$$

式中：D_0^{el} 为材料的初始无损刚度；D^{el} 为材料有损刚度；d 为材料刚度损伤变量，其值在 0（无损）到 1（完全损伤）之间变化。

（3）屈服面函数

$$F(\bar{\sigma}, \widetilde{\varepsilon}^{pl}) = \frac{1}{1-\alpha}\left[\bar{q} - 3\alpha\bar{p} + \beta(\widetilde{\varepsilon}^{pl}) \times \langle\bar{\sigma}_{max}\rangle - \gamma\langle-\bar{\widetilde{\sigma}}_{max}\rangle\right]\sigma_c(\widetilde{\varepsilon}^{pl}) \leqslant 0 \tag{4-2}$$

式中：$\gamma = \dfrac{3(1-K_c)}{2K_c-1}$ 和 $\alpha = \dfrac{\sigma_{b0} - \sigma_{c0}}{2\sigma_{b0} - \sigma_{c0}}$ 为无量纲材料常数；$\bar{p}$ 为有效静水压力，$\bar{p} = -\dfrac{1}{3}\bar{\sigma} : I$，$I$ 为应力不变量；$\bar{q}$ 为 Mises 等效应力，$\bar{q} = \sqrt{\dfrac{3}{2}\bar{S} : \bar{S}}$，$\bar{S}$ 为有效应力张量的偏量部分；$\bar{\widetilde{\sigma}}_{max}$ 为 $\bar{\sigma}$ 的代数最大主值；$\beta(\widetilde{\varepsilon}^{pl}) = \dfrac{\bar{\sigma}_c(\widetilde{\varepsilon}^{pl})}{\bar{\sigma}_t(\widetilde{\varepsilon}^{pl})}(1-\alpha) - (1+\alpha)$，$\bar{\sigma}_c$ 和 $\bar{\sigma}_t$ 分别为有效拉、压内聚力。

（4）流动规则

本模型采用基于 Drucker-Prager 流动面的非关联流动法则：

$$\dot{\varepsilon}^{pl} = \dot{\lambda}\frac{\partial G(\bar{\sigma})}{\partial\bar{\sigma}} \tag{4-3}$$

$$G = \sqrt{(\in \sigma_{t0}\tan\varphi)^2 + \bar{q}^2} - \bar{p}\tan\varphi \tag{4-4}$$

式中：φ 为 p-q 面内高围压时的膨胀角；$\bar{\sigma}_{t0}$ 为单轴抗拉强度；$\in$ 为势函数偏心率，描述势函数向其渐近线逼近的速度。

表 4-11 列出了定义 CDP 模型的五个参数的取值。

表 4-11　CDP 模型基本参数

参数名称	取值
膨胀角 φ	30
流动势偏移量 $\in$	0.1
双轴极限抗压强度与单轴极限抗压强度之比 $\sigma_{b,0}/\sigma_{c,0}$	1.16
拉伸子午面上与压缩子午面上的第二应力不变量之比 K_c	0.666 7
粘性系数 μ	0.000 5

本书采用图 4-31 所示的单轴应力-应变关系曲线为混凝土本构模型,这是我国规范《混凝土结构设计规范》(GB 50010—2010)[5] 推荐的本构曲线,包括混凝土单轴受压和单轴受拉应力-应变曲线。混凝土抗压强度按照试验实际测试取值,泊松比取为 0.2,密度取为 $2.4 \times 10^3 \ kg/m^3$。

（5）钢的本构模型

钢筋采用 ABAQUS 自带的等向弹塑性线性模型,选取三折线线性强化本构模型,考虑钢筋屈服后的强化段和钢筋拉断后的下降段,如图 4-32 所示。试件箍筋本构采用理想弹塑性模型。钢筋弹性模量取为 $2 \times 10^5 \ N/mm^2$,泊松比取为 0.3,密度取为 $7.8 \times 10^3 \ kg/m^3$,屈服应力和极限强度均按照实际测试结果选取,见表 4-9。

建模过程中除了最为重要的混凝土和钢筋外,还有用于连接的高强螺杆和锚固钢板。为了简化计算,二者均采用二折线线性强化模型。弹性模量和泊松比分别取为 $2 \times 10^5 \ N/mm^2$ 和 0.3,密度取为 $7.8 \times 10^3 \ kg/m^3$。

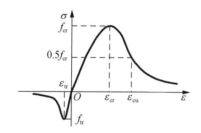　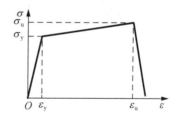

图 4-31　混凝土应力-应变曲线　　图 4-32　钢筋应力-应变曲线

七、有限元建模

（1）元素类型

本节采用 ABAQUS/Explicit 建立显示分析模型,模型中混凝土采用的三维六面体减缩实体单元 C3D8R 是一种常用的能较好模拟混凝土三维受力实体单元的模型,钢筋采用三维二节点桁架单元 T3D2,这种单元只能承受拉力,不能承受弯矩,用它来模拟受拉为主钢筋的模型比较合适。连接梁柱的插销杆实为钢筋,但是为了考察其在受力过程中的应力等的变化,将其设置为实体单元。所有连接所用的锚固钢板均采用实体单元。从试验过程中得知,边柱上端反弯点处的弹性约束根据试验测得的水平反力和水平位移之间关系,在模型中采用弹簧单元模拟这种约束机制。

图 4-33 为作为对比的 RC 试件有限元模型图,框架梁和框架柱节点区域混凝土单元网格取为 30 mm,框架柱中部位置混凝土单元网格取为 50 mm;钢筋单元网格取为 50 mm。 为了简化计算,节约计算成本,装配式试件 PC1 和 PC2 混凝土单元网格在梁柱节点区域采用 20 mm,而在梁跨中和柱中部区域为 200 mm。 钢筋单元网格大小均为 50 mm,网格采用结构化网格划分技术。图 4-34 ～ 图 4-35 分别为试件 PC1 和 PC2 的有限元模型图,包括整体模型、节点模型和节点安装图。钢筋骨架通过 EMBED 命令嵌入混凝土中,这种方式能够很好地模拟钢筋与混凝土一起受力的性能。

(2) 边界条件

试验过程中,边柱柱底设置了用于固定试件的地梁,地梁通过上面压梁的作用保持其竖向的约束,又通过水平钢梁和填充混凝土的作用保持其水平的约束。试验结果显示,地梁水平与竖向的位移很小,可以忽略,故在有限元模型中地梁采用完全固支约束。

节点连接形式中,高强螺杆和角型钢板的连接、插销杆上端与角型钢板的连接均采用高强螺栓连接,没有滑移和错动,在有限元模型中采用 Tie 绑定约束来模拟这种螺栓连接。

边柱上端反弯点处钢板对混凝土柱的约束采用刚体约束。钢架对反弯点约束采用弹簧约束,根据试验测得的水平反力和水平位移之间的关系确定弹簧的刚度。PC1 试件、PC2 试件和 RC 试件分别采用 11.5 kN/mm、11.1 kN/mm 和 9.1 kN/mm。

模型中所有接触切向均采用罚函数,罚函数系数为 0.4[29],法向采用硬接触。

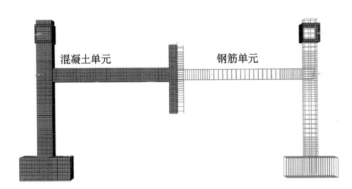

图 4-33　RC 试件有限元模型图

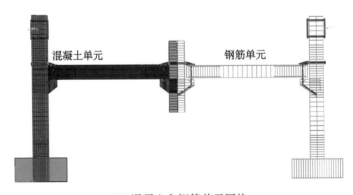

(a) 混凝土和钢筋单元网格

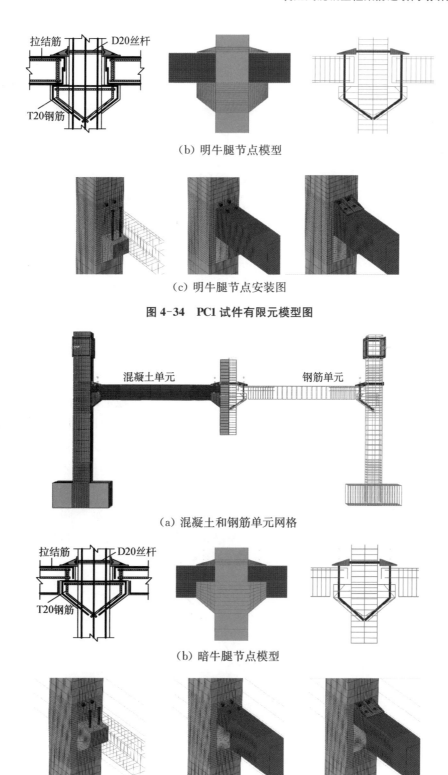

（b）明牛腿节点模型

（c）明牛腿节点安装图

图 4-34　PC1 试件有限元模型图

（a）混凝土和钢筋单元网格

（b）暗牛腿节点模型

（c）暗牛腿节点安装图

图 4-35　PC2 试件有限元模型图

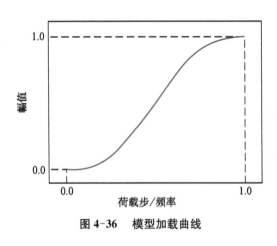

图4-36 模型加载曲线

（3）加载过程

对于准确和高效的准静态分析，加载曲线要求尽可能地光滑。采用 ABAQUS 中 Smooth Amplitude 加载表，自动地创建一条光滑的荷载幅值。其一阶和二阶导数是光滑的，在每一组数据点上，它的斜率都为零，可以采用此曲线进行位移加载，加载曲线如图4-36所示。模型中，在与模型中柱上端面耦合在一起的参考点上施加竖直向下的位移，模拟拟静力中柱移除试验的加载过程。

八、仿真结果与试验结果比较

本试验共对三个试验试件进行了有限元精细化模拟，包括现浇试件 RC 和装配式试件 PC1 和 PC2。通过对试验试件的有限元模拟，对装配式连接形式进行优化设计，使其受力更为合理、可靠。本节将对试验过程和模拟过程的承载能力、变形能力和破坏形式进行比较。

（1）现浇钢混试件

ABAQUS/Explicit 显示分析最重要的是判断数值结果的稳定，能量平衡是评估其结果是否合理可靠的重要参考。总能量是指全过程中能量的总和，包括内能、动能等。内能包含可恢复的弹性应变能、非弹性耗散能等，动能则是由于动力效应产生的能量。在 ABAQUS 中，为了保证数值结果的有效性，通常要求动能与内能的比值不超过 5%。

RC 试件在整个模拟过程中总能量维持在零点左右，模拟过程中动能和内能的变化趋势见图4-37，由图可见，动能远远小于内能，动能最大时与内能的比值为0.032，说明模拟过程中产生的动能较小，惯性力的影响可以忽略，认为此过程达到准静态过程，模拟过程可靠。

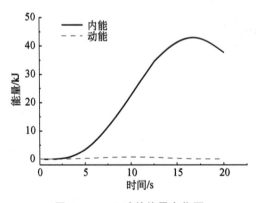

图4-37 RC试件能量变化图

图4-38为RC试件模拟曲线对比，本研究共提取了两条曲线进行结果对比，分别为荷载-位移曲线和边柱梁柱节点水平位移曲线。图4-38(a)为RC试件试验和模拟荷载-位移曲线对比，由曲线可知，模拟曲线与试验曲线吻合良好，曲线趋势和关键点的荷载位移

值均相差很小,基本重合。图 4-38(b) 为 RC 试件试验和模拟边节点水平位移曲线对比,由图可知,模拟的边节点水平位移与试验曲线趋势相同,模拟曲线在向外的位移略小于试验结果,向内的位移略大于试验结果。

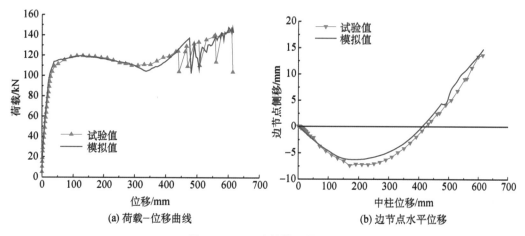

(a) 荷载–位移曲线   (b) 边节点水平位移

图 4-38   RC 试件模拟结果图

图 4-39 为 RC 试件试验与模拟破坏模式对比图。可以看出,梁端区域混凝土出现大量裂缝,裂缝较密集,由于网格划分较粗的原因,整个梁端混凝土呈现全部受拉损伤。

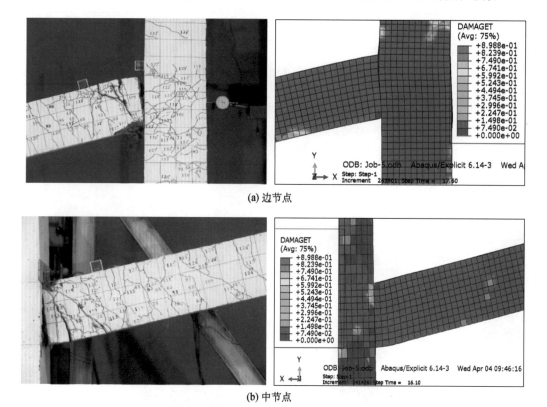

(a) 边节点

(b) 中节点

图 4-39   RC 试件破坏对比图

（2）装配式钢混试件 PC1

PC1 试件在整个模拟过程中总能量维持在零点左右,动能最大时与内能的比值为
0.05,惯性力的影响可以忽略,认为此过程达到准静态过程,模拟过程可靠。

图 4-40 为 PC1 试件模拟曲线对比,图 4-40(a) 为 PC1 试件试验和模拟荷载-位移曲线
对比,由曲线可知,模拟曲线与试验曲线吻合良好,峰值荷载点荷载位移值相差很小,钢筋
发生断裂的点也相差不大。曲线上升段和下降段略有差异,主要是模型中灌浆和梁柱空
隙的处理造成的。图 4-40(b) 为 PC1 试件试验和模拟边节点水平位移曲线对比,由图可
知,模拟的边节点水平位移与试验曲线趋势相同,所不同的是试验开始边节点有向框架内
的微小移动,而后迅速向框架外移动,而模拟开始边节点向框架外移动,造成模拟的边节
点位移曲线整体左移。

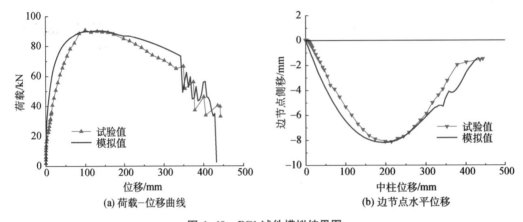

(a) 荷载-位移曲线　　(b) 边节点水平位移

图 4-40　PC1 试件模拟结果图

图 4-41 为 PC1 试件破坏模式对比图。可以看出,试验破坏模式与模拟破坏模式基
本相同,边节点处框架柱外侧和梁端上部出现大量裂缝,梁端混凝土全部发生破坏。
中节点梁端混凝土发生破坏,牛腿外侧发生损伤。从裂缝的发展来看,二者破坏模式
比较相似,所不同的是模型中梁柱接触面没有考虑接触时灌浆料的受拉,出现了张开
的间隙。

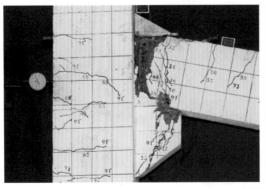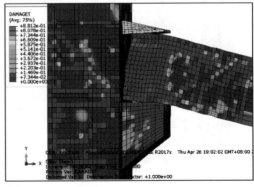

(a) 边节点

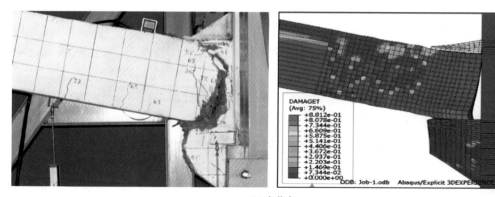

(b) 中节点

图 4-41   PC1 试件破坏对比图

图 4-42 为 PC1 试件边柱牛腿位置上插销杆在整个模拟过程中的应力变化云图。从图中可以看出,插销杆的受力主要集中在与框架柱接触的范围内,预埋在框架柱中部分受力较小,牛腿内部部分发生微弱变形。插销杆与角型钢板连接处受力最大,插销杆在此被剪断。图 4-43 为 PC1 试件节点连接高强螺杆的应力变化云图,从图中可见,随着模拟的进行,螺杆应力逐渐变大,但最终未超过螺杆屈服应力。

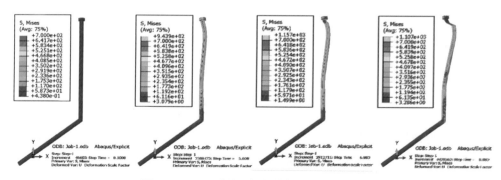

图 4-42   PC1 试件边柱插销杆应力变化云图

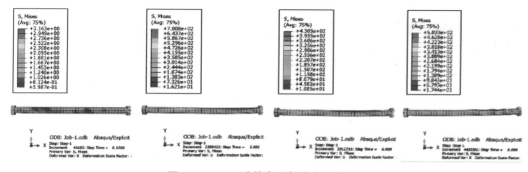

图 4-43   PC1 试件高强杆应力变化云图

（3）装配式钢混试件 PC2

PC2 试件在整个模拟过程中总能量维持在零点左右，模拟过程中动能最大时和内能的比值为 0.042，惯性力的影响可以忽略，认为此过程达到准静态过程，模拟过程可靠。

图 4-44 为 PC2 试件模拟曲线对比，图 4-44(a) 和(b) 分别为 PC2 试件荷载-位移曲线和边节点水平位移的试验与有限元模拟对比图，由曲线可知，模拟曲线与试验曲线在受力前期吻合良好，峰值荷载点荷载位移值相差很小。模拟的边节点水平位移与试验曲线趋势相同。但是在荷载下降至最低点位置处，插销钢筋已经发生断裂，荷载下降明显，虽模拟后期荷载有所上升，但跟试验曲线还是有所差距。这种差距主要是模拟过程中混凝土材料并未发生压溃脱落现象，与试验现象不同。

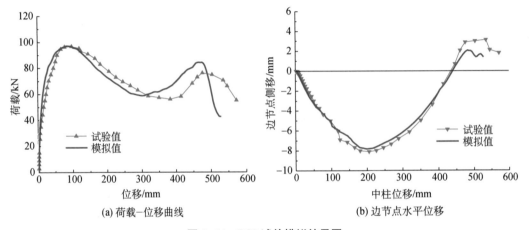

(a) 荷载-位移曲线 （b) 边节点水平位移

图 4-44　PC2 试件模拟结果图

图 4-45 为 PC2 试件破坏模式对比图。可以看出，试验破坏模式与模拟破坏模式基本相同，边节点处框架柱外侧和梁端上部出现大量裂缝，梁端混凝土与牛腿交接处挤压破坏，角型钢板与牛腿之间混凝土全部发生破坏。中节点梁端企口混凝土发生破坏，中柱牛腿损伤不明显。

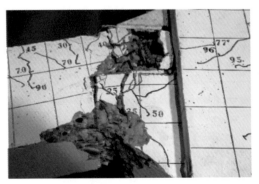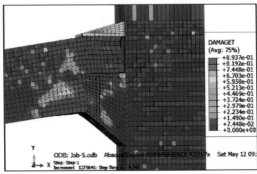

(a) 边节点

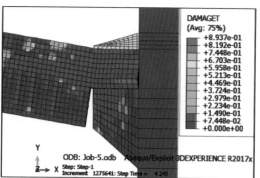

(b) 中节点

图 4-45　PC2 试件破坏对比图

　　图 4-46 为 PC2 试件边柱牛腿位置上插销杆在整个模拟过程中的应力云图变化。从图中可以看出，插销杆的受力主要集中在与框架柱接触的范围内，牛腿内部部分发生变形。插销杆与角型钢板连接处受力最大，插销杆在此被剪断。插销杆被剪断发生在中柱的竖向位移为 515 mm 处，在悬索机制发展阶段，插销杆被剪断后荷载迅速降低。虽然 PC2 模拟最终的破坏模式与试验不同，但在承载能力和极限位移方面相差不大。图 4-47 为 PC2 试件节点连接高强螺杆的应力变化云图，相比于 PC1 试件高强螺杆应力，PC2 试件螺杆应力较大。

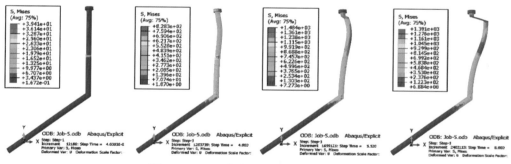

图 4-46　PC2 试件边柱插销杆应力变化图

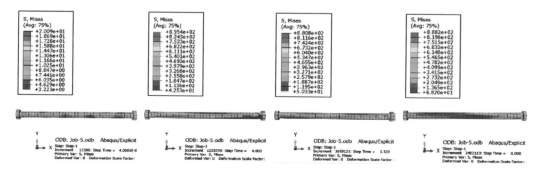

图 4-47　PC2 试件高强螺杆应力变化图

表4-12为试件模拟值与试验值的对比图。除PC2试件第二峰值荷载、位移有所差异外，其余结果吻合良好。RC和PC1试件承载能力与极限位移的模拟误差均不超过5%，PC2试件第一峰值荷载值与位移值误差也在5%以内。

表4-12　模拟结果汇总表

试件编号		第一峰值		回原点 /mm	第二峰值		边节点最大侧移 /mm	破坏形式
		荷载 /kN	位移 /mm		荷载 /kN	位移 /mm		
RC	试验值	119.2	130.9	423.5	145.3	613.9	7.44/13.56	梁钢筋拉断
	模拟值	119.5	128.2	413.97	147.08	613.1	6.33/14.47	钢筋断裂
PC1	试验值	90.9	100.5	—	—	—	8.11/—	插销杆剪断
	模拟值	89.76	98.77	—	—	—	8.18/—	插销杆剪断
PC2	试验值	96.9	95.95	434.08	76.2	474.9	8.09/3.12	混凝土脱落
	模拟值	97.3	92.6	438.5	84.3	464.4	7.82/1.67	插销杆剪断

九、结构参数对连续倒塌抗力的影响

（1）插销杆效应

根据试验结果，装配式试件的破坏主要发生在连接区域的梁端，为了增强连接的可靠性，尤其是移除中柱后连接的延性，需要对连接进行优化设计。PC1试件的破坏是由于插销杆被剪断，PC2试件的破坏则是因为梁端区域混凝土压溃发生脱落。根据两者的破坏模式，连接优化分析将重点改进插销钢筋的性能，通过改变插销杆的性能来增强连接强度与延性。

试验中所用的插销杆为普通钢筋所加工，受剪强度较小，可以通过利用高强螺杆和增大钢筋直径来提供更高强度的剪力，保证插销杆在受力过程中发挥其高强度的受力性能。表4-13为研究插销杆对试件承载力影响的工况。

图4-48为PC1试件参数分析结果图，图(a)为荷载-位移关系曲线，由图中可以看出，优化后的梁柱连接节点性能明显提高，PC1-1和PC1-2分析曲线一直在试验曲线上方，而且分析曲线存在两个上升段，第二峰值荷载高于第一峰值荷载，抗连续倒塌二次防御性能好。图(b)为边节点水平位移曲线，从图中可以看出，PC1-1和PC1-2模型边节点向框架外的位移与试验值相差不大，产生向框架内的位移，说明子结构受力进入悬索效应阶段。荷载能力与极限位移见表4-14。

表4-13　插销杆分析工况表

模型编号	分析工况	备注
PC1-1	插销杆采用10.9高强螺杆	优化PC1
PC1-2	插销杆采用直径为25 mm的钢筋	
PC2-1	插销杆采用10.9高强螺杆	优化PC2
PC2-2	插销杆采用直径为25 mm的钢筋	

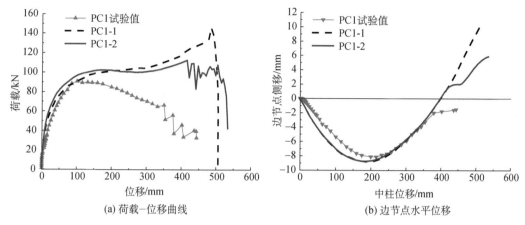

(a) 荷载-位移曲线　　　　　　　　(b) 边节点水平位移

图 4-48　PC1 试件连接优化设计结果

图 4-49 为 PC2 试件参数分析结果图,图 4-49(a) 为荷载-位移关系曲线,从图中可以看出,PC2-1 和 PC2-2 分析曲线一直在试验曲线上方,第二峰值荷载高于第一峰值荷载,抗连续倒塌二次防御性能好。图 4-49(b) 为边节点水平位移曲线,从图中可以看出,PC2-1 和 PC2-2 模型边节点向框架外的位移与试验值相差不大,向框架内的位移则明显大于试验值。荷载能力与极限位移见表 4-14。

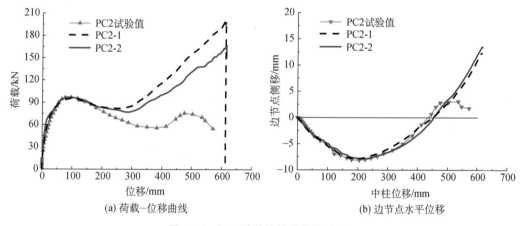

(a) 荷载-位移曲线　　　　　　　　(b) 边节点水平位移

图 4-49　PC2 试件连接优化设计结果

表 4-14 为节点优化模型分析结果汇总表。PC1-1 和 PC1-2 压拱效应阶段承载能力较试验值分别提高 31% 和 13%;PC1-1 压拱效应与现浇试件压拱效应承载力相当,PC1-2 压拱效应峰值为现浇试件的 86%,PC1-1 和 PC1-2 悬索效应阶段承载力分别为现浇试件悬索效应承载力的 98% 和 77%。虽然没有达到现浇试件的承载能力,但相比于 PC1,在抗连续倒塌二次防御能力方面有了很大的提高。

表 4-14　插销杆分析结果汇总表

试件编号	第一峰值		回原点 /mm	第二峰值		边节点最大侧移 /mm	破坏形式
	荷载 /kN	位移 /mm		荷载 /kN	位移 /mm		
RC	119.2	130.9	423.5	145.3	613.9	7.44/13.56	梁钢筋拉断
PC1	90.9	100.5	—	—	—	8.11/ —	插销杆剪断
PC1-1	119.4	399.2	399.24	141.8	459.2	8.73/5.92	梁钢筋拉断
PC1-2	102.4	173.2	395.35	112.5	415.2	8.80/9.89	插销杆剪断
PC2	96.9	95.95	434.08	76.2	474.9	8.09/3.12	混凝土脱落
PC2-1	95.6	95.72	449.65	198.7	608.85	7.82/12.28	梁钢筋拉断
PC2-2	97.1	97.47	453.63	167.6	615.24	7.83/13.42	梁钢筋拉断

　　PC2-1 和 PC2-2 压拱效应阶段承载能力与试验值相当,悬索效应承载力较试验值提高 161% 和 120%;PC2-1 和 PC1-2 压拱效应分别为现浇试件的 80% 和 81.5%,悬索效应阶段承载力较现浇试件承载力提高 37% 和 15%。由此可见,优化后的 PC2 试件抗连续倒塌受力性能变好,二次防御能力优于现浇试件。

　　(2) 角型钢板效应

　　角型钢板是连接预制混凝土梁、柱的关键构件,是为间接连通框架梁上部钢筋设置的。为了研究角型钢板对全装配式混凝土试件承载能力的影响,设置了如表 4-15 所示的工况,分析不同角型钢板类型对试件抗连续倒塌性能的作用,PC1-3 ~ PC1-6 研究不等肢角型钢板加劲肋的作用,PC1-7 和 PC1-8 研究等肢角型钢板与不等肢角型钢板的区别。试验试件 PC1 所用角型钢板有三根钢肋,作为 PC1-3 ~ PC1-8 模型的对比模型。

表 4-15　角型钢板分析工况表

模型编号	分析工况	备注
PC1-3	无角型钢板作用	基于 PC1 试件试验结果
PC1-4	无钢肋的角型钢板	
PC1-5	有一根钢肋的角型钢板	
PC1-6	有两根钢肋的角型钢板	
PC1-7	无钢肋的角型钢板	等肢角型钢板
PC1-8	有一根钢肋的角型钢板	

　　图 4-50 为不同模型的角型钢板示意图,均采用 10 mm 厚钢板,变量为钢板焊接的钢肋数目。

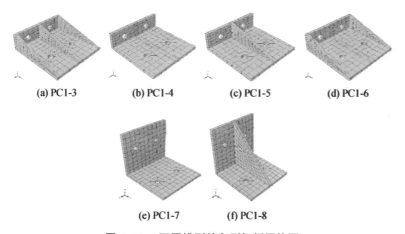

(a) PC1-3   (b) PC1-4   (c) PC1-5   (d) PC1-6

(e) PC1-7   (f) PC1-8

图 4-50　不同模型的角型钢板网格图

图 4-51 为角型钢板 Mises 应力云图,从图中可以看出,没有焊接钢肋的角型钢板应力最大部位在短肢螺栓孔周围,焊接钢肋后短肢螺栓孔周围应力有所降低;相比焊有带钢肋的角型钢板,有一根钢肋的角型钢板的钢肋中部产生较大的应力,有 2 根钢肋和 3 根钢肋的角型钢板应力云图较为相似,各部位应力相差不大;与不等肢角型钢板应力云图不同,等肢角型钢板螺栓孔处应力较大,整个钢板的变形也较大。

图 4-52 为不同类型的角型钢板对试件承载力影响的分析结果。图 4-52(a) 为荷载-位移曲线,由图可以看出,PC1-3 模型荷载-位移曲线在其他曲线下方,承载能力仅为 PC1 试件承载力的 58.9%,说明角型钢板对试件承载能力影响很大;PC1-4 模型荷载-位移曲线略低于 PC1 试件曲线,但明显高于 PC1-3 模型曲线,其承载力约为 PC1 试件的 91.88%。焊接一个钢肋的模型 PC1-5 稍低于焊接有两个钢肋的模型 PC1-6,但 PC1-5 和 PC1-6 荷载-位移曲线与 PC1 都相差不大,说明焊接有多个钢肋的角型钢板均相当于刚体,受力性能相当。并且,PC1-7 模型承载力为 PC1-4 模型承载力的 95.67%,二者相差不大,PC1-7 模型先于 PC1-4 模型破坏,PC1-4 模型的延性好于 PC1-7,整体受力性能 PC1-4 要好;PC1-5 模型与 PC1-8 模型加载前期受力基本相同,荷载-位移曲线重合,加载后期 PC1-5 模型比 PC1-8 模型受力好。

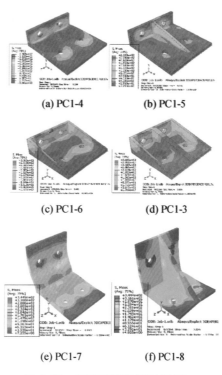

(a) PC1-4   (b) PC1-5

(c) PC1-6   (d) PC1-3

(e) PC1-7   (f) PC1-8

**图 4-51　不同类型角型钢板 Mises
应力云图(边节点)**

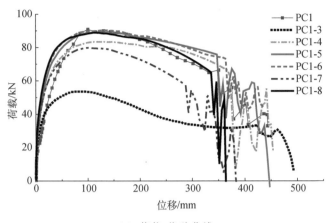

（a）荷载-位移曲线

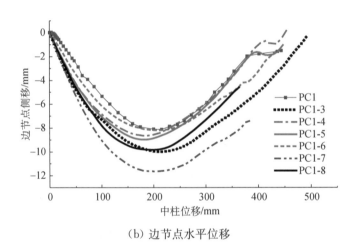

（b）边节点水平位移

图 4-52　角型钢板对试件承载力影响分析结果

图 4-52（b）为边节点水平侧移曲线。可以看出，角型钢板对模型边节点的水平侧移影响明显。PC1-7 模型边节点向框架外的位移最大，安装角型钢板的几个模型边节点的水平位移相差不大，PC1 模型侧移最小。这说明角型钢板在节点处对预制梁和预制柱的拉结作用明显，压拱效应阶段对边节点上截面的拉力使其向外的位移减小。等肢角型钢板模型的边节点水平位移要大于不等肢角型钢板模型。

表 4-16 为角型钢板分析结果。PC1-3 承载能力最低，为 PC1-4 试件的 64%，说明角型钢板在梁柱节点的连接中作用明显。考虑钢肋的作用时，带有钢肋的 PC1-5 和 PC1-6 较 PC1-4 承载力分别提高 6.96% 和 8.24%，PC1 较 PC1-4 承载力提高 8.84%，钢肋越多，模型承载力越大，从 PC1 和 PC1-6 承载力对比来看，二者均可看成是刚体，对模型承载力影响相差不大。有钢肋的等肢角型钢板模型承载力与不等肢基本相同，没有焊接钢肋的等肢角型钢板模型承载力小于不等肢角型钢板模型。

边节点水平位移中，等肢角型钢板模型向框架外的位移较大，PC1-7 模型边节点向框架外水平位移最大,为 11.6 mm,其余模型向框架外的位移均在 8～10 mm 之间。模型破坏模式中,PC1-3、PC1-7 和 PC1-8 模型为中节点牛腿和框架梁接触面处的插销杆被剪断,其余模型破坏则是由于边节点梁端上部插销杆被剪断。

表 4-16   角型钢板分析结果汇总表

试件编号	第一峰值		边节点最大向外侧移 /mm	破坏形式
	荷载 /kN	位移 /mm		
PC1	90.9	100.5	8.11	边节点上部插销杆剪断
PC1-3	53.58	88.1	10.0	中节点下部插销杆剪断
PC1-4	83.52	113.7	8.64	边节点上部插销杆剪断
PC1-5	89.33	125.1	8.96	边节点上部插销杆剪断
PC1-6	90.4	137.4	8.18	边节点上部插销杆剪断
PC1-7	79.9	99.8	11.6	中节点下部插销杆剪断
PC1-8	88.9	114.1	9.82	中节点下部插销杆剪断

4.2.2   动载试验研究

一、试验方案

为了研究全装配式混凝土框架结构在遭遇煤气爆炸、汽车撞击和炸弹袭击等偶然荷载作用下结构抗连续性倒塌性能,本试验设计了一栋纵横向均为四跨的七层全装配式混凝土框架结构,如图 4-53 所示。该框架结构横向柱距为 6.0 m,纵向柱距为 7.5 m,层高为 3.6 m,整体为 24 m×30 m×25.2 m 的长方体空间规则结构。框架柱截面尺寸为 700 mm×700 mm,框架梁截面尺寸为 400 mm×600 mm。

该结构按照《混凝土结构设计规范》(GB 50010—2010)[5] 和《建筑抗震设计规范》(GB 50011—2010)[15],利用结构设计软件 PKPM 三维空间分析设计模块 SATWE 对结构整体进行配筋计算。结构荷载按照《建筑结构荷载规范》(GB 50009—2012)[14] 规定,屋面活荷载取为 0.5 kN/m^2,其他楼层活荷载取为 2 kN/m^2,填充墙采用空心小砌块,重度为 11.8 kN/m^3。恒荷载计算时考虑楼板厚度为 160 mm,并在除去梁柱板墙的自重外考虑外加 5 kN/m^2 的荷载。结构考虑 7 度设防。

考虑到该连接节点形式的弯矩传递能力有限,本书在 PKPM 软件进行结构计算时,考虑了两种计算模型,如图 4-54 所示,分别为:(a) 梁柱刚接形式,框架梁与框架柱完全刚接,节点区域既传力剪力,又传递弯矩,承载能力等同于现浇结构;(b) 铰接连接形式,这种连接方式中,框架柱通过可靠连接,性能与整体现浇柱相当,而预制框架梁与预制框架柱在梁端采用铰接形式,节点区域只传递剪力,不传递弯矩。分别采用这两种计算模型进行配筋计算,最终配筋方案取两种方案中配筋的较大值。

选取图 4-53 中阴影部分所示的框架子结构作为试验研究对象,按照 1∶2 比例缩尺,制定了框架子结构的试验模型。试件包括 1 个全装配式混凝土框架子结构(PC)和 1 个作为对照组的现浇框架子结构(RC)。试件的详细尺寸如图 4-54 和表 4-17 所示,柱截面是边长为 350 mm 的正方形,框架中柱高度取为 1 500 mm,边柱取试件原型中底层整根柱至二层柱的反弯点,并考虑了现场试验中侧向约束所占用的安装位置,边柱总高为 3 000 mm。通过约束边柱底端截面为 500 mm×500 mm 的地梁来模拟原型结构中柱子的底端约束。框架梁为 200 mm×300 mm 矩形截面,梁净跨为 2 650 mm。根据 PKPM 结构计算配筋的结果,最终框架子结构试验模型的详细配筋如图 4-54 和表 4-17 所示。

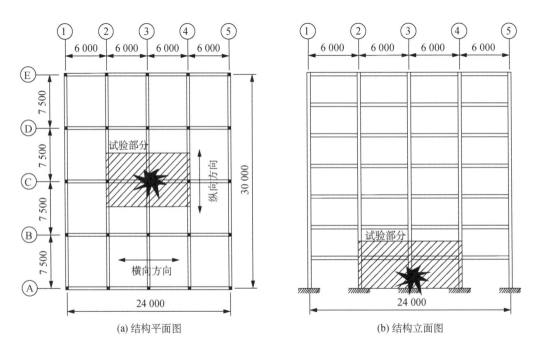

(a) 结构平面图　　　　　　　　　　　　　　(b) 结构立面图

图 4-53　原型结构尺寸图以及试验研究区域

表 4-17　试件详细信息表

试件编号	试件尺寸				纵向钢筋			横向箍筋		
	柱截面/mm²	边柱高/mm	梁截面/mm²	梁净长/mm	柱纵向筋	梁纵向筋	牛腿纵筋	柱箍筋	梁箍筋	牛腿
PC	350×350	3 000	200×300	2 630	8Φ16	4Φ18	4Φ14	Φ6@50/100	Φ6@50/100	Φ6@40
RC	350×350	3 000	200×300	2 650	8Φ16	4Φ18	—			—

注:表中 Φ16 表示直径为 16 mm 的变形钢筋,Φ6 表示直径为 6 mm 的光圆钢筋。

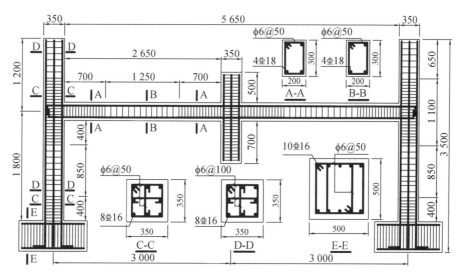

（a）现浇 RC 试件

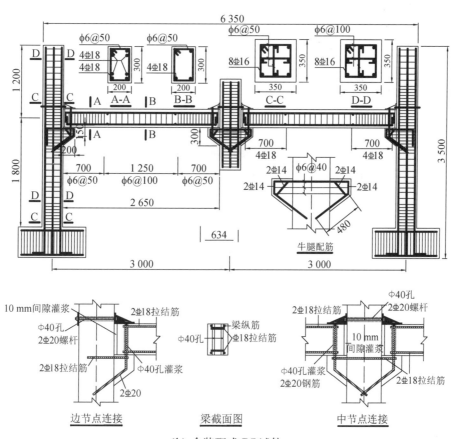

（b）全装配式 PC 试件

图 4-54　试件尺寸详图和配筋方案

试件 PC 为全装配式节点试件,采用明牛腿-插销杆-角型钢板作为预制梁柱的连接方式,如图 4-54(b) 所示。预制框架梁配筋为 4T18,纵向受力钢筋在预制梁端弯起作为纵筋的锚固措施。梁端留有 2 个直径为 40 mm 的孔,为安装插销杆预留,并在预制梁端上下纵向钢筋位置设置 U 形拉结钢筋,绕过孔洞将孔洞拉结锚固。预制柱牛腿内部同样设置 U 形锚固钢筋,将牛腿内部插销部分拉结锚固。预制框架柱纵向配筋为 8T16,地梁设置了较多的纵向钢筋以保证该部分在试验中保持在弹性阶段。PC 试件节点处除了插销杆与牛腿的连接外,在预制梁端上表面处插销杆顶端还与角型钢板通过螺母连接在一起。角型钢板为不等肢角钢,并焊接了三个小钢肋保证其刚度,如图 4-55 所示。角钢长肢面与插销杆连接,短肢面与穿过预制柱预留孔洞的高强螺杆连接,高强螺杆穿过孔洞,用锚固板锚固于预制柱背面。考虑安装误差,预制梁端面与预制柱相接的地方预留 10 mm 宽的间隙,此安装间隙在安装完成后用高强灌浆料填充。试件 RC 为现浇框架子结构试件,作为全装配式框架子结构的对照试件,该试件的配筋方案与 PC 试件一致,中柱节点处纵向钢筋通长配置,端部节点处钢筋通过弯钩锚固在边柱内。

图 4-55 角型钢板图

试验试件的混凝土设计强度为 C35,纵向钢筋均采用 HRB400 级钢筋,横向箍筋采用 HPB300 级钢筋,现场试验实测的钢筋和混凝土力学性能指标如表 4-18 所示。PC 试件采用梁柱单独预制,安装就位时,首先固定预制框架柱,再安装预制框架梁,定位安装后用高强灌浆料对预留孔洞和梁柱连接面间隙进行填充。RC 试件采用现场原位一次性浇筑完成。

表 4-18 材料性能实测值

项目	钢筋类型	屈服强度 /MPa	极限强度 /MPa	断后伸长率
钢筋	Φ 6	385	460	$\delta_5 = 26\%, \delta_{10} = 21\%$
	Φ 14	465	616	$\delta_5 = 25\%, \delta_{10} = 22\%$
	Φ 16	505	630	$\delta_5 = 28\%, \delta_{10} = 23\%$
	Φ 18	485	622	$\delta_5 = 24\%, \delta_{10} = 21\%$
	Φ 20	493	629	$\delta_5 = 27\%, \delta_{10} = 19\%$
混凝土	PC:立方体(边长 150 mm),35.4 MPa；RC:立方体(边长 150 mm),37.4 MPa			
灌浆料	PC:立方体(边长 100 mm),45.1 MPa			

二、加载装置

混凝土框架子结构快速移除动力试验加载装置如图 4-56 所示,该装置包括钢架加载装置、中柱脱钩装置、边柱侧向铰接约束装置、地梁约束装置、中柱侧向约束装置和梁身重物加载装置六大部分。为了保证试验能够顺利完成,所有装置均为预先设计和现场制作安装完成。

钢架加载装置如图 4-56 中 ② 所示,包括两个侧向支撑钢架和一个横向加载钢梁。侧向支撑钢架高 4.45 m,由 4 个型号[36b(360×98×11.0)的槽钢焊接而成,同时在槽钢背面焊接钢条桁架结构以增强该支撑的约束能力。横向加载钢梁长 8.1 m,由 4 个型号为 I24b(240×118×10.0)的工字型钢焊接而成。加载钢架装置为中柱的脱钩装置提供了着力点,同时又可以为边柱的侧向约束装置提供支撑。

中柱脱钩装置如图 4-56 中 ③ 所示,设计详图如图 4-57 所示。脱钩装置的目的是为了模拟实际结构中柱构件在偶然荷载下的突然破坏,通过快速释放机制将脱钩装置内的轴力迅速释放,以达到柱构件破坏轴力快速释放的效果。脱钩装置包括脱钩器、荷载传感器以及连接装置。脱钩器采用的是扬州雷励斯公司生产的 TGQ-10-LS 型 10 t 拉绳快速脱钩器,该脱钩器能保证在较短的时间内将轴力卸载。荷载传感器采用的是扬州科动公司生产的 KD4010 型 10 t 荷载传感器,该荷载传感器用来测量脱钩装置中的轴向拉力。荷载传感器与脱钩器装置通过螺杆相连。连接装置将已连接好的荷载传感器与脱钩装置连接到上方的加载横梁上,为脱钩装置提供竖向着力点。

注:① 试件;② 钢架加载装置;③ 中柱脱钩装置;④ 边柱侧向铰接约束装置;
⑤ 地梁约束装置;⑥ 中柱侧向约束装置;⑦ 梁身重物加载装置。

图 4-56　加载装置设计图与照片

边柱侧向铰接约束装置如图 4-56 中 ④ 所示,详细设计如图 4-58 所示。该约束装置安装在边柱第二层反弯点处,用来模拟实际结构上层柱对子结构边柱的约束,由于侧向支撑钢架以及侧向铰接约束装置为有限刚度,根据已完成的荷载试验数据结果,该侧向铰接约束装置的水平刚度约为 10 kN/mm。边柱侧向铰接约束装置包括 2 个单项铰、1 个荷载传感器和相应的连接装置。单向铰只传递水平方向的轴力,而不传递弯矩。荷载传感器采用扬州科动公司生产的 KD4030 型 30 t 荷载传感器。相应的连接装置用来保证边柱反弯点与侧向加载钢架的可靠有效连接。

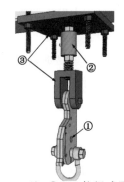

注:①10 t 拉绳式脱钩器;②10 t 荷载传感器;③ 连接装置。

图 4-57　脱钩装置设计图

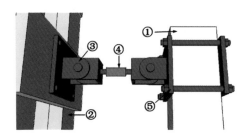

注：① 试件边柱；② 侧向支撑钢架；③ 单向铰；④30 t 荷载传感器；⑤ 连接装置。

图 4-58 边柱侧向铰接约束装置设计与照片详图

地梁约束装置如图 4-56 中 ⑤ 所示，设计示意图如图 4-59 所示。该装置的目的是通过底部横向支撑钢梁，以及扁担梁固定边柱地梁，为边柱提供一个相对可靠的固定约束边界，模拟实际结构中柱底约束条件。地梁约束装置包括 4 根扁担梁、8 套地脚螺栓、1 根横向支撑钢梁以及相应的连接装置。扁担梁长 1.5 m，由 2 根带肋型号为[22b(220×79×9.0)的槽钢背向焊接加工组成。地脚螺栓的直径为 100.0 mm，通过和扁担梁配套使用，为地梁提供竖向约束。底部横向支撑钢梁长 4.8 m，由一根型号为 HW400×400 的 H 型钢加工而成。通过相应的连接装置将试件的两根地梁连接起来，使试件的两根地梁横向水平方向处于自平衡状态，从而提供可靠有效的水平约束。

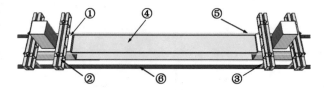

注：① 边柱地梁；② 扁担梁；③ 地脚螺栓；④ 横向支撑钢梁；⑤ 连接装置；⑥ 地槽。

图 4-59 地梁约束装置设计图

中柱侧向约束装置如图 4-56 中 ⑥ 所示。该装置的目的是提供试件平面外的水平约束，防止试件整体发生平面外的位移，以及提供中柱平面内的水平约束，防止试件中柱在试验过程中发生偏头现象。中柱侧向约束装置包括两个部分：平面外约束装置和平面内约束装置。

梁身重物加载装置如图 4-56 中 ⑦ 所示，在梁身施加重物荷载是为了模拟实际结构中的梁身荷载。该装置由重物篮和钢绞线组成。重物篮根据 25 kg 砝码的尺寸设计，为一个边长为 1.9 m×0.9 m×0.7 m 的长方体空间，施加的 25 kg 砝码重物按层添加，每层砝码个数为 40 个，总计每层质量为 1t。重物篮主体由型号为 I8(100×68×4.5) 的工字型钢焊接而成，在底面和侧面槽钢空隙中焊接直径为 18 mm 的钢筋，用于防止砝码从槽钢空隙中跌落，每个重物篮自重为 235 kg，钢绞线直径为 9.5 mm。重物篮通过钢绞线固定在梁身指定位置，为了防止钢绞线与梁身接触面发生局压破坏，在钢绞线和梁身接触面中放入了尺寸为 200 mm×200 mm 的橡胶垫片。重物篮的具体悬挂位置如图 4-60 所示，悬挂点位置的选取综合考虑了荷载分布、重物篮尺寸、梁身变形后是否会发生碰撞等多种因素。

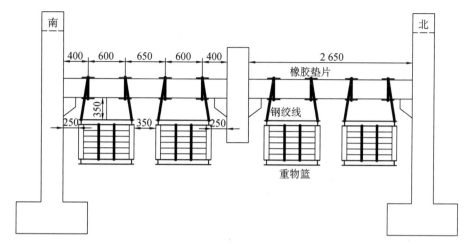

图 4-60　梁身重物悬挂位置示意图

三、加载步骤

由于本次试验设计的全装配式试件和现浇试件均仅一个,因此不能同一批试件进行不同荷载下的多次试验,而只能利用同一个试件进行不同荷载级别试验,试件的加载过程按照如下步骤进行:

(1) 自重测量。为了方便装配式试件的安装以及现浇试件的浇筑,此时中柱并未通过脱钩装置与横向加载钢梁相连,而是通过中柱底下的千斤顶提供竖向轴力。为了测量由于混凝土自重产生的竖向轴力,测量按如下步骤进行:第一步将脱钩装置中的荷载传感器接入测量仪器并归零,并通过脱钩装置将中柱头和加载横梁连接起来;第二步在中柱头表面接入位移测量仪器用来监测中柱头的竖向位移变化;第三步缓慢将中柱头下面千斤顶中轴力释放,将竖向轴力的承担者由柱下千斤顶逐渐转变为柱上脱钩装置;第四步由于脱钩装置与中柱头连接并未卡紧,且脱钩装置的刚度也并非无穷大,根据监测到的中柱头竖向位移显示,中柱头有较小向下位移,此时再调节脱钩装置中的连接装置将装置整体往上移动,直到中柱头上的监测整体的竖向位置与未卸千斤顶时位置一致时结束;第五步读取脱钩装置中荷载传感器的读数,即为中柱自重轴力。

(2) 梁身重物加载。将梁身加载装置按照指定的悬挂位置安装,根据第(1)步测得的自重荷载下的中柱轴力以及重物篮的自重,为保证第一级试验结构始终处于弹性阶段,根据试验的有限元模型计算得到第一级每个重物篮中的加载荷载为 1 kN,即 0.1 t 重物。

(3) 脱钩器快速释放。待第(2)步中梁身重物加载完毕,撤下脱钩器的保险栓,并沿着脱钩器的驱动臂方向拉开驱动臂将脱钩器中的轴力快速释放,以达到模拟实际结构中框架柱破坏轴力释放的效果。

(4) 中柱头回顶。为了进行下一级荷载试验,利用预留在中柱底下的液压千斤顶将中柱头竖向顶回,直到中柱头位移监测显示柱头已达到释放前位置停止,并将脱钩器重新卡住。

(5)第二级加载直至结构破坏。将柱下的液压千斤顶移开,并开始往重物篮中添加第二级试验荷重,根据计算结果,以后每个重物篮内的每级加载荷载均为 10 kN,即 1.0 t 重物,加载完毕后重复第(2)至(5)步,直到结构发生预期破坏,试验结束。

四、测试设置和仪器

测量方案总共包括位移测量、钢筋应变测量、荷载测量、加速度测量以及高速摄像机破坏模式捕捉等五个方面。位移、钢筋应变以及荷载测量共用一台采集仪器。

位移测量布置方案如图 4-61 所示,考虑到本次试验试件具有较快的变形速度,一般的接触式位移传感器可能会面临困难,因此本次试验位移传感器均采用非接触式的激光位移传感器。其中 D1 和 D2 位置处的位移较大,采用的是日本基恩士公司生产的 IL-600＋IL-1000 型激光传感器,该型号传感器量程为 800 mm,精度为 1.0 mm,盲区为 0～200 mm,测量中心位置距激光发射头 600 mm,本次试验该激光传感器输出的是 0～5V 的电压模拟信号。边柱位移 S1～S4 较小,采用的是日本松下公司生产的 HG-C1200 型 激光传感器。该型号传感器量程为 160 mm,精度为 0.2 mm,盲区位 0～120 mm,测量中心位置距激光发射头 120 mm,本次试验该激光传感器输出的是 0～5V 的电压模拟信号。测量仪器采用的是德国 HBM 公司生产的 MGCplus,该仪器拥有 16 个 0～5V 电压模拟信号采集通道,通道通过桥盒连接,本次试验位移的采样频率为 2 400 Hz。

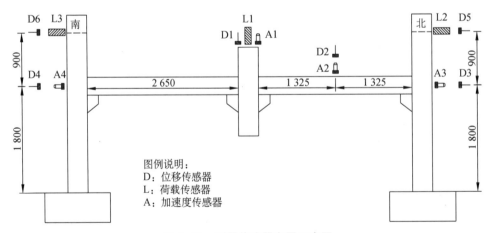

图例说明:
D:位移传感器
L:荷载传感器
A:加速度传感器

图 4-61　测量传感器布置示意图

根据预期的试验结果,不同位置采用的荷载传感器吨位不同,L1 处采用的是扬州科动公司生产的 KD4010 型 10 t 荷载传感器,L2 和 L_3 处采用的是扬州科动公司生产的 KD4030 型 30 t 荷载传感器,该系列传感器属于拉压类传感器,能够同时测量拉力和压力。根据厂家提供的参数信息以及标定结果,两种传感器的灵敏度系数均为 1.9 mV/V。荷载传感器信号同样采用 MGCplus 仪器测量,通道通过 25 针串口连接,传感器信号按照全桥接线方式采集。

加速度传感器采用的是美国 Wilcoxon 公司生产的型号为 799LF 的加速度传感器,该传感器的灵敏度系数为 500 mV/g。采集系统用的是动态数据采集仪,由北京东方研究所研发,该系统能够同时采集 4 个加速度信号,本次试验加速度信号采集频率为 12.28 Hz。

钢筋应变测量方案如图 4-62 所示,PC 试件预计采集 36 个应变片数据,RC 试件预计采集 20 个应变片数据。钢筋应变片采用的是中航电测公司生产的 BE120-5AA(11) 型应变片,电阻值为 120.3 Ω。应变信号同样采用 MGCplus 仪器测量,通道通过 25 针串口连接,应变片信号按照全桥自补偿方式采集,应变信号采样频率为 2 400 Hz。

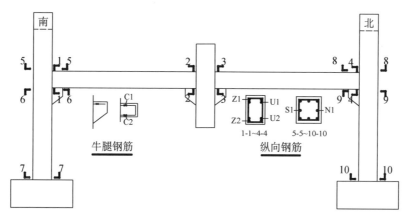

（a）PC 试件

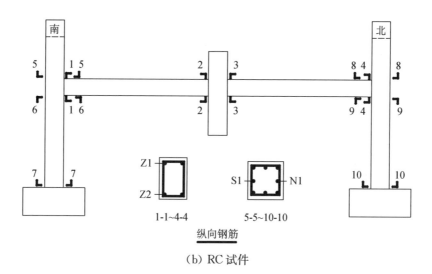

（b）RC 试件

图 4-62　试件钢筋应变片采集方案

高速摄像机采用的是日本生产的型号为160K-M-16GB的高速摄像机,该摄像机的目的在于捕捉试件边柱节点的开裂模式以及破坏过程。摄像机的采样频率为1 024帧/s,采样时长为8 s。

五、试验结果

全装配式混凝土框架子结构试件(PC试件)总共完成了四级加载,在第四级中柱轴力释放过程中,南侧梁柱节点中的两根插销被剪坏,随即整体发生了倒塌,梁身重物篮倒塌在地,中柱总竖向位移达520 mm,子结构完全破坏。此时,梁身全部重物约为13.34 t,试验结束。现浇混凝土框架子结构试件(RC试件)总共完成了六级加载,在第六级中柱轴力释放后,结构并未马上发生倒塌,持荷约20 min后,北侧边节点梁端上部两根纵向受力钢筋发生断裂,随即中柱整体竖直向下发生大位移,总竖向位移达490 mm,但由于子结构的悬链线效应,整体并未直接倒塌在地。此时,梁身全部重物约为17.34 t,试验结束。为了直接客观地对比PC试件和RC试件抗连续倒塌的性能,本试验采用完全相同的试验加载方案对两个试件进行加载。根据试验加载方案,PC试件和RC试件在未施加梁身荷载前,测得由结构自重效应产生的中柱竖向轴力分别为14.7 kN和13.5 kN。各级荷载中柱轴力值如表4-19所示。

表4-19 各级加载荷载和中柱轴力值 （单位：kN）

荷载级数	加载点1	加载点2	加载点3	加载点4	总荷载	PC试件中柱轴力	RC试件中柱轴力
自重	—	—	—	—	—	14.7	13.5
第一级	3.35	3.35	3.35	3.35	13.4	20.6	21.5
第二级	13.35	13.35	13.35	13.35	53.4	43.8	39.7
第三级	23.35	23.35	23.35	23.35	93.4	60.6	59.8
第四级	33.35	33.35	33.35	33.35	133.4	81.1	76.8
第五级	33.35	43.35	43.35	33.35	153.4	—	101.0
第六级	33.35	53.35	53.35	33.35	173.4	—	114.3

（1）荷载挠度关系

第一级:中柱脱钩装置中的荷载传感器记录的轴力释放过程如图4-63所示,荷载传感器在试验脱钩前读数归零,释放结束后根据读数差值得到中柱轴力。由图可得,PC试件和RC试件释放前的中柱轴力分别为21.5 kN和20.6 kN,轴力释放时间分别为0.030 s和0.064 s,试件在轴力释放时间上存在较大的差异,原因可能是前几级轴力较小,轴力的释放时间对人工拉开脱钩器过程较为敏感,后几级轴力逐渐增大后,轴力释放时间逐渐趋于稳定。两个试件的中柱轴力基本相同,除去试件自重效应的影响,梁身荷载对PC和RC试件中柱轴力的贡献分别为6.8 kN和7.1 kN,约为整个梁身荷载的一半。中柱脱钩器脱开后,中柱竖向位移以及北侧梁跨中响应曲线如图4-64所示,位移响应曲线特征值如表

4-20 所示。从图表中可得,在相同荷载条件下,PC 试件竖向位移幅值以及振动幅度都比 RC 试件更大,说明 PC 试件的竖向刚度较小。位移动力放大系数是指峰值位移与平衡位移之比,该比值反映了结构的动力效应。PC 试件中柱响应时间较 RC 试件长。位移响应曲线还反映出一个现象,随着振动幅值的衰减,结构自振周期有小幅度的减小。

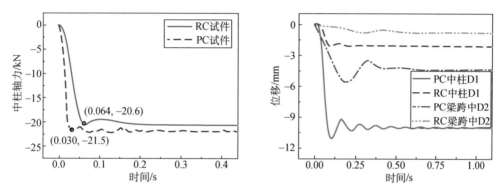

图 4-63　第一级加载中柱轴力释放曲线　　图 4-64　第一级加载中柱及梁跨中竖向位移响应曲线

表 4-20　中柱及梁跨中竖向位移响应曲线特征值

项目		峰值位移/mm	平衡位移/mm	中柱轴力/峰值位移/(kN/mm)	位移动力放大系数	峰值位移时间点/s	轴力释放时间/s	响应时间/s	自振周期/s
PC 一级	中柱	−11.1*	−10.0	1.93	1.11	0.106	0.030	0.076	0.100
	梁跨	−5.6	—		1.27	0.194		0.164	
RC 一级	中柱	−2.2	−2.1	9.36	1.05	0.102	0.064	0.0038	0.090
	梁跨	−0.9	−0.8		1.13	0.304		0.240	
PC 二级	中柱	−24.1	−21.1	1.82	1.14	0.159	0.028	0.131	0.158
	梁跨	−11.2	—		—	0.165		0.137	
RC 二级	中柱	−6.6	−6.0	5.98	1.11	0.130	0.036	0.094	0.137
	梁跨	−3.5	−3.3		1.06	0.127		0.091	
PC 三级	中柱	−58.1	−53.7	1.03	1.08	0.233	0.026	0.207	0.218
	梁跨	−28.8	—		—	—		—	
RC 三级	中柱	−11.8	−9.5	5.13	1.24	0.144	0.029	0.115	0.190
	梁跨	−6.4	−5.2		1.23	0.144		0.115	
RC 四级	中柱	−19.2	−16.0	4.0	1.20	0.170	0.020	0.150	0.226
	梁跨	−9.1	−7.8		1.16	0.172		0.152	
RC 五级	中柱	−32.3	−28.2	3.1	1.15	0.216	0.022	0.194	0.264
	梁跨	−17.6	−15.0		1.17	0.211		0.189	
RC 六级		—	—	—	—	—		—	倒塌
		—	—		—	—		—	

注:"—"是指竖直向下的位移;RC 试件六级加载时,试件倒塌较为突然,试件倒塌过程均未采集到数据。

第二级：荷载总计 53.4 kN。脱钩装置中的荷载传感器记录的中柱轴力释放过程如图 4-65 所示。由图可得 PC 试件和 RC 试件释放前中柱轴力分别为 43.8 kN 和 39.7 kN，轴力释放时间分别为 0.028 s 和 0.036 s。与第一级加载相比，梁身荷载对 PC 和 RC 试件中柱轴力的贡献分别为 22.3 kN 和 19.1 kN，约为整个梁身荷载的一半，两者之间轴力的差异来源于第一级中柱重新归位的位移误差，当重新归位的中柱超过了原来的位置，此时轴力将大于一半的梁身荷载，当重新归位的中柱未达到原来的位置，此时轴力将小于一半的梁身荷载。轴力释放时间均有所减少，特别是 RC 试件释放时间减少了 43.3%，这与人为脱钩影响减小有关。

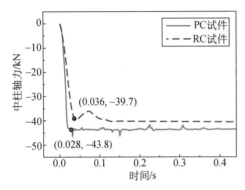 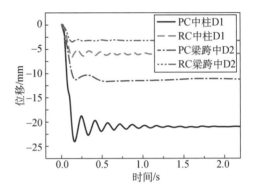

图 4-65　第二级加载中柱轴力释放曲线　　图 4-66　第二级加载中柱及梁跨中竖向位移响应曲线

中柱竖向位移以及北侧梁跨中响应曲线如图 4-66 所示，位移响应曲线特征值如表 4-20 所示。从图表中可得，与第一级加载相比，PC 试件的中柱和梁跨中峰值位移分别增加了 13.0 mm 和 5.6 mm，中柱轴力与峰值位移的比值下降了 5.7%，结构竖向刚度略微下降。由于结构整体质量的增加，自振周期增大了 58%。RC 试件的中柱和梁跨中峰值位移分别增加了 4.4 mm 和 2.6 mm，中柱轴力与峰值位移的比值下降了 36.1%，第一级加载采集的位移在 2.5 mm 以内，而激光位移计的精度为 1 mm，因此测量得到的位移数据有一定的偏差。由于结构整体质量的增加，自振周期增大了 52.2%。综合对比两个试件的试验数据，PC 试件具有较大的位移响应、自振周期以及响应时间，都反映出 RC 试件具有更大的刚度，而位移动力放大系数基本相同，说明二者均处于相同的受力阶段。

第三级：加载荷载总计 93.4 kN。脱钩装置中的荷载传感器记录的轴力释放过程如图 4-67 所示。由图可得，PC 试件和 RC 试件释放前中柱轴力分别为 59.8 kN 和 60.6 kN，轴力释放时间分别为 0.026 s 和 0.029 s。与第二级加载相比，梁身荷载对 PC 和 RC 试件中柱轴力的贡献分别为 16 kN 和 20.9 kN。释放时间开始稳定在 0.020 ～ 0.030 s 之间。中柱竖向位移以及北侧梁跨中响应曲线如图 4-68 所示，位移响应曲线特征值如表 4-20 所示。从图表中可得，与第二级加载相比，PC 试件的中柱和梁跨中峰值位移分别增加了 34.0 mm 和 17.6 mm，中柱轴力与峰值位移的比值下降了 40.7%。RC 试件的中柱和梁跨中峰值位移分别增加了 5.2 mm 和 2.9 mm，中柱轴力与峰值位移的比值下降了 14.2%,说明 RC 结构的竖向刚度同样减小了,但竖向刚度削减程度远低于 PC 结构,自振周期增大了 38.7%。

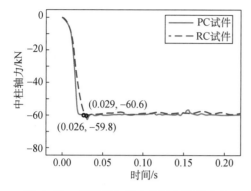

图 4-67　第三级加载中柱轴力释放曲线

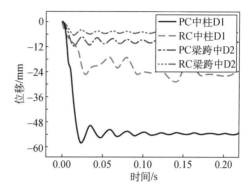

图 4-68　第三级加载中柱及梁跨中竖向位移响应曲线

第四级:加载荷载总计 133.4 kN。PC 试件和 RC 试件完成第四级轴力释放后,PC 试件发生了倒塌,中柱头和重物接触到地面,PC 试件试验结束。中柱脱钩器中荷载传感器记录的轴力释放过程如图 4-69 所示。由图可得,PC 试件和 RC 试件在本级轴力释放前中柱轴力分别为 81.1 kN 和 76.8 kN,释放时间分别为 0.020 s 和 0.021 s。与第三级加载相比,梁身荷载对 PC 和 RC 试件中柱轴力的贡献分别为 20.5 kN 和 17.0 kN。PC 试件

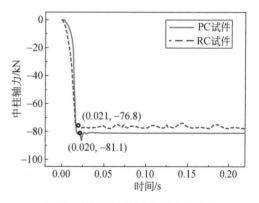

图 4-69　第四级加载中柱轴力释放曲线

中柱竖向位移如图 4-70(a)所示,北侧梁跨中位移响应通道未能采集到数据。从图中可得,PC 试件在该级发生了倒塌,中柱头接触到地面后位移结束,中柱竖向位移达 522.2 mm,是第三级竖向位移的 9 倍。RC 试件的中柱竖向位移以及北侧梁跨中响应曲线如图 4-70(b)所示,位移响应曲线特征值如表 4-20 所示。从图表中可得,与第三级加载相比,RC 试件的中柱和跨中峰值位移分别增加了 7.4 mm 和 2.7 mm,中柱轴力与峰值位移的比值下降了 22.0%,结构的竖向刚度同样减小了,自振周期增大了 18.9%。

第五级:加载荷载总计 153.4 kN,与上一级加载不同的是,本次只在中间两个重物篮中添加荷载,而边侧的重物荷载与上一级保持一致。中柱脱钩器中荷载传感器记录的轴力释放过程如图 4-71 所示。由图可得,RC 试件在本级轴力释放前中柱轴力为 101.0 kN,轴力完全释放时间为 0.022 s。与前几级加载相比,轴力释放时间基本维持在 0.020 s 附近,梁身轴力对 RC 试件中柱轴力的贡献为 24.2 kN。RC 试件的

中柱竖向位移以及北侧梁跨中响应曲线如图 4-72 所示,位移响应曲线特征值如表 4-20 所示。从图表中可得,与上一级加载相比,RC 试件的中柱和跨中峰值位移分别增加了 13.1 mm 和 8.5 mm,中柱轴力与峰值位移的比值下降了 22.5%,结构的竖向刚度同样减小了,自振周期增大了 16.8%。响应时间和位移动力放大系数都有一定程度的减小。

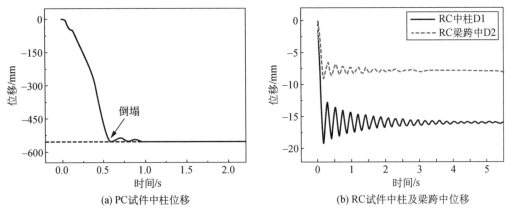

(a) PC试件中柱位移　　　　　(b) RC试件中柱及梁跨中位移

图 4-70　第四级加载中柱及梁跨中竖向位移响应曲线

第六级:加载荷载总计 173.4 kN,与上一级加载方式相同,即只在中间两个重物篮中添加荷载,而边侧的重物篮荷载与上一级保持一致。RC 试件在轴力释放完成后没有发生倒塌,持荷约为 20 min,北侧边节点梁端顶部 2 根纵向受力钢筋同时拉断,随即南侧边节点梁端发生剪切破坏,中柱头向下位移了 490 mm,由于有效的悬链线机制,结构整体并未像 PC 试件倒塌在地,在该状态下连续持荷约 20 h,中柱头向下位移约 3 cm。由于试件倒塌较为突然,试验过程中并未预料到,因此试件倒塌过程数据均未采集到,仅采集到倒塌完成之后的数据。中柱脱钩器中荷载传感器记录的轴力释放过程如图 4-73 所示。由图可得,RC 试件在本级轴力释放前中柱轴力为 114.3 kN,该轴力值已经超过了传感器的量程,数值可靠性较低。轴力完全释放时间为 0.019 s。RC 试件的中柱竖向位移以及北侧梁跨中响应曲线如图 4-74 所示。从图中可得,此时结构基本已停止了振动,位移维持在一个恒定值,结构已经进入了塑性阶段,其中中柱位移为 -105.5 mm,梁跨中位移为 -49.4 mm,较上一级加载分别增加了 73.2 mm 和 31.8 mm。中柱轴力与峰值位移比值为 1.08 kN/mm,较上一级加载下降了 65%,结构竖向刚度大幅度降低。

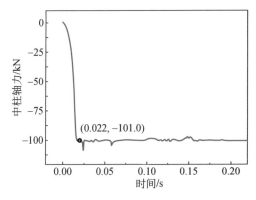

图 4-71　第五级加载中柱轴力释放曲线

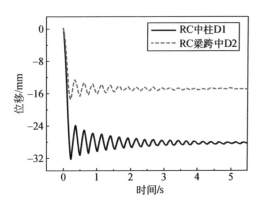

图 4-72　第五级加载中柱及梁跨中竖向位移响应曲线

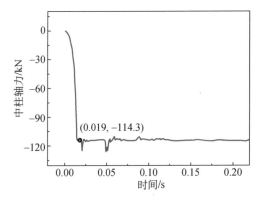

图 4-73　第六级加载中柱轴力释放曲线

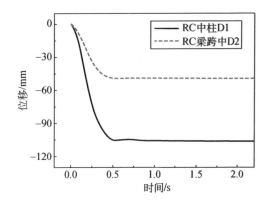

图 4-74　第六级加载中柱及梁跨中竖向位移响应曲线

（2）边柱水平位移响应曲线

第一级:边柱水平位移响应曲线如图 4-75 所示,图中位移为负值代表边柱往远离中柱方向移动,正值代表边柱往靠近中柱方向移动。由于测量边柱的 HG-C1200 型激光传感器的精度只有 0.2 mm,而测量得到的 PC 试件和 RC 试件边柱水平位移均小于该精度值,因此该数据信噪比较小,存在较大的误差。但数据整体趋势表明,南北两侧边柱均往远离中柱方向移动,结构处于压拱效应阶段,PC 试件的水平位移整体大于 RC 试件,PC 试件梁柱节点和边柱柱头南北两侧位移相当,说明结构两侧受力较为对称。

第二级:边柱水平位移曲线如图 4-76 所示,图中位移为负值代表边柱往远离中柱方向移动,正值代表边柱往靠近中柱方向移动。从图中可得,与第一级加载相比,PC 试件南北两侧边柱表现出相同的水平位移,其中梁柱节点的水平位移为 −0.82 mm,柱头由于水平约束装置的影响,水平位移为 −0.44 mm。RC 试件南北两侧边柱位移存在一定的差异,其中梁柱节点的水平位移约为 −0.30 mm,柱头水平位移约为 −0.19 mm。边柱位移值显示上述两个试件均处于压拱效应阶段。

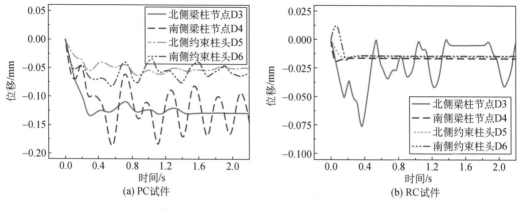

图 4-75　第一级边柱水平位移响应曲线

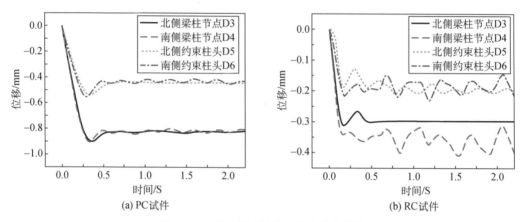

图 4-76　第二级边柱水平位移响应曲线

第三级：边柱水平位移曲线如图 4-77 所示，图中位移为负值代表边柱往远离中柱方向移动，正值代表边柱往靠近中柱方向移动。从图中可得，PC 试件北侧梁柱节点水平位移为－2.9 mm，边柱柱头水平位移为－1.9 mm，南侧梁柱节点水平位移为－3.2 mm，边

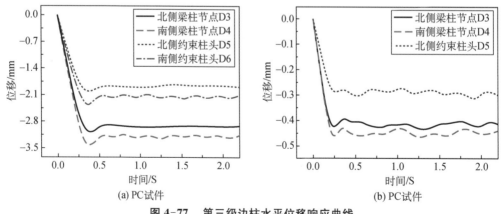

图 4-77　第三级边柱水平位移响应曲线

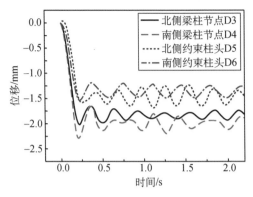

图 4-79　第五级边柱水平位移响应曲线

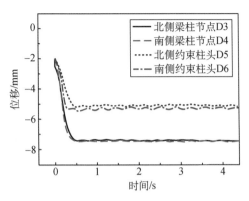

图 4-80　第六级边柱水平位移响应曲线

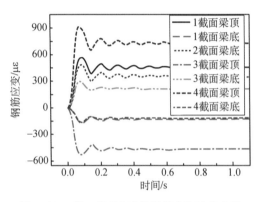

图 4-81　第一级 PC 试件钢筋应变响应曲线

（3）应变发展

第一级：PC 试件梁纵向受力钢筋的应变响应曲线如图 4-81 所示（2 截面梁顶的应变片刚开始就坏掉了）。由图可得，边节点梁端上部纵向钢筋以及中节点梁端下部纵向钢筋在轴力释放结束后，处于受拉状态，最大峰值拉应变为 909 $\mu\varepsilon$，在北侧边节点梁端上部钢筋取得。边节点梁端下部纵向钢筋以及中节点梁端上部纵向钢筋在轴力释放结束后，处于受压状态，最大峰值压应变为 $-529\ \mu\varepsilon$，在

北侧中节点梁端上部钢筋取得。RC 试件采用的应变片粘贴防水方式不当，仅采集到 3 个梁端上部纵向受力应变和 5 个南侧边柱纵向钢筋应变，应变响应曲线如图 4-82 所示。与 PC 试件相同，在第一级中柱轴力释放前，采集仪器进行了清零处理，因此本次采集的数据只描述了轴力释放过程中的应变变化。与 PC 试件相比，测量到的 RC 试件钢筋应变变化趋势一致，但整体幅值较小，最大峰值拉应变为 218 $\mu\varepsilon$，最大峰值压应变为 $-258\ \mu\varepsilon$。边柱钢筋应变数据均小于 30 $\mu\varepsilon$，此幅值阶段信号干扰较大，数据可靠性较低。

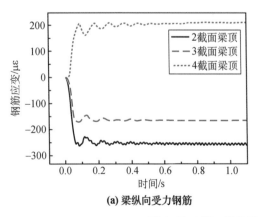

(a) 梁纵向受力钢筋

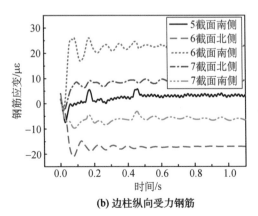

(b) 边柱纵向受力钢筋

图 4-82　第一级 RC 试件钢筋应变响应曲线

第二级:PC 试件梁纵向受力钢筋的应变响应曲线如图 4-83 所示。从图中可得,PC 试件梁纵向受力筋的变化趋势与第一级加载一致,即边柱梁端上部钢筋与中柱梁端下部钢筋受拉,边柱梁端下部钢筋与中柱梁端上部钢筋受压,且所测量的梁端纵向受力钢筋均处于弹性阶段。其中最大峰值拉应变为 1 326 $\mu\varepsilon$,较第一级加载增大了 45.9%,最大峰值压应变为 $-1\,045\mu\varepsilon$,较第一级加载增大了 97.5%。 RC 试件的钢筋应变响应曲线如图 4-84 所示。由

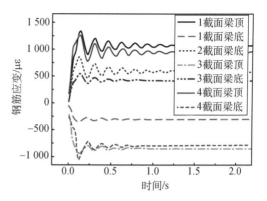

图 4-83　第二级 PC 试件钢筋应变响应曲线

图可得,与第一级加载相比,RC 试件梁纵向受力钢筋应变幅值有较大的增幅。其中峰值拉应变为 1 380 $\mu\varepsilon$,增大了 533%,峰值压应变为 $-490\,\mu\varepsilon$,增大了 90%。与 PC 试件相比,峰值拉应变基本相同,峰值压应变差值较大,这是因为 RC 试件采集的应变片并非出现最大压应变的位置。RC 试件边柱纵向受力钢筋应变与 PC 试件类似,关于边柱中性面对称分布,但对应幅值较小,其中最大峰值拉应变为 81 $\mu\varepsilon$,最大峰值压应变为 $-56\,\mu\varepsilon$。

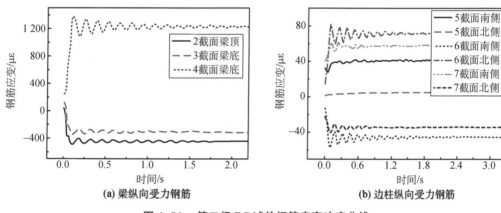

(a) 梁纵向受力钢筋　　(b) 边柱纵向受力钢筋

图 4-84　第二级 RC 试件钢筋应变响应曲线

第三级:PC 试件梁纵向受力钢筋的应变响应曲线如图 4-85 所示,截面位置说明图详见图 4-62。从图中可得,PC 试件梁纵向受力筋的变化趋势与第二级加载一致,即边柱梁端上部钢筋与中柱梁端下部钢筋受拉,边柱梁端下部钢筋与中柱梁端上部钢筋受压。其中最大峰值拉应变为 1 862 $\mu\varepsilon$,较第二级加载增大了 40.4%,最大峰值压应变为 $-2\,320\,\mu\varepsilon$,较第二级加载增大了 122%,受压钢筋已开始接近屈服应变 2 425 $\mu\varepsilon$。

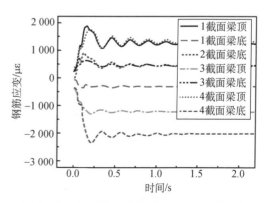

图 4-85　第三级 PC 试件钢筋应变响应曲线

RC 试件的钢筋应变响应曲线如图 4-86 所示。由图可得,与第二级加载相比,RC 试件梁纵向受力钢筋应变幅值有较大的增幅,但所测钢筋均处于弹性阶段。其中峰值拉应变为 1 697 $\mu\varepsilon$,增大了 23.0%,峰值压应变为 $-706\ \mu\varepsilon$,增大了 44.1%。RC 试件边柱纵向受力钢筋应变与 PC 试件类似,边柱钢筋的拉压应变值关于中性面对应分布,一边为正,一边为负,但对应的幅值较小,与第二级加载相比,其中最大峰值拉应变为 316 $\mu\varepsilon$,增大了 290%,最大峰值压应变为 $-378\ \mu\varepsilon$,增大了 575%。

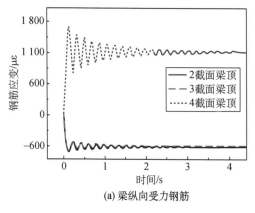

(a) 梁纵向受力钢筋

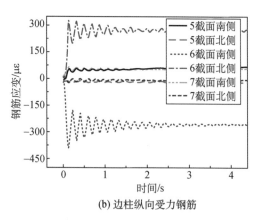

(b) 边柱纵向受力钢筋

图 4-86　第三级 RC 试件钢筋应变响应曲线

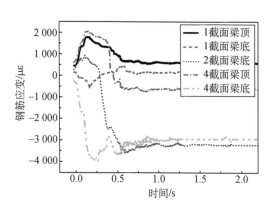

图 4-87　第四级 PC 试件钢筋应变响应曲线

第四级:PC 试件梁纵向受力钢筋和梁端 U 形拉结钢筋的应变响应曲线如图 4-87 所示,其中部分截面应变通道未采集到数据。从图中可得,2 截面梁底与 4 截面梁底钢筋应变超过了屈服应变 2 425$\mu\varepsilon$,最大峰值压应变达 $-3\ 299\mu\varepsilon$,较第三级加载增大了 42.2%。所测纵向钢筋受拉应变处于弹性范围之内,最大峰值拉应变为 1 730 $\mu\varepsilon$,较第三级稍低。即使结构发生了倒塌,由于梁柱节点没有提供足够的约束,梁内纵向钢筋未得到充分的发挥。RC 试件的钢筋应变响应曲线如图 4-88 所示。由图可得,与第三级加载相比,梁内纵向受力钢筋开始出现受拉屈服,其中 4 截面梁顶的钢筋最大峰值拉应变达 4 112 $\mu\varepsilon$,增大了 142%,峰值压应变为 $-931\ \mu\varepsilon$,增大了 31.9%。与 PC 试件相比,梁内纵向受力钢筋利用率更高,即使 PC 试件已经发生了倒塌。RC 试件边柱纵向受力钢筋应变,关于边柱中性面对称分布,与第三级加载相比,其中最大峰值拉应变为 825 $\mu\varepsilon$,增大了 161%,最大峰值压应变为 $-645\ \mu\varepsilon$,增大了 70.6%。

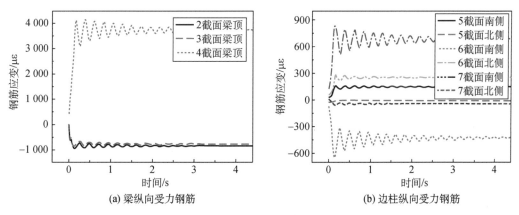

(a) 梁纵向受力钢筋   (b) 边柱纵向受力钢筋

图 4-88　第四级 RC 试件钢筋应变响应曲线

第五级:RC 试件的钢筋应变响应曲线如图 4-89 所示。由图可得,4 截面梁顶的纵向受力钢筋的最大拉应变超过了采集仪器的量程,最大峰值压应变为 $-1\,276\ \mu\varepsilon$,增大了 37.1%。RC 试件边柱纵向受力钢筋应变,关于边柱中性面对称分布,与上一级加载相比,其中最大峰值拉应变为 $1\,451\ \mu\varepsilon$,增大了 75.9%,最大峰值压应变为 $-859\ \mu\varepsilon$,增大了 33.2%。

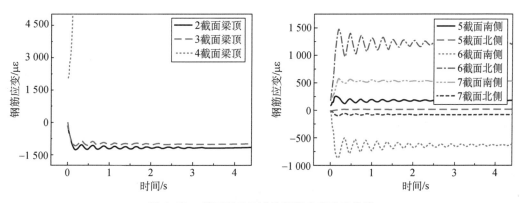

图 4-89　第五级 RC 试件钢筋应变响应曲线

第六级:RC 试件的钢筋应变响应曲线如图 4-90 所示。由图可得,2 截面和 3 截面分别为梁柱中节点南北两侧梁截面,该处纵向钢筋由原来的受拉状态转变为受压状态,最大压应变为 $-2\,347\ \mu\varepsilon$,说明中柱节点两侧弯矩方向在释放前后发生了改变,释放后中节点梁顶钢筋已经发生了受压屈服。RC 试件边柱纵向受力钢筋应变,关于边柱中性面对称分布,其中最大的应变幅值均发生在柱身 6 截面,与柱身裂缝主要集中在该处对应。与上一级加载相比,其中最大峰值拉应变为 $2\,806\ \mu\varepsilon$,增大了 93.4%,柱纵向受拉钢筋发生屈服,最大峰值压应变为 $-1\,271\ \mu\varepsilon$,增大了 48.0%。

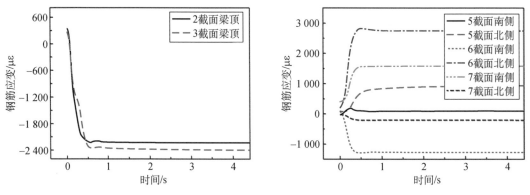

图 4-90 第六级 RC 试件钢筋应变响应曲线

4.2.3 结论

本节利用 ABAQUS 软件建立了三个框架子结构试件的精细化有限元模型,对试验子结构移除中柱受力性能全过程进行了模拟,并对梁柱连接进行了优化设计,加强了连接节点,可以得到以下结论:

(1)本节详细介绍了有限元模型的建立过程,包括采用的单元、网格划分方法、边界约束条件模拟和加载方式等。对比了模拟结果与试验结果,荷载-位移曲线和破坏模式等结果吻合良好,模型能够正确模拟试验的整个过程,能反映试件在各个加载阶段的受力性能。

(2)在模拟验证的基础上,针对节点的试验破坏模式,对梁柱连接方式进行了优化设计,采取高强螺杆替代插销钢筋、增大插销钢筋直径等方式加强了插销杆的性能。分别对明牛腿和暗牛腿两种连接方式进行了加强分析,分析表明,PC1-1 和 PC1-2 压拱效应承载能力较试验值分别提高了 31% 和 13%,且出现了悬索效应,悬索效应承载力均高于压拱效应承载力,二次防御能力得以提升。PC2-1 和 PC2-2 压拱效应承载力与试验值相当,悬索效应承载力得到明显提高,分别提高 121% 和 120%,二次防御性能优于现浇试验。

(3)装配式梁柱连接的破坏模式主要取决于插销杆的性能。通过优化,增强了插销杆连接的性能,仅 PC1-2 模型最终破坏是由于插销杆被剪断,其余模型破坏方式均为试件框架梁纵向受力钢筋被拉断,破坏方式与现浇试件相同。优化后的模型延性增大,PC1-1 和 PC1-2 模型破坏时的极限位移都在 500 mm 以上,PC2-1 和 PC2-2 模型破坏时的极限位移都在 600 mm 以上。

(4)在模型验证的基础上,分析了角型钢板在预制梁、柱连接中的重要作用,分析了角型钢板焊接钢肋数目对模型承载力的影响。相比没有角型钢板的模型,安装角型钢板的模型可以大幅度地提高承载力,焊接有钢肋的角型钢板可有效提高模型的承载能力,焊接有两个钢肋和三个钢肋的角型钢板对模型承载力的提高相差不大,安装有等肢角型钢板的模型承载力略小于不等肢角型钢板模型。

4.3 基于子结构的大尺寸装配式混凝土框架抗连续倒塌静力试验研究

建筑结构的连续倒塌是指因偶然荷载作用导致整体结构倒塌或者与初始破坏不成比例的大范围倒塌破坏[30]。这种结构破坏模式是从 1968 年英国 Ronan Point 公寓 22 层装配式混凝土大板结构连续倒塌事件中被发现的,经过 2003 年纽约世贸中心的连续倒塌事故后,连续倒塌问题受到工程界的广泛重视,国内外相继制定了建筑结构抗连续倒塌设计规范[2,31]。装配式混凝土结构近年来在我国得到了大量应用,《装配式混凝土结构技术规程》(JGJ 1—2014)[17](以下简称"技术规程") 要求装配结构需要考虑偶然作用下的抗连续倒塌,但是并没有给出详细的设计条文。目前国内外抗连续倒塌设计规范主要针对现浇混凝土结构,对装配式混凝土结构的设计规定非常有限。装配式混凝土结构的设计和建造要求"等同现浇",但装配式混凝土结构的节点连接形式多,在临界倒塌的大变形下受力复杂且差异明显。现有研究对装配式混凝土结构连续倒塌机理认识不足,导致缺少可操作的设计方法和工程对策[34]。

目前连续倒塌的研究[22,32-34]大多针对现浇混凝土结构,对装配式混凝土结构连续倒塌的机理研究非常有限。钱凯等[35]通过试验研究了螺栓连接和焊接连接的干式装配式混凝土框架的连续倒塌,发现在大变形下焊接连接节点处易发生脆性破坏,不适用于抗连续倒塌设计要求的结构。Kang 等[36-37]通过试验发现湿式装配式框架节点采用钢筋搭接比 90°弯起锚固具有更好的变形能力和倒塌抗力,并且柱对梁的水平约束及结构抗连续倒塌性能的影响显著。Nimse 等[38]通过试验研究了湿式和干式装配式混凝土框架分别采用牛腿连接和钢坯连接时的抗连续倒塌性能,发现牛腿连接试件的结构抗力和变形能力比钢坯连接试件高,湿式连接试件的承载力比现浇试件高且延性提高更为显著,干式连接由于采用了角钢连接,初始刚度显著增强,但承载力和延性并不优于现浇试件。Almusallam 等[39]通过试验发现暗牛腿连接的干式装配混凝土试件抗倒塌和耗能能力相对优于明牛腿连接试件,但两者抗倒塌性能均远小于现浇试件,装配式节点的连接性能需要提升。

连续倒塌是结构系统的力学行为,最基本的研究单元是两跨连续梁子结构。常规试验中,制作两跨连续缩尺试件并选取合适的柱端按照边界条件进行约束。但是装配式结构的钢筋连接采用工业化的标准连接件,如果缩尺试件尺寸过小需特殊加工连接件,性能和工业化连接件存在差异。如果采用较大的缩尺比例,两跨连续梁试件的尺寸较大,对吊装和实验室空间要求大。为此,本试验仅选取边缘跨按照 1:2 的比例缩尺进行试件制作(如图 4-91 所示),这是基于以下考虑:(1) 两跨受力基本对称,但边缘跨的水平约束较弱,破坏主要集中于此侧,子结构的受力模式和承载力由此跨控制;(2) 试验场地空间的局限性;(3) 减小缩尺对试验的影响,特别是工业标准套筒连接最小尺寸对钢筋直径的限制。

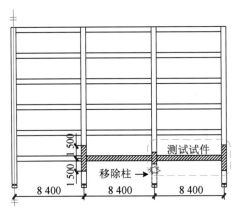

图 4-91　试件选取方案

梁柱节点连接在大变形下的承载和变形能力对装配式混凝土框架结构抗连续倒塌性能具有显著影响。对 4 个不同湿式、2 个干式节点连接的装配式混凝土框架试件和 1 个现浇试件进行了静力连续倒塌试验。湿式连接试件中梁采用了机械套筒、弯起锚固和预应力连接,柱采用了套筒灌浆和浆锚搭接连接。干式连接试件中梁柱采用螺栓连接试件和后张拉无粘结预应力连接。通过移除中柱并在梁上施加均布静力荷载的试验方法,研究了装配式子结构在连续倒塌下的破坏机理、倒塌抗力和变形能力,为装配式混凝土结构抗连续倒塌设计提供参考。

4.3.1　湿式连接装配式混凝土框架试验

一、试验设计

原型结构是按照我国规范[14-15]设计的六层钢筋混凝土框架,纵横向均为 6 跨,跨度均为 8 400 mm,层高均为 3 000 mm。结构抗震设防烈度为 6 度,楼面及屋面恒载为 5 kN/m²,活载为 2.5 kN/m²。选取结构靠近边缘的首层两跨子结构进行试验,模拟分析中柱发生破坏后梁柱子结构的受力(图 4-92)。试件中,中柱仅保留节点上下 350 mm 的柱头,对其施加滑动固定约束;边柱仅截取上下楼层反弯点以内的柱段,采用铰支装置对反弯点进行约束,最终考虑约束需要保留节点上下 840 mm 的柱段。原型结构和试件的配筋率相同,梁柱截面及配筋信息见表 4-21。

表 4-21　原型结构及试件截面尺寸和配筋

| 结构类型 | 梁截面 | 柱截面 | 梁顶配筋 | | 梁底配筋 | 柱中配筋 |
			两端	跨中		
原型结构	400 mm×700 mm	600 mm×600 mm	3Φ20	2Φ20	3Φ20	8Φ20
缩尺结构	200 mm×350 mm	300 mm×300 mm	3Φ14	2Φ14	3Φ14	8Φ14

共制作 5 个试件,包括 1 个现浇对比试件 RC、2 个套筒灌浆连接试件 PCWC-1 和

PCWC-2、1 个钢筋浆锚搭接试件 PCWC-3 和 1 个预应力浆锚搭接试件 PCWC-4。为模拟中柱处梁内钢筋的连续性和锚固条件,梁中纵筋穿过中柱节点后弯起并部分焊接在柱外侧的预埋钢板上,同时为了锚固中柱内钢筋,将柱钢筋在柱顶处弯起并焊接在预埋钢板上(图 4-92)。PCWC-1 和 PCWC-2 中,柱钢筋采用套筒灌浆连接,梁钢筋在中柱和边柱节点处分别采用机械套筒连接和锚固板连接,PCWC-1 中机械套筒布置在节点外 500 mm 处,PCWC-2 中机械套筒连接放在不同截面以考虑钢筋接头率的要求[图 4-92(e)]。PCWC-3 中,柱钢筋采用浆锚搭接连接,梁钢筋采用 90° 弯折进行搭接锚固,其余同 PCWC-2。PCWC-4 在 PCWC-3 基础上外加无粘结预应力(张拉应力为 $0.38f_{ptk}$)。预制梁两端及预制柱底部均设有键槽,预制构件与后浇混凝土之间的结合面设有粗糙面,预制柱底部设有接缝灌浆层,所有装配式连接构造措施均按照技术规程设置。

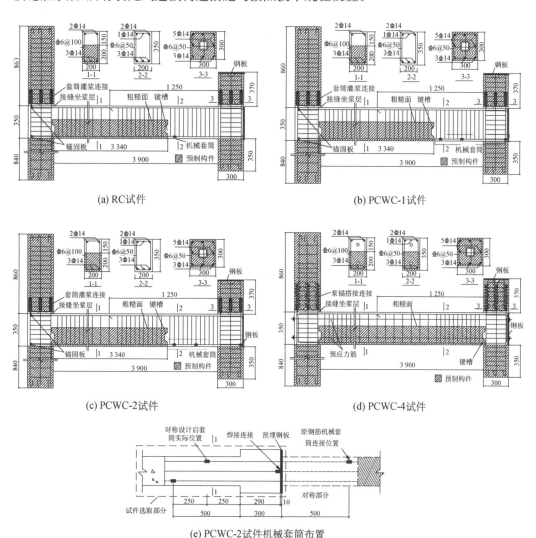

(a) RC试件

(b) PCWC-1试件

(c) PCWC-2试件

(d) PCWC-4试件

(e) PCWC-2试件机械套筒布置

图 4-92　试件尺寸和配筋构造

预制构件混凝土和后浇混凝土分别采用 C40 和 C45 混凝土,标准立方体试块 28 d 抗压强度平均值分别为 35 MPa 和 38 MPa。灌浆料的 40 mm×40 mm×160 mm 长方体试块 28 d 抗压强度平均值为 86 MPa,试验所用的钢筋和预应力筋的材料特性如表 4-22 所示。

表 4-22　钢筋材性

钢筋种类	f_y/MPa	f_u/MPa	E/MPa
ϕ 6	271	390	2.1×10^5
Φ 14	455	604	2.02×10^5
ϕ^s 12.7	1 670	1 860	1.95×10^5

注:f_y 为钢筋屈服强度;f_u 为试件钢筋抗拉强度;E 为弹性模量。

PCWC-3 和 PCWC-4 试件中钢筋浆锚搭接的长度由拉拔试验确定得出[16]。试件截面尺寸为 100 mm×150 mm(图 4-93),混凝土等级为 C40,搭接钢筋强度等级为 HRB400,直径为 14 mm,根据混凝土结构设计规范[14],钢筋基本锚固长度 l_a 为 406 mm。由文献[17-18]分析可知,搭接长度选择 $0.7l_a$,即钢筋实际搭接长度 l_1 为 285 mm,螺旋箍筋选用 HPB300,直径为 6 mm,波纹管直径为 38 mm,螺旋箍筋环径 D 为 35 mm,螺旋箍筋间距 S_v 为 70 mm。

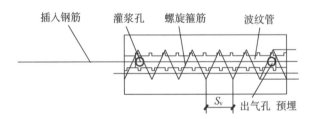

图 4-93　钢筋浆锚搭接示意图

共制作 3 个连接试件,分别在拉伸试验机上进行拉拔试验,试验结果见表 4-23。试验过程中,试件端部混凝土纵向劈裂裂缝不断发展,同时端部混凝土有剥落现象。试验结果显示,钢筋拉断破坏全部位于搭接外,且钢筋的极限强度平均值为 589 MPa,大于 14 mm 钢筋的极限强度,满足浆锚搭接节点连接要求。最终,PCWC-3 和 PCWC-4 试件中钢筋搭接长度确定为 285 mm。

表 4-23　试件参数及结果

编号	l_1/mm	ρ_{sv}/%	f_y/MPa	f_u/MPa
1	285	5	493	588
2	285	5	456	587
3	285	5	472	590

注:l_1 为钢筋实际搭接长度;ρ_{sv} 为螺旋箍筋配筋率;f_y 为试件钢筋屈服强度,f_u 为试件钢筋抗拉强度。

本试验采用在中柱头及梁上进行 4 点加载的方案,近似模拟实际结构的均布受力模式,通过两级分配梁将液压千斤顶施加的荷载按照 1∶2∶2∶2 的比例作用在加载点上。中柱采用竖向滑动固定约束,即将柱头通过滑板约束在轨道梁上,仅允许竖向滑动。边柱在反弯点处采用铰支座与反力架连接,铰支座与力传感器串联,可以直接测得梁内轴力的变化。试件安装时先用导链吊住试件,然后将约束装置安装到位,并通过千斤顶对边柱施加 100 kN 的轴力将试件完全紧固。试验开始时先缓慢释放导链,将加载装置的质量作用在试件上,之后通过千斤顶继续施加荷载,试验通过位移控制加载。加载的目标位移根据 DoD 规范[31] 规定的悬链线机制极限变形确定,即中柱挠度达到跨度的 1/5(840 mm)。每个试件在梁端和跨中预埋钢筋应变片,观测钢筋的受力情况。试验沿梁长和边柱布置了 9 个激光位移计,分别测量加载点处的竖向挠度、上下约束以及接缝灌浆层的水平变形,其中 L-6 和 L-7 分别位于接缝灌浆层的上部和下部,用于观测接缝灌浆层的剪切滑移,具体布置如图 4-94 所示。

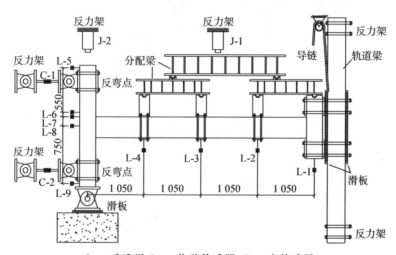

J-x:千斤顶;L-x:位移传感器;C-x:力传感器

图 4-94　试验加载和测量方案

二、试验现象

为方便讨论,将梁端靠近中柱和边柱的截面分别定义为 A 和 B,试件的变形用中柱竖向位移描述。现浇试件 RC 在位移为 18 mm 时 A、B 截面开始出现受弯裂缝;90 mm 和 150 mm 时截面 B 梁底部和截面 A 梁顶部处混凝土分别压酥;195 mm 时边柱节点区下部出现横向受弯裂缝;471 mm 时截面 B 处梁顶附近的柱侧面有小面积混凝土被拉出;位移达到 626 mm、646 mm、698 mm 时,截面 B 处梁顶部 3 根钢筋先后被拉断[图 4-95(a)];840 mm 时试验终止,承载力达到悬链线机制峰值且依然有提升趋势[图 4-96(a)]。总体上看,现浇试件延性较好,节点损伤较轻,因此在拟均布荷载下最终变形呈曲线形。

套筒灌浆连接试件 PCWC-1 和 PCWC-2 的梁内钢筋采用机械套筒连接。小变形压拱机制下,A 截面梁底钢筋套筒周围的混凝土应力相对集中,当位移分别达到 105 mm 和 130 mm 时,PCWC-1 和 PCWC-2 机械套筒周围混凝土开裂并在后续集中发展,其他裂缝分布很少；B 截面的梁顶部混凝土受拉裂缝沿梁端键槽处发展。大变形下悬链线机制下，无论 A 截面 3 根梁底钢筋套筒位置是集中分布还是分散分布，一旦 1 根钢筋发生破坏，其余钢筋均在同一位置处陆续发生破坏。PCWC-1 试件在位移 519 mm 时发生钢筋被拔出套筒，此后其他两根钢筋分别在 681 mm 和 727 mm 时被拔出；PCWC-2 试件提高了钢筋螺纹的加工精度，钢筋连接加强，但钢筋受力加强后，在位移仅为 348 mm 时机械套筒外的钢筋发生拉断，此后混凝土裂缝宽度迅速扩大到 10 mm，当位移达到 513 mm、628 mm 时，钢筋先后在同一截面处断裂[图 4-95(b)]。总体上看，PCWC-1 和 PCWC-2 在 A 截面钢筋套筒处较早发生集中破坏，从而减弱了 B 截面梁端和柱的损伤，B 截面塑性铰转动较小，边柱节点区仅出现微小的斜向剪切裂缝，柱中套筒灌浆连接未发生破坏现象，试件最终悬链线机制变形呈直线形。

(a) RC 试件破坏模式

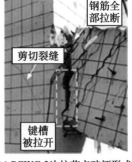
(c) PCWC-3 边柱节点破坏形式

(b) PCWC-2 试件破坏模式

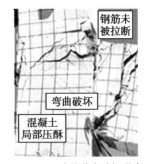
(d) PCWC-4 边柱节点破坏形式

图 4-95　节点破坏形式

由于钢筋弯起搭接连接的锚固效果较好，PCWC-3 试件破坏模式与 RC 试件基本相同，试件最终悬链线机制变形呈曲线形。小变形下位移 50 mm 时，B 截面梁顶受拉区混凝土裂缝沿键槽发展，并在 200 mm 时，边柱节点核心区出现斜向 45° 剪切裂缝，这与 PCWC-1 和 PCWC-2 的边柱破坏模式相似[图 4-95(c)]。大变形下位移 590 mm 时，边柱节点区上部与预制柱连接界面出现水平剪切裂缝并不断延伸，接缝灌浆层出现明显滑移现象；当位移达到 699 mm、710 mm、800 mm 时，B 截面处梁顶部钢筋先后被拉断，与 RC 钢筋断裂位置相同，柱中钢筋浆锚搭接连接未发生破坏情况。

PCWC-4 试件由于预应力钢绞线的贡献，各阶段承载力均有显著提高[图 4-96(b)]。在

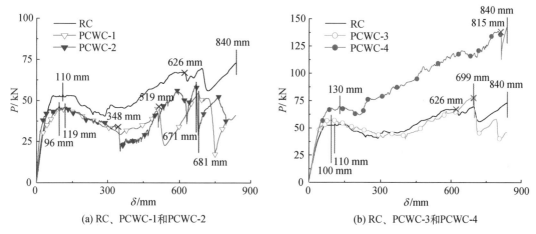

图 4-96　试件力-位移曲线

小变形阶段,A、B 截面受拉区混凝土裂缝发展较其他试件并不显著。大变形阶段,预应力钢筋承担较大拉结力,在位移 590 mm 时上部预应力锚具对边柱混凝土造成了局部劈裂破坏,裂缝贯穿柱截面;位移 662 mm 时边柱外侧局部混凝土被压酥;位移 815 mm 时边柱发生弯曲破坏[图 4-95(d)],试件承载力迅速下降。整个试验过程中钢筋未发生断裂情况,且梁端混凝土裂缝未在键槽处集中发展,装配式结构倒塌抗力和变形性能得到了很大的提升。

三、结构受力分析

表 4-24 给出了压拱机制和悬链线机制下的试件抗力 P_{cca} 和 P_{ca},以及相应的中柱位移 D_{cca} 和 D_{ca}。图 4-96 给出了加载过程中竖向承载力随中柱位移的变化曲线。现浇试件 RC 在小变形压拱机制和大变形悬链线机制下的极限承载力分别为 54 kN 和 73 kN。由于混凝土裂缝的集中开展、机械套筒连接处钢筋截面削弱导致的连接强度降低,PCWC-1 和 PCWC-2 试件在压拱机制下的承载力比现浇试件分别低 17% 和 13%,在悬链线机制下的承载力分别比现浇试件低 25% 和 18%。PCWC-3 试件由于梁中钢筋 90° 弯起搭接锚固可靠,试件的承载力-位移曲线在钢筋断裂前与 RC 试件相似,但此后由于该处混凝土裂缝沿键槽集中发展导致第二根迅速断裂,承载力下降明显且之后再无显著提高。在增加预应力钢筋后,PCWC-4 试件刚度提升显著,压拱机制和悬链线机制的峰值承载力分别比现浇试件增加 28% 和 94%。

表 4-24　试件抗力和变形

试件	压拱机制			机制转换	悬链线机制		
	P_{cca}	T_{cca}	D_{cca}	D_t	P_{ca}	T_{ca}	D_{ca}
B1	54	−141	110	465	73	178	840
B2	45	−148	119	461	55	155	681
B3	47	−160	97	497	60	165	671
B4	57	−174	100	485	76	179	699
B5	69	−145	130	454	142	264	840

注:P_{cca}、P_{ca}、T_{cca} 和 T_{ca} 单位为 kN,D_{cca}、D_{ca} 和 D_t 单位为 mm。

拟均布荷载下 B 截面处的梁端受力较大,图 4-97 给出了 5 个试件 B 截面钢筋应变发展。梁顶受拉钢筋应变在快速增长后均在位移约 50 mm 时进入一段稳定发展阶段,此时试件承载力逐渐接近压拱机制峰值,此后受压区混凝土逐渐压酥,受拉区钢筋应变快速发展。在悬链线机制的后期位移超过 621 mm 后,各试件梁底钢筋才陆续进入受拉阶段。4 个装配式试件中除 PCWC-3 和现浇试件基本保持一致外,PCWC-1 和 PCWC-2 试件中受压区钢筋应变小于现浇试件并较晚转入受拉,同时受拉区钢筋应变也小于现浇试件,这是因为试件破坏发生在 A 截面机械套筒处,套筒连接削弱钢筋强度导致两个机制下试件承载力都偏低。PCWC-4 试件由于预应力筋承担了主要拉力,因此梁内受拉钢筋应变显著减小,并未发生屈服,受压区钢筋也最晚进入受拉状态。

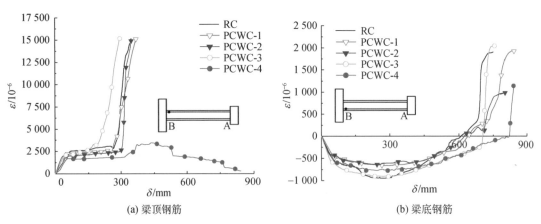

(a) 梁顶钢筋   (b) 梁底钢筋

图 4-97　B 截面钢筋应变

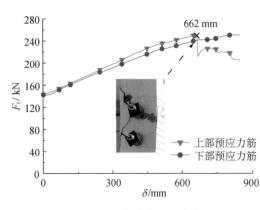

图 4-98　预应力钢筋内力

图 4-98 是 PCWC-4 试件上下两根预应力筋的实测拉力。上部预应力筋的拉力在压拱机制和悬链线机制前期稍大于下部预应力筋。在位移 662 mm 时,边柱外侧上部预应力筋处混凝土被预应力锚具劈裂,导致上部预应力筋的承载力突然降低,之后此处混凝土弯曲破坏加剧,上部预应力筋承载力有下降趋势。混凝土破坏前上下 2 根预应力钢筋张拉力增幅为 177 kN,是力传感器测量得到的水平拉力 264 kN 的 67%,表明 PCWC-4 试件在悬链线机制下的承载力大部分由预应力钢筋承担。

四、结构变形

图 4-99 给出了各试件在悬链线机制极限变形时刻沿梁跨竖向挠度分布。RC、PCWC-3 和 PCWC-4 试件中柱节点处塑性铰损伤和转动明显小于边柱端部塑性铰,这与集中加载

的连续倒塌试验中两端塑性铰平均受力、损伤一致的现象不同[7-8]。由于试验采用拟均布荷载加载方式，RC、PCWC-3 和 PCWC-4 试件出现曲线型悬链线机制，而 PCWC-1 和 PCWC-2 试件由于 A 截面机械套筒处钢筋集中破坏，试验结束时试件出现直线型悬链线机制[19]。从承载力峰值对应的位移来看，RC 和 PCWC-4 试件承载力峰值出现在 DoD 规范[31] 规定的悬链线机制极限变形处（中柱位移达到跨度的 1/5），PCWC-1、PCWC-2 和 PCWC-3 悬链线机制峰值时的跨中挠度比 RC 分别减少 19％、20％ 和 17％，表明这三个试件节点不能达到规范规定的变形能力（转角 0.2 rad）。

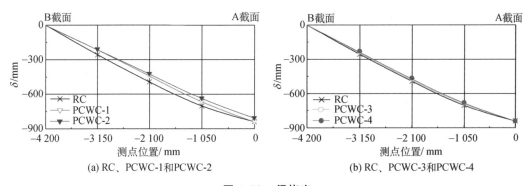

图 4-99　梁挠度

　　边柱在压拱机制和悬链线机制下的水平推力和拉力下分别发生向外和向内的水平移动，并在显著的悬链线拉力作用下对接缝灌浆层产生不可忽视的剪切作用，现有装配式结构设计并没有考虑连续倒塌场景下的接缝灌浆层剪切破坏。图 4-100 给出了所有试件边柱的实测水平位移和接缝灌浆层的剪切位移，其中正值和负值分别表示边柱向内和向外侧的位移量。由于边柱水平约束并非完全理想的水平刚性约束，在约束处尚存在微小的水平位移，因此将上下水平约束归零并按照差值修正得到接缝灌浆层的剪切位移。

　　压拱机制阶段，梁下挠引起轴向的伸长变形趋势，在柱的约束下梁内产生轴向压力，各装配式试件的接缝灌浆层剪切位移在 0.2～0.4 mm 之间，其中 PCWC-4 试件预应力钢筋对梁的刚度提升显著，梁下挠时导致边柱发生较大的转动变形，位于梁上边缘的接缝灌浆层处的位移向内。悬链线机制阶段，梁截面进入全截面受拉状态，所有试件边柱向内侧变形，各装配式试件的接缝灌浆层剪切位移在 0.1～2.6 mm 之间，其中 PCWC-4 试件预应力筋的拉力显著提高（图 4-98），使边柱发生严重弯曲破坏，向内变形的位移增大，导致接缝灌浆层处错动达 2.6 mm。柱底接缝灌浆层的剪切破坏导致预制柱整体性降低，使得梁的水平约束减弱。

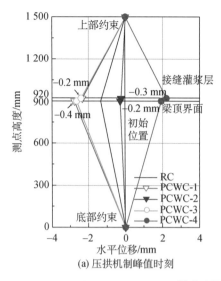
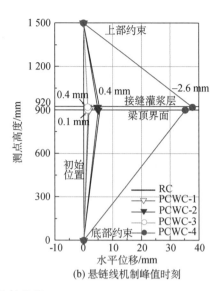

图4-100　边柱位移

五、承载力分析

压拱机制下的结构倒塌抗力由梁端受弯承载力和梁轴向压力引起的附加弯矩共同提供。根据本试验的均布荷载受力模型并考虑净跨影响,参考文献[20]可将压拱作用提供的抗力 P_n 表达为:

$$P_n = 3.5 \frac{T(h - \delta - x_A - x_B)}{8a - 2b} \tag{4-5}$$

式中:T 为水平力传感器实测轴向水平反力;h、x_A 和 x_B 分别为梁高、梁两端受压合力作用点至受压面边缘距离(由应变数据按平截面假定确定);δ 为中柱柱头竖向位移,a 为加载点间的距离,b 为柱的宽度。图4-101给出了加载过程中实测轴向水平反力随中柱位移的变化曲线。根据公式(4-5)计算的各试件压拱机制提供的倒塌抗力贡献率如图4-102所示。PCWC-1~PCWC-3试件由于梁端受拉区混凝土裂缝沿键槽发展,受压区高度相比RC偏小,使梁两端轴压力相对作用的力臂增大,进而产生更大的附加弯矩,最终提高了压拱机制贡献率。相比之下,尽管预应力增强了试件在压拱机制下的总倒塌抗力,但是倒塌抗力贡献主要来自对梁抗弯承载力的提高,压拱机制的抗力贡献比例小于其他4个试件。此外,特别需要注意的是,计算表明压拱机制对结构抗倒塌承载力并不都是正贡献。在机制转换阶段(位移约285~497 mm),由于梁两端的相对位移较大,梁内轴压力对转动点的弯矩产生反向作用,压拱机制轴压力产生负贡献。

根据文献[19]中关于结构悬链线机制的倒塌抗力计算方法,结合本试验中拟均布荷载受力情况,可将悬链线机制下的抗力 P_t 表达为:

$$P_t = 3.5 \frac{T \cdot \delta}{8a - 2b} \tag{4-6}$$

依据公式(4-6)计算的各试件悬链线机制提供的倒塌抗力贡献率如图 4-102 所示。PCWC-1 和 PCWC-2 试件在 A 截面梁底钢筋的集中断裂导致截面残余抗弯承载力降低,两个试件的悬链线机制较早地承担全部的倒塌抗力。PCWC-3 试件受力行为和现浇试件接近,因此悬链线机制贡献变化也基本一致。PCWC-4 试件的梁在预应力钢筋的压力和约束作用下,梁端压区混凝土还能发挥机械咬合力,残余的抗弯承载力还能承担30%的倒塌抗力。

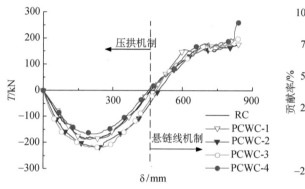

图 4-101　试件水平反力　　　　图 4-102　轴力对抗倒塌承载力的贡献

六、结论

本节对 4 个湿式连接的装配式混凝土框架试件和 1 个现浇试件进行了连续倒塌静力试验,通过与现浇试件的试验现象、破坏模式、结构抗力以及变形能力等结果对比,得出了以下主要结论:

(1) 梁钢筋采用机械套筒连接时,无论是否控制接头率,在倒塌极限变形下钢筋在其中一个套筒处集中断裂,同时由于加工螺纹使钢筋截面损失,试件在压拱机制和悬链线机制下的倒塌抗力均显著降低。梁钢筋采用弯起搭接连接时,试件受力行为和倒塌抗力与现浇试件基本一致。预应力能够增强梁的抗弯承载力和轴向抗拉力,因此试件在两个机制下的抗倒塌承载力均被显著提高。

(2) 柱钢筋的套筒灌浆连接和浆锚搭接连接能够承受连续倒塌大变形下的水平剪力作用,但是柱接缝灌浆层在显著的水平剪力作用下发生剪切滑移,减弱了柱对梁的约束,进而影响抗连续倒塌承载力。接缝灌浆层在预应力试件较大的剪力作用下,剪切滑移达到 2.6 mm。

(3) 在极限倒塌变形下预应力钢筋较大的集中力作用可能导致节点区混凝土的局部劈裂破坏,其他试件节点区混凝土发生破坏的程度和现浇试件相同,因此在装配式混凝土结构中应用预应力时需按悬链线机制下的拉力对锚固进行特殊设计。

(4) 机制转换时,压拱机制轴压力对试件倒塌抗力产生负贡献。梁钢筋采用机械套筒连接时,由于损伤变形集中,压拱机制和悬链线机制的贡献比例名义上被提高,但实际结构整体承载力降低。预应力提高了压拱机制下的梁端抗弯承载力,并使梁端在临界倒塌大变形下保留一定的残余抗弯承载力,使得轴力对两个机制的贡献比例降低。

4.3.2 干式连接装配式混凝土框架试验

一、试件设计

原型结构、荷载条件及试件选区方案均与4.3.1湿式连接装配式混凝土框架试验相同。本试验参考蔡小宁等[40]和 Lin 等[41]的研究工作制作了 3 个梁柱子结构试件,其中 RC 为现浇试件,PCDC-1 为螺栓连接试件,PCDC-2 为外加无粘结预应力的螺栓连接试件(张拉应力为 $0.38f_{ptk}$,简称预应力连接试件),配筋和构造如图 4-103 所示。试件混凝土等级为 C40,梁和柱内纵向钢筋和箍筋分别采用 ± 14 的 HRB400 热轧带肋钢筋和 $\phi 6$ 的 HPB300 光圆钢筋,材料性能见表 4-22。

加载步骤与湿式连接装配式混凝土框架试验一致。

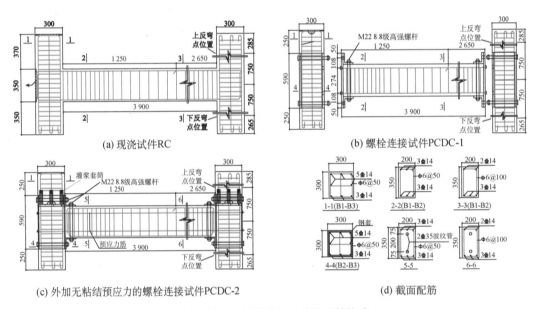

(a) 现浇试件RC

(b) 螺栓连接试件PCDC-1

(c) 外加无粘结预应力的螺栓连接试件PCDC-2

(d) 截面配筋

图 4-103　试件的几何尺寸及配筋构造

二、主要试验现象

为方便讨论,中柱和边柱梁端截面分别命名为截面 A 和截面 B。现有梁柱子结构连续倒塌试验[6-7,10]绝大多数采用中柱集中加载的方式,其典型破坏模式为:在小变形压拱机制下,梁两端均产生塑性铰,并在机制转换时塑性铰出现严重的受弯破坏退出工作;在大变形悬链线机制下,梁两端产生集中转动变形,梁中部保持直线,仅发生轴向变形而无弯曲变形,最终梁两端受拉钢筋分别断裂导致较大的承载力损失。而在本试验的分布荷载作用下,小变形下梁两端虽然都出现塑性铰,但是进入大变形后截面 A 塑性铰转动变形较小,未发生严重损伤。相比之下,截面 B 转动变形大,最终该截面的破坏成为框架子结构抗连续倒塌的关键控制因素,如图 4-104 所示。

（a）RC 整体

（b）PCDC 整体-1

（c）PCDC 整体-2

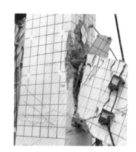

（d）RC 局部

（e）PCDC 局部-1

（f）PCDC 局部-2

图 4-104　边柱节点破坏形态

现浇试件 RC 在加载过程中先后呈现典型的受弯和受拉变形，最终截面 B 顶部受拉裂缝沿全梁高发展至底面，梁顶 3 根钢筋分别在位移 626 mm、646 mm、698 mm 时断裂，引起承载力波动。但分布荷载作用下，截面 A 转动变形较小，混凝土裂缝虽然贯穿梁高，但其梁底受拉钢筋未断裂，最终试件依靠梁底贯通钢筋承担外荷载，到试验停止

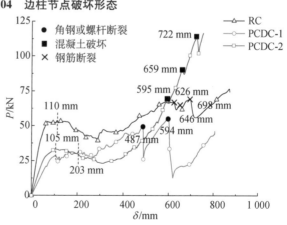

图 4-105　试件力-位移曲线

时承载力依然保持上升趋势(图 4-105)。从图中所示钢筋应变数据可知,整个加载过程中现浇试件 RC 的钢筋起主要传力作用,因此在梁机制和悬链线机制两个阶段钢筋应变均发展迅速,大于其他两个装配式试件。

螺栓连接试件 PCDC-1 的梁内纵向钢筋锚固在端部钢板上,端部钢板再通过角钢和螺栓与柱上的钢套筒相连,因此试件的破坏由端部钢板的屈曲和连接角钢/螺栓的破坏控制。在受拉钢筋作用下,边柱及中柱端部钢板发生局部面外屈曲,当位移为 150 mm 时,截面 B 端部钢板最大屈曲挠度达到 10 mm,在此过程中相应的受拉钢筋应变发展慢于现浇试件[图 4-106(a)],导致试件的承载力和刚度降低。此外,由于节点连接缝隙的存在,该阶段受压钢筋应变也小于现浇试件[图 4-106(b)]。在位移 487 mm 时由于边柱梁端端板屈曲变形使得上部角钢的转角处在弯拉复合作用下断裂[图 4-104(c)];在位移为 594 mm 时,边柱上部两个水平螺杆的螺帽在梁端端板的拉伸作用下先后崩断,承载力产生突降(图 4-105)。此后,下部角钢开始传递拉力,承载力还有所增长,但是承载力未超过其峰值。需要注意的是,梁端竖向固定螺栓在大变形下会对混凝土产生较大的劈裂作用,从位移 275 mm 起,螺栓周边出现竖向劈裂裂缝并不断扩展,使得梁端截面出现受力缺陷,成为降低试件承载力的次要原因。

在外加无粘结预应力后,预应力钢绞线承担了主要拉力,使得梁内受拉钢筋应变显著降低[图 4-106(a)],同时也避免了角钢破坏,但当位移为 75 mm 时,预应力使得受压混凝土压酥破坏,相较现浇试件提前约 13 mm,导致试件在小变形梁机制下的承载力降低(图 4-105)。预应力钢筋在大变形下提供了较大的承载力,后期试件承载力持续提高并超过了其他两个试件,但是在梁端竖向固定螺杆对于混凝土附加的劈裂破坏加剧,框架梁两端混凝土损伤破坏严重。但相较现浇结构,柱上钢套的存在对限制框架柱混凝土破坏起到较大作用[图 4-104(d)]。

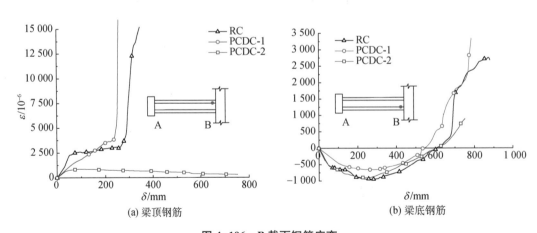

(a) 梁顶钢筋　　　　　　　　　(b) 梁底钢筋

图 4-106　B 截面钢筋应变

三、结构抗力

表 4-25 给出了压拱机制和悬链线机制下的试件倒塌静力抗力 P_c 和 P_t、水平反力

T_c 和 T_t、中柱竖向位移 D_c 和 D_t。图 4-107 给出了加载过程中水平反力的变化情况。现浇子结构的设计承载力为 34 kN，两个装配式试件的承载力基本达到了等同现浇的要求，但是极限承载力分别较现浇试件的实际承载力低 41% 和 39%。受局部屈曲影响，试件 PCDC-1 刚度下降，峰值承载力对应的位移增大 85%；与此相反，试件 PCDC-2 的受压混凝土过早破坏，导致峰值承载力对应的位移减小 4%。在水平反力方面，由于试件 PCDC-1 的压拱机制峰值位移远滞后于试件 RC 与 PCDC-2，因此，试件 PCDC-1 和 PCDC-2 的水平反力相较现浇试件分别增大 10% 和减小 4%。

在悬链线阶段，试件 PCDC-1 的承载力发展快于试件 RC，但 B 截面角钢在较小的变形下断裂，并且角钢和构件间存在连接缝隙，降低了节点连接刚度，使得试件 PCDC-1 的悬链线机制发挥受限，最终最大水平反力和构件抗力仅为试件 RC 的 63% 和 56%。试件 PCDC-2 的预应力钢筋可以持续提供较大受拉贡献，因此悬链线后期承载力显著提升，最终最大水平反力和构件抗力为试件 RC 的 205% 和 152%。如图 4-108 所示，试件 RC 与 PCDC-1 转换位移基本一致。由于预应力筋为主要受力构件，纵筋未能提供更多的抗弯承载力，试件 PCDC-2 转换位移较试件 RC 提前 75 mm。

表 4-25　试件抗力和变形

试件	压拱机制				悬链线机制			
	P_c	P_c'	T_c	D_c	P_t	P_t'	T_t	D_t
RC	54	40	−141	110	77	54	177	870
PCDC-1	32	22	−155	203	56	34	99	595
	59%	55%	110%	185%	73%	63%	56%	68%
PCDC-2	33	22	−135	105	117	45	362	753
	61%	55%	96%	95%	152%	83%	205%	87%

注：P_c、P_c'、P_t、P_t'、T_t 和 T_c 单位为 kN，D_c、D_t 单位为 mm，比值为与 B1 的比值。

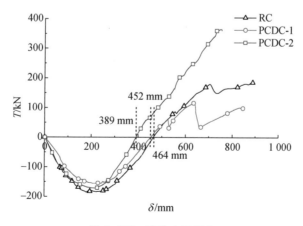

图 4-107　试件水平反力

四、压拱机制抗力分析

压拱机制下试件通过梁端的弯矩及轴向压力引起的附加弯矩来提供抗连续倒塌抗力。参考周育泷等人的工作[42]，根据试件四点加载的受力模型，可将压拱作用提供的抗力 P_n 表达为：

$$P_n = 3.5 \cdot \frac{N(h - \delta - x_A - x_B)}{8a} \tag{4-7}$$

式中：N 为水平力传感器实测水平反力；h、x_A 和 x_B 分别为梁高、梁两端受压合力作用点至受压面边缘距离；δ 为中柱柱头竖向位移；a 为加载点间距离。

根据实测钢筋应变和平截面假定，确定截面 A 和 B 的中和轴位置，取受压高度 2/3 处为受压合力作用点，得到 x_A 和 x_B [9]。根据式(4-7)计算的各试件压拱机制提供的抗力如表 4-26 所示，其贡献率在 14.4%～24.2%。相对于完全固定约束的实验[7]，本试件约束装置的侧向约束有所减弱，试件 RC 的压拱机制贡献率降低；试件 PCDC-1 由于梁端端板屈曲变形进一步降低了约束，使得其压拱机制贡献率仅有 14.4%；试件 PCDC-2 压拱机制提供承载力占总比例的 24.2%，这是由于预应力提高了梁内轴压力，相比试件 RC 和 PCDC-1 压拱机制贡献率显著提高所致。

表 4-26　压拱机制下试件抗力

试件	实测总抗力/kN	压拱机制抗力/kN	压拱机制贡献率/%
RC	54	9.3	17.2
PCDC-1	32	4.6	14.4
PCDC-2	33	8.0	24.2

五、悬链线机制抗力分析

悬链线机制下结构抗力主要由梁轴向拉力提供。根据图 4-108 所示受力模型，通过力矩平衡关系可将抗力 P_t 表达为：

$$P_t = 3.5F = 3.5 \cdot \frac{T \cdot \delta}{8a} \tag{4-8}$$

式中：F 为梁上竖向荷载；T 为实测水平反力。

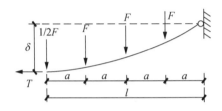

图 4-108　悬链线机制受力模型

根据水平力传感器测得水平反力 T，并代入公式(4-8)计算得到承载力计算值，其与实测值误差如表 4-27 所示。通过对比可知试件 RC 与 PCDC-2 计算误差相对较小。试件 PCDC-1 计算值与实测值存在较大误差,原因是试件 PCDC-1 下角钢通过剪切承担了部分竖向荷载所致。

表 4-27　悬链线机制下试件抗力

试件	实测值/kN	计算值/kN	误差率/%
RC	77	64	16.9
PCDC-1	56	25	55.4
PCDC-2	117	114	2.6

六、预应力筋的影响

图 4-109 是试件 PCDC-2 预应力筋实测轴力。从图中可知,在中柱位移达到机制转换点 389 mm 之前,预应力钢绞线受力提高迅速。虽然此后张拉力增长趋于平缓,但梁挠度增大使得预应力钢筋张拉力的竖向分力增长迅速,提供了大部分的构件倒塌抗力。最终破坏前预应力钢筋实测张拉力为 332 kN,与实测水平抗力 362 kN 接近,证明最终悬链线机制下的倒塌抗力基本由预应力钢筋提供。

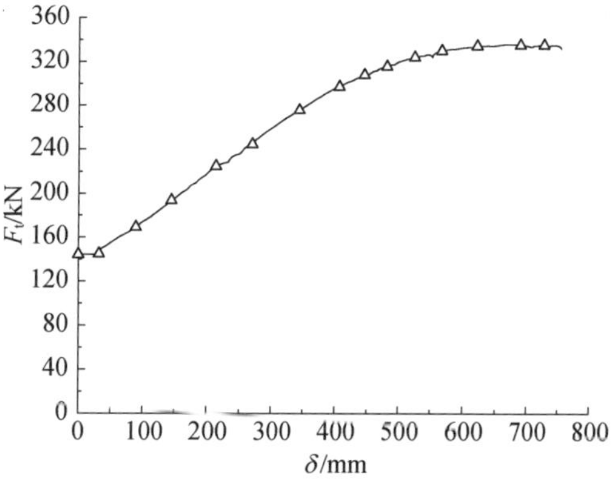

图 4-109　预应力钢筋内力

七、动力倒塌抗力评估

连续倒塌是动力过程,结构有效抵抗连续倒塌需要满足动力平衡条件。根据能量原理可以将本试验测量得到的静力倒塌抗力曲线转化为动力倒塌抗力曲线,以评估 3 个试件在动力连续倒塌情况下的结构抗力[19,23-24]。能量法的计算表达式为:

$$P_{nd}(u_v) = \frac{1}{u_v} \int_0^{u_v} P_{ns}(u) \, \mathrm{d}u \tag{4-9}$$

式中:P_{nd} 和 P_{ns} 分别是非线性动力和非线性静力倒塌抗力;u 是位移;u_v 是目标位移。

图 4-110 给出了 3 个试件的动力倒塌抗力曲线,表 4-25 给出了各试件在压拱机制和悬链线机制极限位移下的动力倒塌抗力 P_c' 和 P_t'。动力倒塌抗力反映的是结构在倒塌过程中的累积耗能能力,试件 PCDC-1 在整个变形过程中的静力倒塌抗力低于现浇试件 RC,所以试件 PCDC-1 在压拱机制和悬链线机制下的动力倒塌抗力分别比试件 RC 小 45% 和 37%,比静力抗力下降的幅度 41% 和 27% 更大。而对于试件 PCDC-2,虽然悬链线机制下静力倒塌抗力比试件 RC 大 52%,但由于压拱机制下的静力和动力倒塌抗力分别比试件 RC 小 39% 和 45%,使得整个变形过程中累积耗能小于试件 RC,因此试件 PCDC-2 的动力倒塌抗力比 RC 小 17%。上述分析表明装配式混凝土试件在压拱机制阶段的承载力降低,会削弱整个变形过程中的动力倒塌抗力,即便使用预应力钢筋提高悬链线机制的轴力贡献,其动力倒塌抗力也低于现浇试件。

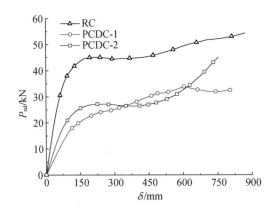

图 4-110 试件动力倒塌抗力

八、动力效应分析

反映动力效应的动力放大系数 α 定义为:在等位移条件下结构静力抗力和动力抗力之比[19,23-24]。在工程设计中,该系数用于修正静力计算获得的结构倒塌抗力,得到结构在实际动力倒塌过程中所能承担的不平衡重力荷载[2-3]。该值越大表明相比于自身能够承担的静力倒塌荷载,试件所能承担的动力荷载越小。本试验获得的 3 个试件动力放大系数变化趋势如图 4-111 所示。在初始线弹性变形范围内动力放大系数均为 2。由于试件 PCDC-1 的初始刚度较低,导致动力倒塌抗力进一步下降,引起动力放大系数增大。预应力约束试件 PCDC-2 的初始刚度和试件 RC 相同,因此在小变形下的动力放大系数和试件 RC 一致。在大变形阶段下,试件 PCDC-2 的静力倒塌抗力提升迅速,相比之下压拱机制下的累积耗能较低,降低了悬链线机制下的动力倒塌抗力,使得动力放大系数高于 2。需要注意的是,相对试件 PCDC-2,试件 RC 和 PCDC-1 的悬链线机制没有完全发挥(静力倒塌抗力相对较小),因此虽然其动力放大系数较小,但其动力倒塌抗力依然有限。

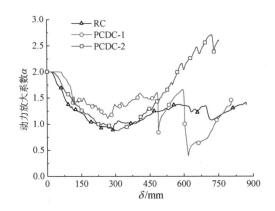

图 4-111 动力放大系数对比

九、结论

本节针对螺栓连接和预应力连接的装配式梁柱子结构进行了连续倒塌静力试验,主要结论和建议如下：

（1）均布荷载作用下受负弯矩作用的边柱梁端破坏是框架结构抗连续倒塌子结构失效的关键控制因素。

（2）在试验实测结构静力抗力方面：螺栓连接试件的受拉区端板屈曲降低了压拱机制下结构刚度和倒塌抗力，此后连接角钢和螺栓的断裂降低了悬链线机制下结构倒塌抗力，两个阶段的抗力分别降低 41％和 27％；预应力试件的受压区混凝土提前压碎将压拱机制下的结构抗力降低了 39％，后期预应力钢筋发挥较大轴拉力，将悬链线机制下的结构倒塌抗力提高了 52％。

（3）在理论计算结构动力抗力方面：螺栓连接试件的静力倒塌抗力在整个变形过程中小于现浇试件，使得动力倒塌抗力比静力倒塌抗力降低幅度更大；尽管预应力钢筋能够将悬链线机制下的静力倒塌抗力提高 52％，但受压拱机制下累积耗能较低的影响，最终动力倒塌抗力仍比现浇试件低 17％。

（4）由于充分发挥全截面钢筋的受拉承载力，悬链线机制通常被认为是一种利用结构大变形抵抗连续倒塌的、经济有效的受力机制。本节试验表明，提高装配式混凝土框架节点连接，保证从小变形压拱机制到大变形悬链线机制整个倒塌过程中的结构静力倒塌抗力，才能有效提高结构在实际动力连续倒塌过程中的倒塌抗力，有利于抗连续倒塌设计目标的实现。

4.4 装配式混凝土结构防连续倒塌性能提升

本节不涉及装配式混凝土结构的新体系、新节点、新构件。装配式混凝土结构的新体系、新节点、新构件的相关内容请参阅其他章节。

本节仅针对最常用的装配整体式混凝土结构中整体稳固性相对较差的框架结构，提出框架梁（体内）的钢筋或连接的延性提升措施和（体外）加固方法，可按"等同现浇"原则，并沿用现行规范、设计理论、软件和工法，稍加修正，即可达到较显著的防连续倒塌性能提升效果。

4.4.1 钢筋或连接的延性提升

（1）增设腰筋

2014 年，Yu 和 Tan[43] 对比了两榀钢筋混凝土框架子结构在拆除中柱后的结构性能，其中一榀框架进行常规设计，另一榀在梁截面中部加设腰筋。附加腰筋在结构受力过程中起到了张拉加固作用，增加了梁柱连接处的受弯旋转比例，显著提高了悬链线阶段的承载力。试验结果表明，在梁截面中部加设腰筋的钢筋混凝土结构，其抗连续倒塌能力在压拱阶段和悬链线阶段分别提高了 29％和 51％。

2016 年，Kamal Alogla 等人[44] 以四榀钢筋混凝土框架子结构为研究对象，研究了拆除中柱后的抗连续倒塌性能。其中一榀为常规试件，另外三榀分别在三种不同高度的梁截面处加设腰筋。由于梁截面转动能力的限制，在连续倒塌的前期，底部钢筋更容易发生断裂。试验结果表明，附加腰筋可以提高钢筋混凝土结构试件的抗连续倒塌能力，在梁截面的下四分之一处加筋可以达到最大承载力和最大转动能力，其抗连续倒塌能力提高22%～67%。

（2）增设预应力筋

2019年，邓小芳、李治、翁运昊等[45]通过试验对比了增设有粘结预应力筋、增设无粘结预应力筋与不增设预应力筋的梁柱子结构在静力加载下模拟中柱失效后的抗连续倒塌性能。试验表明，在中柱失效情况下，增设预应力筋改变了结构的抗力机制，无明显压拱机制提供抗力，同时提高了试件的极限承载能力；由于有粘结预应力筋与混凝土有粘结作用，在受力过程中应力集中导致钢筋易破坏，增设无粘结预应力筋的试件有更高的极限承载力；增设预应力筋的试件中，提高非预应力筋的配率可提高结构抗连续倒塌能力，但要进一步考虑预应力筋与非预应力筋的比例。

（3）增设梁截面中心非预应力筋

2017年，Gholamreza Abdollahzadeh和Mahsa Mashmouli[46]利用SAP2000和OpenSees对在梁截面中心设有粘结非预应力筋的3层、5层和8层钢筋混凝土框架进行了非线性静力和动力分析。结果表明，高强度有粘结非预应力筋能显著减小位移，提高结构抗连续倒塌承载力。相比于增设腰筋的办法，将非预应力筋设在梁截面中心可避免梁边缘破坏时钢筋崩断，在后期能更有效地承载。

（4）设交叉筋

2014年，Yu和Tan[43]通过对两榀钢筋混凝土框架子结构开展试验，其中一榀按照常规设计，另一榀在每跨梁的两端设置了用销钉固定的交叉筋。试验表明，部分塑性铰处的极限弯矩比梁柱连接处的极限弯矩更早达到，塑性铰区域更易发生塑性变形，从而提高了梁的转动能力。悬链线作用下，纵筋不会或者更少发生过早断裂，从而能够更好地承载，提高结构的抗连续倒塌能力。

（5）纵筋设置无粘结段

2014年，Yu和Tan[43]对一榀设置纵筋无粘结段的钢筋混凝土框架子结构开展研究，其部分纵筋用塑料胶套与混凝土隔离，设置为部分无粘结段。在中柱失效情况下，研究其对抗连续倒塌性能的影响。试验表明，对比试件的梁柱交界附近出现严重的应变集中，导致底部钢筋过早断裂，而不能充分利用钢的变形能力。而部分无粘结段充分利用了钢筋的延性，显著提高了梁柱中节点的固定端转动，并通过削弱受压区，改善了边节点附近梁柱连接处的弯曲转动，由此提高了钢筋混凝土框架的抗连续倒塌能力。

（6）纵筋使用光圆钢筋

前面对钢筋混凝土框架的试验表明，在大变形下，钢筋周围的混凝土因开裂、剥落而严重受损，降低了抗连续倒塌承载力。人们还认识到，提高框架变形极限的一种方法是允许钢筋出现更多的滑移或伸长。基于这两个观察结果，2017年，Lim和Tan[47]设计了对传统钢筋细部设计的修改，以提高框架变形能力，即根据抗震细部设计规则增加箍筋，以尽量减少混凝土损坏，并用光圆钢筋代替变形钢筋作为纵筋，以提高框架梁的转动能力。试验结果表明，采用光圆钢筋作为纵筋的子结构，变形能力的提高最为明显，从 540 mm 提高到 700 mm 以上，同时显著提高了悬链线机制阶段的承载力，主要是由于悬链线机制阶段开始得更早，并延迟了梁截面底部纵筋的断裂失效。此外，圆钢的应变能力大，粘结应力低，使其产生更多的滑移，从而导致框架梁的变形能力增大。

（7）纵筋起波

2017 年，冯鹏[48]等对 14 根配置有不同参数的起波钢筋的混凝土梁进行了试验研究，对比分析了各参数对钢筋混凝土梁的受力性能的影响。试验表明，与传统钢筋相比，起波钢筋的变形能力更大，逐渐被拉直的过程中，其变形增加，强度逐渐提高。数值模拟结果表明，使用起波钢筋的子结构抗震性能和抗连续倒塌性能都得到增强。

（8）设置软金属段的钢筋连接器

2018 年，潘建伍、吴芳等研发了设置软金属段的钢筋连接器[49]。软金属段可以是普通钢筋，也可以是形状记忆合金等特殊金属。图 4-112 为通过一个大套筒 1 和两个小套筒 2 连接在两段框架梁纵筋 4 之间的一段"软"金属筋 3，"软"金属筋 3 两端与两个小套筒 2 分别相接，两段框架梁纵筋 4 分别与两个小套筒 2 另一端相接。在受拉过程中，首先牺牲"软"金属筋，利用"软"金属筋较大的延伸率，在荷载缓慢增大的过程中，充分延缓了纵筋的屈服和断裂，在发生倒塌时结构塑性铰形成部位能有更大的变形，从而减小纵筋的局部应力，防止其发生过早破坏，增大框架梁的转动能力，使结构顺利过渡到悬链线机制阶段。将软筋和纵筋连接并使其功能串联，会在一定程度上降低构件的鲁棒性，而大套筒的并联弥补了这个缺点。

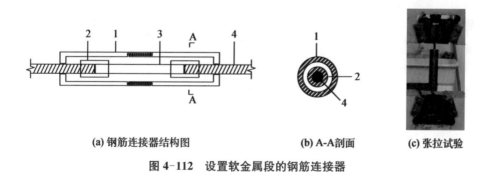

(a) 钢筋连接器结构图　　　　　(b) A-A剖面　　　　(c) 张拉试验

图 4-112　设置软金属段的钢筋连接器

4.4.2　防连续倒塌性能提升策略

一、现有的防连续倒塌加固方法

1. 外贴 FRP 加固

吕大刚、于晓辉、李宁[50]采用增量动力分析方法对不同 FRP 加固方案的钢筋混凝土框架结构的地震倒塌易损性进行了分析，发现整体加固方案可以有效提高非延性钢筋混凝土框架在地震荷载下的抗倒塌性能，若加固仅针对底层结构，薄弱层会上移，对结构的整体抗倒塌性能不利。

秦卫红、冯鹏、施凯捷等[51]采用有限元软件 MSC.Marc,对不同钢筋构造与玻璃纤维加固的 RC 梁柱结构进行了有限元分析,结果表明 GFRP 可以有效提高结构的抗连续倒塌性能,同时 CFRP 粘贴层数不同,加固试件在悬链线阶段的破坏位置与承载力也不同。

申柳雷[52]采用拟静力加载试验与 LS-DYNA 有限元分析方法,研究 CFRP 与 GFRP 加固的钢筋混凝土框架的抗连续倒塌加固性能,研究证明,GFRP 与 CFRP 可以有效提高结构的抗连续倒塌性能,GFRP 加固试件的加固效果优于 CFRP 加固试件。

冯鹏等人[53]采用拟静力加载的试验方式,研究 GFRP 加固的钢筋混凝土双跨梁的抗连续倒塌性能,研究发现 GFRP 在梁机制阶段的加固效果不明显;在结构变形较大时,GFRP 加固效果明显;悬链线机制阶段,GFRP 基本剥离破坏,不再发挥作用。

张海瑜[54]对采用 CFRP 修复后的二层四跨框架结构进行拟静力记载试验,使用有限元模型验证,研究发现梁受损程度高于柱,是否对柱进行 CFRP 加固对结构整体的极限承载力影响不大,同时修复后的框架承载力有显著提高。

曹开富[55]采用在框架梁内布置 FRP 筋的方式加固 RC 框架结构,并进行了试验研究,结果表明这种加固方式可以有效地改善结构的抗连续倒塌性能,减小结构发生大面积倒塌的概率。

杨娇[56]采用锚碳纤维板材的方式加固钢筋混凝土框架,并进行了拆除边柱后的连续倒塌试验,试验结果表明 CFRP 板条加固有较好的抗连续倒塌性能,CFRP 板条可以延缓构件塑性铰的产生,帮助结构抵抗连续倒塌。

Hao 等[57]对 FRP 加固前后钢筋混凝土柱的抗爆性能进行了可靠性分析,考虑爆破荷载的不确定性,以及钢筋混凝土柱和 FRP 材料性能、尺寸的不确定性,建立了 FRP 加固前后钢筋混凝土柱不同损伤程度的极限状态函数。然后,对两跨多层钢筋混凝土框架结构在爆炸荷载作用下的倒塌概率进行了研究。

Orton[58]对钢筋混凝土框架结构的梁用 FRP 进行加固,以提供足够的连续性来达到悬链线作用。其进行了 40 个试件的锚固试验、8 个试件的连续性试验,建立了 1 个分析模型。试验发现,FRP 放置在不引起悬链线前钢筋断裂的位置,可提高抗连续倒塌性能。

Kim I S, James O 等[59]采用在梁侧粘贴碳纤维布的方法对试验梁进行加固,研究不同锚固方案下梁的加固性能。实验表明,采用 CFRP 锚固束和 U 形箍结合的锚固方案锚固效果最好。之后,Kim I S, James O 等人基于之前的实验结果共制作了 14 片梁并在其表面粘贴碳纤维布,研究不同锚固方案的梁在静荷载和冲击荷载作用下的性能。实验表明,静荷载和冲击荷载下,采用 CFRP 锚固束的梁的加固性能要优于采用 U 形箍的梁。使用 CFRP 加固的梁在冲击荷载下不会发生断裂。

Qian K, Li B[60]分别采用沿正交与对角线方向粘贴 CFRP 的方法对混凝土楼板进行加固,研究了加固试件在荷载作用下的连续倒塌性能。试验结果表明,两种方案均有效地改善了钢筋混凝土平板抗连续倒塌性能。

2. 粘钢加固

潘亮[61]完成两榀抽除中柱的空间带板结构的拟静力连续倒塌试验,其中一榀采用 HPFL-粘钢联合加固,另一榀未加固,对比分析加固板的抗倒塌性能。试验结果表明 HPFL-粘钢加固可以有效改善楼板的刚度与受力性能,增强板内压膜机制与拉膜机制的作用效果,增加了板内不利荷载的传递路径。

郭文杰[62]建立了三种不同粘钢加固方式的钢筋混凝土梁柱子结构的有限元模型,并进行了非线性分析,通过比较三种不同粘钢加固方式的结构模型的承载力、延性、裂缝等指标,得出加固后结构的抗力机制,研究表明加固后的框架结构不会发生连续倒塌破坏。

高佳明、刘伯权、黄华等人[63]基于之前的试验结果,采用有限元软件 ABAQUS 建立了基于 HPFL-粘钢加固的 RC 空间框架模型,分析表明加固后的模型刚度显著增加,失效中柱的最大竖向侧移减小 30%,梁柱夹角减小 20%,关键位置处的混凝土平均应变减小约 30%;钢绞线穿过梁柱节点,锚固效果更好。

Al-Salloum 等[64]进行了 3 个缩尺 1/2 的梁柱子结构试件的对比试验,1 个是现浇试件,1 个是干式连接预制试件,1 个是干式连接预制试件并采用锚栓锚固的钢板对其节点进行了加固。试验结果表明,加固试件的承载力显著增加,甚至高于现浇试件的承载力。

3. 钢支撑加固

钱凯等人[65]设计并制作了五榀 RC 缩尺框架,一榀未加固,另外四榀采用不同形式的钢支撑加固,对五榀缩尺框架进行静力加载试验,并基于实验结果提出针对框架结构钢支撑加固的设计方法。试验结果为悬链线机制阶段压杆发生屈曲、拉杆受拉断裂,钢支撑加固试件在悬链线机制阶段的抗倒塌性能与未加固试件差别不大。

张亮[66]采用 MSC.Marc 分析水平分布钢支撑加固的钢筋混凝土框架结构的抗连续倒塌性能,分析表明钢支撑端点若与失效柱上部节点相连可以大幅提升结构的抗倒塌性能,钢支撑在水平方向的布置形式对结构的抗倒塌性能不敏感,钢支撑对结构的抗震性能有一定影响,但这种影响不会影响结构在大震下的安全性。

徐白玉[67]采用 LS-DYNA 对带有钢支撑 RC 框架的抗连续倒塌性能进行了分析,研究发现偏心支撑的加固性能优于中心支撑;结构发生大变形后,钢支撑内压杆与拉杆失效,加固对框架结构的影响很小;相较于压杆,拉杆对结构的抗连续倒塌性能贡献更大。

为解决 RC 框架结构在抗震设防类别由丙类提高至乙类后结构的抗震性能不足的问题,李奉阁、陈峰[68]采用钢支撑加固抗震性能不足的框架,采用 IDA 方法研究加固后框架的抗连续倒塌性能。研究结果表明,加固后丙类框架可以满足乙类结构设防要求,可以不用考虑设防类别提高后结构抗震构造上的不足。

4. 索加固

Elkoly 等人[69]提出了用 FRP 索来进行防连续倒塌加固的设想。索只在锚固位置和转向块的位置与梁相连,不张拉。当梁出现过大的竖向位移时,索才发挥作用。文中进行了数值模拟和参数分析,但未针对如何锚固等问题进行讨论。

Liu T,Xiao Y,Yang J 等人[70]采用 CFRP 板条加固钢筋混凝土框架,CFRP 板条端部采用特殊的螺栓钢板锚固。试验结果表明,CFRP 板条加固后的框架在抽除中柱后具有良好的抗连续倒塌能力,并基于实验结果提出 CFRP 板条加固的设计计算方法。

王杰[71]利用体外预应力筋对 RC 框架进行防连续倒塌加固,预应力筋沿抽除中柱后的框架梁连续布置,并在边柱处锚固,对加固后的框架进行了拟静力倒塌试验研究。试验结果表明,悬链线机制阶段内,体外预应力筋类似悬索机构帮助框架承担两侧拉结力,体外预应力筋加固的试件倒塌极限变形为未加固试件的 1.5 倍。

林峰等人[72]开展了钢索加固后钢筋混凝土框架子结构的抗连续倒塌性能试验。锚固方式为预埋连接件。钢索可调节长度。试验结果表明,设置 10 mm 和 14 mm 的钢索,子结构的承载力分别提高了 167％和 255％。

5. 既有研究中尚未解决的关键问题

传统加固方法用于防连续倒塌加固有两个难题:对于抗震性能没有问题的结构,如何不违背"强柱弱梁"原则进行防连续倒塌加固;传统加固方法能否适用于连续倒塌时的大变形破坏形态。

目前针对提高框架结构大变形阶段(悬索机制阶段)抗倒塌性能的加固方法较少,主要集中于索加固方法。影响索加固有效性的关键因素是锚固问题。

二、基于纤维布/绳的装配式 RC 框架防连续倒塌加固方法[73-75]

1. 框架子结构防连续倒塌加固试验[75]

参照上海市地方图集 DBJT 08-116—2013,按照《装配式混凝土结构技术规程》(JGJ 1—2014)[17]、《建筑抗震设计规范》(GB 50011—2010)[15]设计并制作四榀按1:2缩尺的框架子结构。为模拟中柱失效的情况下框架子结构的抗连续倒塌性能,按"拆除构件法"将框架子结构的中柱预先去除。其中一榀作为对比试件,另外三榀分别采用碳纤维布复合加固、碳纤维绳加固、绑扎碳纤维绳加固。梁纵筋型号为HRB400,直径 12 mm;柱纵筋型号为HRB400,直径 14 mm;箍筋型号为HPB300,直径 8 mm;混凝土强度等级为 C40。

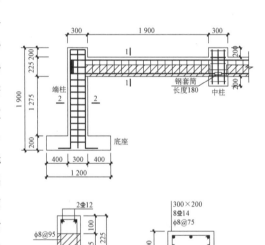

图 4-113　尺寸与配筋

框架子结构尺寸及配筋如图 4-113 所示(图内单位为 mm)。夹具和加载设备如图 4-114 所示。

(1) 侧贴碳纤维布复合加固装配式 RC 框架防连续倒塌试验

图 4-115 为未加固试件与加固试件中柱柱头上的荷载与位移关系曲线,图中"×"为钢筋断裂点。随着位移的增加,子结构可以分为三个受力阶段。

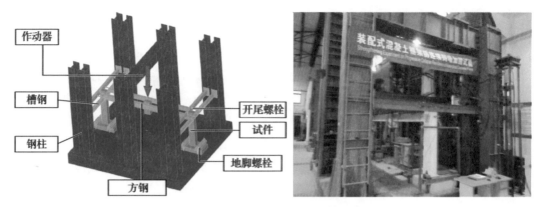

图 4-114　夹具与加载设备

OA 段为"梁阶段"。支座处梁上缘和中柱处梁下缘出现宽度为 $0.01 \sim 0.05$ mm 的细微裂缝。AB 段为"压拱阶段",裂缝持续发展,并向跨中蔓延。由于受拉区域持续开裂,导致梁两端中性轴逐渐下移,中柱附近梁中性轴逐渐上移,形成压拱机制。梁逐渐产生向外的推力,使两端的柱子产生向外的位移。在压拱阶段后期,受拉裂缝继续发展,受压区混凝土逐渐被压溃,可以听见混凝土剥落的声音。对于未加固试件,中柱位移达到 200 mm 以后,结构承载力逐渐下降至 40 kN,并始终保持在 40 kN 至 50 kN 之间。对于加固试件,当位移超过 54.3 mm 后,出现第一次 CFRP 局部剥离,此时荷载为 61 kN。位移继续增加,中柱位置处 CFRP 持续发出剥离声响,CFRP 局部剥离和局部断裂的区域由底部向顶部发展。当位移达到 70 mm 时,中柱位置处 CFRP 开裂区域已经逐渐超过锚固束位置,此时荷载为 56.5 kN。未加固试件和加固试件的压拱机制阶段结束点(B 点)对应的位移都为 250 mm 左右。BC 为"悬链线阶段"。当受拉裂缝贯穿整个混凝土截面时,受压区混凝土完全被压溃,中柱荷载完全由梁内的贯通纵筋和未断裂的 CFRP 承担。对于未加固试件,当中柱位移达到 276 mm 时,右侧梁端顶部纵筋首先被拉断,承载力由 45 kN 陡降至 20 kN 左右,梁端受压区混凝土掉落大量碎块。随着位移的增加,中柱左侧底部纵筋、左侧梁端顶部纵筋、中柱左侧底部纵筋依次断裂,最后随着一声巨响,当梁截面的所有纵筋都断裂之后,结构丧失继续承载能力,此时位移为 730 mm,荷载为 73 kN。对于 CFRP 加固试件,子结构进入悬链线阶段后,部分中柱位置的 CFRP 剥离、断裂,部分靠近中柱位置的锚固束根部的伞部相反方向区域发生 FRP 剥离破坏[图 4-116(a)]。梁端支座处的 CFRP 发生部分剥离、断裂破坏,破坏程度比中柱处要轻。加固试件中柱左侧底部纵筋首先断裂,此时中柱位移为 285.6 mm,柱头荷载由 50 kN 陡降至 27 kN 左右。当中柱位移达到 640 mm 时,结构最终发生倒塌破坏。对比试件与 CFRP 加固试件的倒塌极限状态见图 4-116(a)。

子结构破坏后,将中柱底部纵筋套筒取出并切开,套筒切面未见明显损伤,新旧混凝土界面也未见明显损伤。装配整体式混凝土框架子结构的连续倒塌破坏过程跟有关文献中描述的现浇混凝土框架子结构的连续倒塌破坏过程相同,都主要分为梁、压拱、悬链线三个阶段;纵筋连接部位(灌浆套筒)、新旧混凝土界面均未产生负面影响,反之,本次试验中套筒的布置方式增强了纵筋的锚固,避免了其他文献的试验中发生的纵筋锚固破坏(纵筋拔出)现象。可见,装配整体式混凝土框架子结构的抗连续倒塌性能并不比同等配筋的现浇混凝土框架子结构差。然而,装配式结构的配筋有"大直径、大间距"的特点,即在配筋率相同的情况下,纵筋根数比现浇结构少。结构进入压拱阶段和悬链线阶段之后,纵筋逐渐拉断,因此纵筋根数少,则破坏的随机性增大,这是装配式混凝土结构的不利之处。

通过对比加固试件和未加固试件可以发现,加固试件在压拱阶段以及悬链线阶段前期的承载能力要高于未加固试件,加固试件第一根钢筋断裂点晚于未加固试件,CFRP 在柱头变形达到 0.2 倍梁跨(美国规范 DoD2010)时才完全断裂,说明本次试验采用的加固方案达到了较好的加固效果。但是,和预期效果(CFRP 在梁阶段和压拱阶段不发挥作用或少发挥作用,到悬链线阶段再发挥作用)相比还有差距,主要原因是 CFRP 片材粘贴的位置偏下、粘贴的层数偏少等。

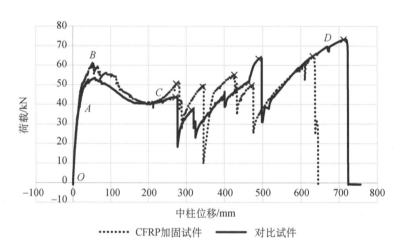

图 4-115　荷载-位移关系曲线

(a) 碳纤维布加固试件

(b) 未加固试件

图 4-116　子结构倒塌破坏

(2) 碳纤维绳加固装配式 RC 框架防连续倒塌试验

将带有扩大头的碳纤维绳两端植入框架子结构的中柱与边柱节点内,每跨正反面各植一根碳纤维绳,共 4 根(图 4-117)。为有足够锚固深度的碳纤维绳设置一定松弛量,确保碳纤维绳在悬链线阶段后发挥作用,且不发生碳纤维绳嵌入段锚固失效的情况。

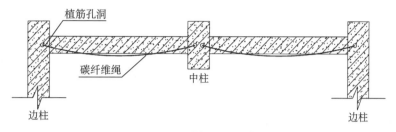

图 4-117　碳纤维绳示意图

图 4-118 为碳纤维绳加固试件与对比试件的荷载-中柱位移曲线,图中"×"为钢筋断裂点。

OA 段为"梁机制"阶段。中柱位移达到 17 mm,中柱附近梁底部、边柱附近梁顶部(受拉区)出现受拉裂缝,裂缝宽度为 0.1 mm 至 0.5 mm 左右。

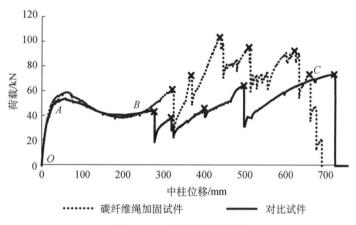

图 4-118　荷载-位移曲线

AB 段为"拱机制"阶段。碳纤维绳在此阶段不发挥作用,此阶段碳纤维绳加固试件与对比试件的荷载-位移曲线差别不大。试件中柱位移达到 30 mm 时,受拉区裂缝持续发展,最大裂缝宽度为 2 mm 左右。中柱位移达到 60 mm 时,受拉区裂缝最大宽度发展至 4 mm 左右,此时中柱附近梁顶部、边柱附近梁底部(受压区)开始出现混凝土受压裂缝,混凝土保护层逐渐被压溃脱落。中柱位移超过 60 mm 后,中柱柱头荷载缓慢下降至42 kN 左右。中柱位移 100 mm 后的"拱机制"阶段中柱荷载维持在 42 kN 左右,受拉区裂缝向跨中发展,向受压区发展,受压区混凝土被压溃脱落,碳纤维绳由下挠状态逐渐被拉紧。当中柱位移达到 240 mm 时,受拉区裂缝已贯穿梁截面,受压区混凝土保护层被压碎,露出部分纵筋。此时,右半跨碳纤维绳已被拉紧,用手无法拨动,说明碳纤维绳开始受力,与设计松弛量相吻合。碳纤维绳试件中柱荷载在位移至 240 mm 后逐渐上升,碳纤维绳参与工作,帮助框架梁承担两侧拉结力。

BC 段为"悬链线机制阶段"。此阶段梁受压区混凝土被压碎,受拉裂缝贯穿梁体,中柱荷载主要由梁内纵筋及碳纤维绳承担。中柱位移达到 270 mm,侧向位移趋势向内,框架梁开始承受上部荷载转化的悬索力,框架右半跨碳纤维绳开始受力被拉紧。由于施工误差,框架变形非左右对称,左半跨碳纤维绳处于松弛状态,可用手拨动。当中柱位移达到 324.5 mm 时,此时柱头荷载为 58.9 kN,可以听见"嘭"的钢筋断裂声,右半跨中柱梁底外侧纵筋断裂,中柱荷载由 58.9 kN 陡降至 20 kN 左右。右半跨首根钢筋断裂后,碳纤维绳的拉结作用分担了梁内部分应力,框架中柱荷载提升速率增大,中柱荷载陡升至 76 kN。中柱位移达到 369 mm,此时中柱荷载为 69.1 kN,第二个钢筋断裂点出现在右半跨中柱梁底内侧,中柱荷载陡降至 45 kN 左右,由于碳纤维绳限制了钢筋断裂时应力释放造成的变形,消耗了部分钢筋释放的能量,提高了框架子结构整体刚度,中柱承载力保持在 40 kN 以上。当中柱位移达到 420 mm 时,右半跨碳纤维绳已被拉紧,用手无法拨动。此时支座处梁受拉区混凝土开裂分离,露出纵筋,大部分混凝土不再承受应力,碳纤维绳充当"体外钢筋"的作用,帮助子结构承担上部荷载传递的悬索力。当中柱位移达到 425 mm 时,第三个钢筋断裂点出现在左半跨中柱梁底部外侧纵筋处,荷载由 98 kN 陡降至69 kN 左右,同第二根钢筋断裂时相同,子结构承载力损失率较低,承载力保持在 60 kN 以上,说明碳纤维绳加固的子结构抗连续倒塌能力得到提升,碳纤维绳抑制了主要受力构件在倒塌阶段破坏时的结构承载力损失率,使结构承载力保持在一个安全的范围内,可以帮助加固结构避免初始破坏后剩余结构超过构件变形能力极限的塑性变形,避免其余构件发生后继破坏。

当中柱位移达到 440 mm 时,此时中柱荷载提升至 80 kN 左右,可以听见碳纤维绳内芯纤维丝断裂的"叮叮"声。碳纤维绳纤维丝断裂释放的应力使中柱荷载-位移曲线产生"锯齿状"的波动,此时荷载提升速率较慢。当中柱位移达到 479 mm 时,此时碳纤维绳内部碳纤维逐根被拉断,外侧芳纶编织被拉紧,碳纤维绳出现类似钢筋的"颈缩"现象,中柱柱头荷载有 5 kN 左右的陡降。当中柱位移达到 514 mm 时,第四个钢筋断裂点发生右侧边柱梁顶外侧纵筋上,荷载由 92 kN 陡降至 60 kN。此后碳纤维绳纤维丝断裂的"叮叮"声频率升高,荷载-位移曲线呈明显的"锯齿状"发展。当位移达到 550 mm 时,右半跨内侧纤维绳在靠近中柱嵌入端位置完全断裂,嵌入段无明显破坏现象,未发生粘结失效的情况。由于其余三根碳纤维绳仍参与受力,首根碳纤维绳断开时中柱荷载下降幅度为 10 kN,未发生大幅度下降。

此后子结构进入倒塌极限状态,当中柱位移达到 633 mm 时,第五个钢筋断裂点出现在右侧边柱梁顶内侧纵筋上,中柱荷载由 91 kN 陡降至 54 kN。当中柱位移达到 663 mm 时,第六个钢筋断裂点出现在中柱右侧上部内侧纵筋处,中柱荷载由 71 kN 陡降至 35 kN。当中柱位移达到 675 mm 时,第七个钢筋断裂点出现在中柱右侧上部外侧纵筋处,结构最终发生倒塌破坏(图 4-119)。

（a）加载前   （b）倒塌后

图 4-119　子结构加载前和倒塌后

（3）绑扎碳纤维绳加固装配式 RC 框架防连续倒塌试验

图 4-120 为碳纤维绳缠绕方式,图 4-121 为绑扎碳纤维绳加固试件与未加固试件的荷载-中柱位移曲线,图中"×"为钢筋断裂点。绑扎碳纤维绳加固试件与未加固试件随着位移的增加可以分为三个受力阶段:

OA 段为"梁机制"阶段。绑扎的碳纤维绳与混凝土柱之间存在间隙,碳纤维绳未收紧,绳结的收紧长度未释放,此阶段碳纤维绳不参与工作。绑扎碳纤维绳加固试件与未加固试件在此阶段工况相同,荷载-中柱位移曲线重合。当中柱位移达到 20 mm 左右时,加固试件框架中柱处梁下缘与边柱处梁上缘的负弯矩区混凝土表面出现细微裂缝,裂缝宽度为 0.4 mm 左右。

AB 段为"拱机制"阶段。当中柱位移达到 76 mm 左右时,中柱上部荷载约52 kN,中柱与边柱处的框架梁受拉裂缝继续发展,最大裂缝宽度约为 3 mm。中柱处梁顶部与边柱处梁底部出现受压裂缝,此区域梁混凝土保护层表面有混凝土碎片脱落。随着中柱位移增加,碳纤维缠绕处收紧,碳纤维绳拉结处绷直,用手无法拨动。此时绳结的松弛长度未完全释放,绳结处碳纤维绳处于松弛状态,用手可以拨动。当中柱位移达到 110 mm 时,绳结的松弛长度释放,绳结处碳纤维绳被拉紧,绳结用手无法拨动,敲击拉结段碳纤维绳可以听见清脆的"噔噔"声,碳纤维绳开始承担中柱向下位移产生的侧向拉结力。加固试件的中柱荷载-位移曲线在中柱位移 110 mm 后高于未加固试件,说明碳纤维绳在"拱机制"阶段已发挥部分作用,提高了子结构的承载能力。当中柱位移

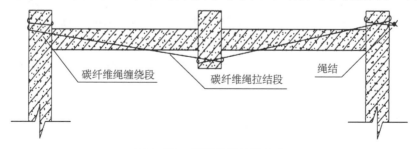

碳纤维绳缠绕段　　碳纤维绳拉结段　　绳结

图 4-120　碳纤维绳缠绕方式

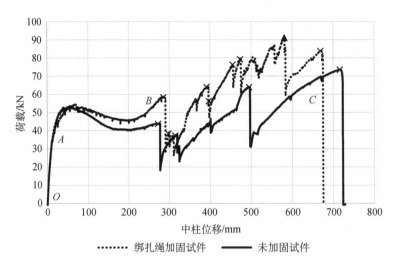

图 4-121　绑扎碳纤维绳加固试件与未加固试件的荷载-中柱位移曲线

达到 200 mm 时,受拉裂缝持续向受压区延伸,裂缝最大宽度为 5 mm,受压区混凝土保护层被完全压碎。

　　BC 段为"悬链线机制"阶段。中柱位移达到 280 mm 时,受拉裂缝贯穿梁侧面,受压区混凝土被完全压碎,部分纵筋露出,此时结构不再承受原有弯矩,中柱上部荷载转化为两侧拉结力,由梁内纵筋与碳纤维绳共同承担。当中柱位移达到 290 mm 时,此时荷载为57 kN,第一个钢筋断裂点出现在中柱左侧梁底部外侧纵筋,荷载陡降幅度较大,由 57 kN 降至 28 kN。推算中柱位移 290 mm,碳纤维绳整体变形量约为 88 mm,此时碳纤维绳整体变形量较小,绳内应力水平较低,碳纤维绳发挥的拉结作用有限,钢筋断裂后荷载陡降幅度相较于未加固试件差别不大。第二、三个钢筋断裂点分别发生在中柱位移 300 mm 时的中柱左侧梁底部外侧纵筋处以及中柱位移 310 mm 时的左侧边柱梁顶部外侧钢筋处,钢筋断裂前中柱上部荷载不超过 40 kN,钢筋内应力水平不高(第一根钢筋断裂释放了部分应力),钢筋断裂点的荷载损失率较小。当中柱位移达到 396 mm 时,第四个钢筋断裂点出现在左侧边柱梁顶部内侧纵筋处,荷载由 64 kN 陡降至 55 kN 左右,此时碳纤维绳已完全收紧,碳纤维绳缠绕处相对于柱混凝土基面的滑移速率逐渐减小。与柱转角接触的碳纤维绳挤压变形,由于圆角的应力分散作用与碳纤维绳外侧芳纶编织的抗磨作用,碳纤维绳内芯未出现摩擦受损情况。随后位移达到 398 mm,第五个钢筋断裂点出现在右侧边柱梁顶部外侧纵筋处,碳纤维绳的拉结作用减小了钢筋断裂后的荷载损失率,中柱上部荷载由 57 kN 陡降至 49 kN,此阶段框架梁破坏情况如图 4-122 所示。中柱位移达到 456 mm,第六个钢筋断裂点出现在右侧边柱梁顶部内侧纵筋处;中柱位移达到 478 mm,第七个钢筋断裂点出现在右侧边柱梁底部外侧纵筋处。

　　中柱位移达到 500 mm 左右,绑扎碳纤维绳加固试件的荷载-位移曲线出现"锯齿状"缓降段,荷载由 80 kN 左右缓降至 72 kN 左右,此阶段伴随垫塞木块挤压变形产生的"哒哒"声,碳纤维绳拉结段未发生"颈缩"现象,推测缓降段产生的原因为木块挤压变形后碳纤维绳与混凝土柱之间的滑移量增加,碳纤维绳内应力降低。木块表面挤压密实后,中柱荷载快速上升。绑扎碳纤维绳加固施工应选用质地密实、承压能力强的木块。中柱位移达到 584 mm,靠近右侧边柱的碳纤维绳拉结段发生断裂,破坏位置靠近右侧边柱,距离右侧边柱 12 cm 左右。碳纤维断口特征为受拉破坏,断口碳纤维丝不平整,断口附近芳纶编织无磨损,碳纤维绳未在绳结、柱转角等应力集中处出现"颈缩"现象,说明绑扎碳纤维绳加固的拉结段未断裂前在悬链线阶段后期发挥的作用与碳纤维加固拉结段效果相同。碳纤维绳断裂后,拉结机构失效,碳纤维绳不再帮助子结构承担两侧的悬索力。和未加固试件的钢筋断裂现象相同,碳纤维绳断裂后荷载由 85 kN 陡降至 60 kN。中柱位移达到 675 mm,第七个钢筋断裂点出现在右侧边柱梁底部纵筋处,支座截面梁内纵筋全部断裂,子结构最终发生倒塌破坏(图 4-122)。

(a) 加载前   (b) 倒塌后

图 4-122　绑扎碳纤维绳加固试件加载前和倒塌后

2. 防连续倒塌加固计算

(1) 侧贴 CFRP 复合加固试件各阶段承载力

① "梁机制"阶段

《混凝土结构加固设计规范》(GB 50367—2013)给出了侧贴 CFRP 加固钢筋混凝土梁的设计方法与构造建议措施。

② "拱机制"阶段

假定:不考虑侧贴 CFRP 受压作用;侧贴 CFRP 加固试件与未加固试件在压拱机制阶段的峰值位移相等。基于 Park 和 Gamble 的计算模型,当侧贴 CFRP 的宽度大于($h-c$) 时,加固试件在压拱机制阶段的承载力计算公式为:

$$P_{\text{CAA}} = \frac{2}{\beta l}\left\{0.85\,f'_c\beta_1 bh\left[\frac{h}{2}\left(1-\frac{\beta_1}{2}\right)+\frac{\delta}{4}(\beta_1-3)+\frac{\delta^2}{8h}\left(2-\frac{\beta_1}{2}\right)+\frac{\beta\,l^2}{4\delta}(\beta_1-1)\varepsilon_t+\right.\right.$$

$$\left.\frac{\beta\,l^2}{4h}\left(1-\frac{\beta_1}{2}\right)\varepsilon_t-\frac{\beta_1\,\beta^2\,l^4}{16h\,\delta^2}\,\varepsilon_t^2\right]-\frac{(T'-T-C'_s+C_s-T_f)^2}{3.4\,f'_c b}+$$

$$(T'+T)\left(\frac{h}{2}-d'+\frac{\delta}{2}\right)+(C'_s+C_s)\left(\frac{h}{2}-d'-\frac{\delta}{2}\right)+T_f\left(\frac{h}{6}+\frac{c}{3}+\frac{\delta}{2}\right)\Bigg\}$$

$$(4\text{-}10)$$

式中：b、h 为梁截面的宽度与高度；f'_c 为混凝土圆柱体抗压强度；β_1 为混凝土相对受压区高度系数；l 为试件总跨度；β 为单跨梁的净跨与框架试件总长 l 的比值；T、T_f、T' 分别为中柱支座梁截面下部钢筋拉力、中柱处梁侧面 CFRP 拉力、边柱处支座梁截面上部钢筋拉力；C'_s 为边柱处支座梁截面下部钢筋压力；C_s 为中柱支座梁截面上部钢筋压力；d' 为框架梁混凝土保护层厚度；δ 为峰值荷载下的峰值位移；c 为中柱附近梁截面的相对受压区高度，由公式(4-11)计算得到；ε_t 为钢筋混凝土梁轴向变形与支座侧向位移引起的总轴向变形量，由公式(4-12)计算得到：

$$c=\frac{h}{2}-\frac{\delta}{4}-\frac{\beta l^2}{4\delta}\varepsilon_t-\frac{T'-T-C'_s+C_s-T_f}{1.7\,f'_c b\,\beta_1}\qquad(4\text{-}11)$$

$$\varepsilon_t=\frac{\left(\dfrac{1}{h\,E_c+\dfrac{b}{\beta ls}}\right)\left[0.85f'_c\beta_1\left(\dfrac{h}{2}-\dfrac{\delta}{4}-\dfrac{T'-T-C'_s+C_s-T_f}{1.7\,f'_c b\,\beta_1}\right)+\dfrac{C_s-T-T_f}{b}\right]}{1+\dfrac{0.85\,f'_c\beta_1\,\beta^3\,l^2}{\delta}\left(\dfrac{1}{h\,E_c}+\dfrac{b}{\beta ls}\right)}$$

$$(4\text{-}12)$$

式中：E_c 为混凝土弹性模量；s 为水平方向支座刚度。

　　侧贴 CFRP 加固试件在压拱机制阶段的承载力增量为：

$$P_{CAA}=P_{CAA}-P^0_{CAA}=\frac{2}{\beta l}\Bigg\{0.85\,f'_c\beta_1 bh\left[\frac{\beta l^2}{4\delta}(\beta_1-1)(\varepsilon_t-\varepsilon^0_t)-\frac{\beta_1\,\beta^2\,l^4}{16h\,\delta^2}(\varepsilon_t^2-\varepsilon_t^{0\,2})\right]-$$

$$\frac{(T'-T-C'_s+C_s-T_f)^2-(T'-T-C'_s+C_s)^2}{3.4\,f'_c b}+T_f\left(\frac{h}{6}+\frac{c}{3}+\frac{\delta}{2}\right)\Bigg\}$$

$$(4\text{-}13)$$

式中：P^0_{CAA} 与 ε^0_t 分别为未加固试件梁轴向变形与支座侧向位移共同作用下的承载能力与总轴向应变。

　　③ "悬链线机制"阶段

　　不考虑悬链线机制阶段内混凝土受拉贡献，两侧拉结力仅由受拉纵筋与侧贴 CFRP 提供。假定纵筋在梁柱节点内始终具有良好的锚固，不考虑装配与现浇的受力区别。悬链线机制阶段，当中柱变形达到峰值位移时，此时加固试件由 CFRP 提供的承载力（即承载力增量）为：

$$P_{FRP}=2\,\gamma_s\,A_f\,f_{FRP}\sin\theta\qquad(4\text{-}14)$$

式中：γ_s 为 CFRP 承载力折减系数，当 $\delta_m\leqslant0.2L$（L 为梁跨度）时，γ_s 取 0.172。作为防连续倒塌的预防性加固措施，侧贴 CFRP 的初衷是为了让 CFRP 在梁阶段、压拱阶段不发生作用或少发生作用，进入悬链线阶段之后才受拉而发挥作用。然而，实际加载过程中在梁阶段、压拱阶段 CFRP 发生局部剥离、断裂，到了悬链线阶段实际参与工作的 CFRP 逐渐减少，要乘以 CFRP 承载力折减系数。本节根据试验数据回归得"设计悬链线阶段"（从悬链线阶段开始到竖向位移为 $0.2L$ 之间）的 CFRP 承载力折减系数 γ_s。A_f 为 CFRP 片材截面积；f_{FRP} 为 CFRP 片材抗拉强度；$\sin\theta$ 为框架梁极限变形的转角正弦值，取极限变形为 $0.2L$，则 $\sin\theta$ 取 0.196。

（2）碳纤维绳加固试件承载力

由碳纤维绳贡献的倒塌极限承载力即承载力增量为：

$$P_r = 4\gamma_r F_r \sin\theta \tag{4-15}$$

式中：γ_r 为碳纤维绳承载力折减系数，根据试验结果回归得 γ_r 取 0.94。由于施工误差（锚固深度误差，碳纤维拉结长度误差）等原因，碳纤维绳并非在结构进入倒塌极限状态后同时断裂，根据本节试验结果，仅一根碳纤维绳出现"颈缩"现象，最终被拉断，其余碳纤维绳在子结构倒塌破坏后未出现明显损伤，说明在倒塌极限状态每根碳纤维绳的应力状态不同。在计算碳纤维承载力时，应乘以碳纤维绳折减系数，消除因施工误差等因素引起的碳纤维绳受力不均。F_r 为单根碳纤维绳承载力，按公式（4-16）计算得到；$\sin\theta$ 为框架梁极限变形的转角正弦值，按公式（4-17）计算得到。

碳纤维绳为线弹性材料，碳纤维绳内拉力 F_r 可由绳子的应变计算得到：

$$F_r = k\frac{\sqrt{l_r^2 + \delta_r^2} - l_r'}{l_r'} \tag{4-16}$$

$$\sin\theta = \frac{\delta_r}{\sqrt{l_r^2 + \delta_r^2}} \tag{4-17}$$

式中：l_r 为单根碳纤维绳两端植入孔洞之间的距离；l_r' 为碳纤维绳加固设计长度，建议 l_r' 取值为 $1.01l_r$；δ_r 为子结构进入悬链线机制阶段后的中柱位移；k 为由碳纤维绳拉伸曲线回归得到的碳纤维绳承载力与应变本构关系系数，本次试验所用碳纤维绳的 $k = 1\,414$。

（3）绑扎碳纤维绳加固试件承载力

计算步骤：a.材性试验，测出纤维绳的强度、极限延伸率、绳结的松弛曲线这三个关键值。b.根据摩擦力估算缠绕层数，确定缠绕方案。c.计算绳子拉断时的总延伸长度，包括各段绳子的延伸长度和绳结的松弛度。d.根据绳子拉断时的总延伸长度，计算出倒塌极限变形，然后可算出角度。e.根据角度，计算出绳子提供的承载力，即承载力增量 ΔP。以下用本次加固试验作为算例。

材性试验测出碳纤维绳强度为 99.8 kN，极限延伸率为 4.2%。如图 4-123 为采用"渔夫结"时绳结松弛曲线测试。实际绑扎时，应对柱边倒角，并在柱头多次缠绕来增加碳纤维绳与混凝土的接触点。

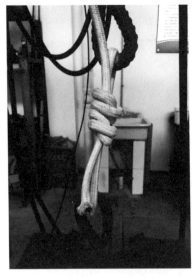

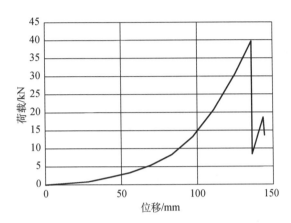

（a）绳结测试 　　　　　　　　　　（b）松弛曲线

图 4-123　绳结松弛曲线测试

如图 4-124(a)所示，碳纤维绳在柱头采用对称缠绕的绑扎方式，共围绕柱头缠绕 n 圈(图内每个绳头各缠绕 2 圈)。如图 4-124(b)所示，接触点①处绳内拉力 F_1 和 F_2 的关系为：

$$F_2 = F_1 - k\left(\frac{\sqrt{2}}{2}F_1 + \frac{\sqrt{2}}{2}F_2\right) \qquad (4\text{-}18)$$

式中：k 为接触点处的摩擦系数，取 0.6。

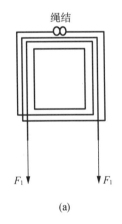

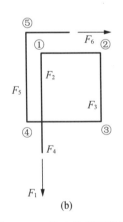

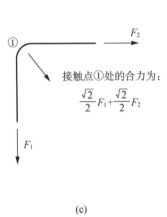

(a)　　　　　　　　　　(b)　　　　　　　　　　(c)

图 4-124　柱头处碳纤维绳缠绕段受力

同理得：

$$F_n = \frac{1 - \frac{\sqrt{2}}{2}k}{1 + \frac{\sqrt{2}}{2}k}F_{n-1} \qquad (4\text{-}19)$$

如图 4-125 所示,受柱角处的摩擦力影响,各段碳纤维绳内荷载与拉结段绳内荷载比值非线性递减。根据公式(4-19)算得的 F_6 查图 4-123(b)得到对应的绳结变形量只有 10 mm 左右。这说明每根绳头缠绕多圈后,摩擦点可以大大减小人工绑扎绳结处的荷载,即合理设置摩擦点数量与人工绑扎绳结可以实现有效锚固。

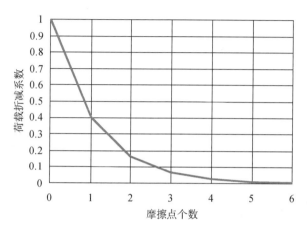

图 4-125　碳纤维绳内荷载折减系数与摩擦点个数关系曲线

本章参考文献

［1］ASCE 7-10. Minimum design loads for buildings and other structures［Z］. American Society of Civil Engineers,2010:1-9

［2］中国工程建设协会标准.建筑结构抗倒塌设计规范:CECS 392:2014［S］.北京:中国计划出版社,2014

［3］Pearson C,N Delatte. Lessons from the progressive collapse of the ronan point apartment tower［C］. Forensic Engineering Congress,2003

［4］Kazemi-Moghaddam A,Sasani M. Progressive collapse evaluation of Murrah Federal Building following sudden loss of column G20［J］. Engineering Structure,2015,89:162-171

［5］中华人民共和国住房和城乡建设部. 混凝土结构设计规范:GB 50010—2010［S］. 北京:中国建筑工业出版社,2015

［6］中华人民共和国住房和城乡建设部. 高层建筑混凝土结构技术规程:JGJ 3—2014［S］. 北京:中国建筑工业出版社,2014

［7］严薇,曹永红,李国荣. 装配式结构体系的发展与建筑工业化［J］. 重庆建筑大学学报,2004,26(5):131-136

［8］蒋勤俭. 国内外装配式混凝土建筑发展综述［J］. 建筑技术,2010,41(12):1074-1077

［9］Kai Q,Li B. Dynamic performance of RC beam-column substructures under the scenario of the loss of a corner column—Experimental results［J］. Engineering Structures,2012,42(12):154-167

[10] Dat P X，H T Kang. Experimental study of beam-slab substructures subjected to a penultimate-internal column loss[J]. Engineering Structure，2013，55：2-15

[11] Sasani M，Bazan M，Sagiroglu S. Experimental and analytical progressive collapse evaluation of actual reinforced concrete structure[J]. ACI Structural Journal，2017，104 (6)：731-739

[12] Yi W J，He Q F，Xiao Y，et al. Experimental Study on Progressive Collapse Resistant Behavior of Reinforced Concrete Frame Structure[J]. ACI Structural Journal，2008，105 (4)：433-439

[13] Su Y，Tian Y，Song X. Progressive Collapse Resistance of Axially-Restrained Frame Beams[J]. ACI Structural Journal，2009，106(5)：600-607

[14] 中华人民共和国住房和城乡建设部. 建筑结构荷载规范：GB 50009—2012[S]. 北京：中国建筑工业出版社，2014

[15] 中华人民共和国住房和城乡建设部. 建筑抗震设计规范（2016 年版）：GB 50011—2010 [S]. 北京：中国建筑工业出版社，2016

[16] D P Abrams. Scale relations for reinforced concrete beam-column joints[J]. Structural Journal，1987，84(6)：502-512

[17] 中华人民共和国住房和城乡建设部. 装配式混凝土结构技术规程：JGJ 1—2014[S]. 北京：中国建筑工业出版社，2014

[18] 国家建筑标准设计图集. 装配式混凝土结构连接节点构造(15G310-1～2). 北京：中国计划出版社，2015

[19] 陈蕾. RC 框架结构抗连续倒塌性能分析与可靠度评估[D]. 长沙：湖南大学，2013

[20] 中华人民共和国住房和城乡建设部. 普通混凝土力学性能试验方法标准：GB/T 50081—2002[S]. 北京：中国建筑工业出版社，2002

[21] 中华人民共和国住房和城乡建设部. 钢及钢产品力学性能试验取样位置及试样制备：GB/T 2975—1998[S]. 北京：中国标准出版社，1998

[22] 张望喜，曹亚栋. 装配式混凝土框架结构防连续倒塌研究的几个问题[J]. 建筑科学与工程学报，2017，34(5)：101-112

[23] Yu J ，Tan K H. Experimental study on catenary action of RC beam-column sub-assemblages[C]. Proceeding of the 3rd fib international congress，Washington D. C.，2010

[24] Yu J，Tan K H. Experimental and numerical investigation on progressive collapse resistance of reinforced concrete beam column sub-assemblages［J］. Engineering Structures，2013，55(4)：90-106

[25] Kang S B，Tan K H. Behavior of precast concrete beam-column sub-assemblages subject to column removal[J]. Engineering Structures，2015，93：85-96

[26] 中华人民共和国国家标准. 金属材料室温拉伸试验方法：GB/T 228—2010[S]. 北京：中国建筑工业出版社，2010

［27］中华人民共和国国家标准. 混凝土强度检验评定标准:GB/T 50107—2010[S]. 北京：中国建筑工业出版社，2010

［28］刘巍，徐明，陈忠范. ABAQUS 混凝土损伤塑性模型参数标定及验证[J]. 工业建筑，2014，44(Z)：167-171

［29］Othman H，Marzouk H. Finite-Element Analysis of Reinforced Concrete Plates Subjected to Repeated Impact Loads[J]. Journal of Structural Engineering，2017，143(9)：1-16

［30］ASCE. Seismic evaluation and retrofit of existing buildings：ASCE/SEI 41-13. Reston，VA：ASCE，2013

［31］DoD. Design of buildings to resist progressive collapse. Unified Facilities Criteria (UFC) 4-023-03[S]. Department of Defence，Washington D. C.，2016

［32］易伟建，何庆峰，肖岩. 钢筋混凝土框架结构抗倒塌性能的试验研究[J]. 建筑结构学报，2007，28(5)：104-109

［33］初明进，周育泷，陆新征，等. 钢筋混凝土单向梁板子结构抗连续倒塌试验研究[J]. 土木工程学报，2016，42(2)：31-40

［34］江晓峰，陈以一. 建筑结构连续性倒塌及其控制设计的研究现状[J]. 土木工程学报，2008(6)：1-8

［35］Qian K，Li B. Performance of precast concrete substructures with dry connection to resist progressive collapse［J］. Journal of Structural Engineering，ASCE，2018，32 (2)：04018005

［36］Kang S B，Tan K H. Progressive collapse resistance of precast concrete frames with discontinuous reinforcement in the joint[J]. Journal of Structural Engineering，ASCE，2017，143(9)：04017090

［37］Kang S B，Tan K H. Robustness assessment of exterior precast concrete frames under column removal scenarios[J]. Journal of Structural Engineering，ASCE，2016，142(12)：1

［38］Nimse R B，Joshi D D，Patel P V. Experimental study on precast beam column connections constructed using RC corbel and steel billet under progressive collapse scenario[C] Proceedings of Structures Congress 2015，Oregon，Portland，2015

［39］Almusallam T H，Elsanadedy H M，Al-Salloum Y A，et al. Experimental investigation on vulnerability of precast RC beam-column joints to progressive collapse[J]. Journal of Civil Engineering，KSCE，2018，22(10)：3995-4010

［40］蔡小宁.新型预应力预制混凝土框架结构抗震能力及设计方法研究 [D]. 南京：东南大学，2012

［41］Lin K Q，Lu X Z，Li Y，et al. Experimental study of a novel multi-hazard resistant prefabricated concrete frame Structure ［J］. Soil Dynamics and Earthquake Engineering，2018，119：390-407

［42］周育泷，李易，陆新征，等. 钢筋混凝土框架抗连续倒塌的压拱机制分析模型[J]. 工程力学，2016，33(4)：34-42

[43] Yu J，Tan K H. Special Detailing Techniques to Improve Structural Resistance against Progressive Collapse[J]. J Struct Eng，2014，140(3)：04013077

[44] Alogla K，Weekes L，Augusthus-Nelson L. A new mitigation scheme to resist progressive collapse of RC structures[J]. Construction & Building Materials，2016，125：533-545

[45] 邓小芳，李治，翁运昊，等.预应力混凝土梁-柱子结构抗连续倒塌性能试验研究[J]. 建筑结构学报，2019，40(8)：71-78

[46] Gholamreza Abdollahzadeh，Mahsa Mashmouli. Use of Steel Tendons in Designing Progressive Collapse-Resistant Reinforced Concrete Frames[J]. J Perform Constr Facil，2017，31(4)：04017023

[47] Lim N S，Tan K H，Lee C K. Effects of rotational capacity and horizontal restraint on development of catenary action in 2-D R C frames[J]. Engineering Structures，2017，153：613-627

[48] Feng P，Qiang H，Qin W，et al. A novel kinked rebar configuration for simultaneously improving the seismic performance and progressive collapse resistance of RC frame structures[J]. Engineering Structures，2017，147：752-767

[49] 潘建伍，吴芳，王羡，等.一种提高 RC 框架结构抗连续倒塌能力的钢筋连接器：CN109680879A[P]. 2019

[50] 吕大刚，于晓辉，李宁. FRP 加固非延性钢筋混凝土框架结构的地震倒塌易损性分析[J]. 建筑结构学报，2015，36(S2)：112-118

[51] 秦卫红，冯鹏，施凯捷，等. 玻璃纤维加固梁柱结构抗连续倒塌性能数值分析[J]. 同济大学学报(自然科学版)，2014，42(11)：1647-1653

[52] 申柳雷. FRP 加固钢筋混凝土框架结构抗连续倒塌试验研究[D]. 长沙：国防科学技术大学，2014

[53] 冯鹏. GFRP 加固 RC 梁柱结构抗连续倒塌试验[C]. 第八届全国建设工程 FRP 应用学术交流会论文集，2013：5

[54] 张海瑜. CFRP 修复连续倒塌 RC 框架结构的试验及方法[D].哈尔滨：哈尔滨工业大学，2017

[55] 曹开富. FRP 筋增强 RC 框架结构抗连续倒塌能力研究[D].成都：西南石油大学，2016

[56] 杨娇. 采用 CFRP 板条防止钢筋混凝土框架连续倒塌试验研究[D].长沙：湖南大学，2014

[57] Hao H，Li Z X，Shi Y. Reliability analysis of RC columns and frame with FRP strengthening subjected to explosive loads[J]. Journal of Performance of constructed Facilities，2015，30(2)：04015017

[58] Orton S L. Development of a CFRP system to provide continuity in existing reinforced concrete buildings vulnerable to progressive collapse[D]. Austin：The University of Texas at Austin，2007

[59] Kim I S，Jirsa J O，Bayrak O. Anchorage of Carbon Fiber-Reinforced Polymer on Side

Faces of Reinforced Concrete Beams to Provide Continuity[J]. Aci Structural Journal, 2013, 110(6):1089-1098

[60] Qian K , Li B. Strengthening and Retrofitting of Flat Slabs to Mitigate Progressive Collapse by Externally Bonded CFRP Laminates [J]. Journal of Composites for Construction, 2013, 17(4):554-565

[61] 潘亮. HPFL-粘钢联合加固 RC 空间框架连续倒塌性能试验研究与数值模拟[D]. 西安: 长安大学,2018

[62] 郭文杰. 粘钢加固既有 RC 框架结构抗连续倒塌性能的研究[D]. 张家口:河北建筑工程学院,2017

[63] 高佳明,刘伯权,黄华,等. HPFL-粘钢加固 RC 空间框架梁对结构抗倒塌性能影响数值分析[J]. 世界地震工程,2015,31(4):100-107

[64] Al-Salloum Y A, Alrubaidi M A, Elsanadedy H M, et al. Strengthening of precast RC beam-column connections for progressive collapse mitigation using bolted steel plates[J]. Engineering Structures, 2018, 161: 146-160

[65] Qian K, Weng Y H, Li B. Improving Behavior of Reinforced Concrete Frames to Resist Progressive Collapse through Steel Bracings[J]. Journal of Structural Engineering, 2018, 145(2): 04018248

[66] 张亮. 钢支撑在 RC 框架结构连续倒塌中的作用[D]. 湘潭:湘潭大学,2013

[67] 徐白玉. 钢支撑加固 RC 框架子结构抗连续倒塌性能研究[D]. 南宁:广西大学,2018

[68] 李奉阁,陈峰. 钢支撑加固既有丙类框架结构抗地震倒塌能力[J]. 辽宁工程技术大学学报(自然科学版),2018,37(1):92-98

[69] Elkoly S, El-Ariss B. Progressive collapse evaluation of externally mitigated reinforced concrete beams[J]. Engineering Failure Analysis, 2014, 40: 33-47

[70] Liu T, Xiao Y, Yang J, et al. CFRP Strip Cable Retrofit of RC Frame for Collapse Resistance[J]. Journal of Composites for Construction, 2016, 21(1): 04016067

[71] 王杰. 体外预应力钢筋混凝土框架抗连续倒塌试验研究[D].长沙:中南林业科技大学,2018

[72] 林峰,邱璐,吴开成.钢索加固后钢筋混凝土双跨梁抗连续倒塌性能[C].第五届建筑结构抗连续倒塌学术交流会暨《建筑结构抗连续倒塌设计规范》修订意见征集会议论文集,2018:176-179

[73] 王羡.基于纤维布/绳的装配式 RC 框架防连续倒塌加固试验研究[D].南京:南京航空航天大学,2019

[74] Pan J W, Wang X, Wu F. Strengthening of Precast RC Frame to Mitigate Progressive Collapse by Externally Bonded CFRP Sheets Anchored with HFRP Anchors [J]. Advances in Civil Engineering, 2018:8098242

[75] 王羡,潘建伍,吴芳.装配式混凝土框架子结构防连续倒塌加固试验[C].第五届建筑结构抗倒塌学术交流会,西安,2018:244-251

第5章

装配式混凝土结构强震风险性分析

5.1 装配式结构连接性能不确定性

我国在 20 世纪六七十年代曾推广使用装配式建筑,但在 1976 年的唐山地震中,大量预制装配式混凝土结构遭到破坏。震害调查发现装配式混凝土结构的破坏多集中在节点处。由于节点区混凝土约束不充分、受力性能差,在地震的反复弯矩、剪力作用下,混凝土容易压碎脱落,造成柱纵筋压屈破坏。虽然大量的试验研究结果表明,装配式节点/连接能够满足抗震性能"等同现浇"的要求,但是装配式节点/连接工艺复杂,属于隐蔽工程,目前尚缺乏有效的检测手段对其质量进行检查。再加上装配式结构的施工现场管理不规范,常出现工人不按规定、规程操作的现象,施工质量难以得到保证,导致其受力性能存在较大的不确定性和安全隐患。因此,发展预制装配式混凝土结构,首先应当明确节点/连接性能的不确定性对结构在地震作用下的安全性到底有多大程度的影响,再研究如何通过合理的抗震设计达到抗震安全性的"等同现浇",这是关系到装配式钢筋混凝土结构能否在地震区推广应用的问题。本节将对当前技术最成熟、抗震规范所推荐的后浇整体式梁柱节点和剪力墙的连接缺陷及其所导致的受力性能的不确定性展开研究。

5.1.1 后浇整体式梁柱节点的缺陷类型

目前装配式混凝土结构大量采用的构件拼接方式是纵向受力构件(如框架柱和剪力墙等)采用完全预制的形式,而水平受力构件采用部分预制的形式,因此纵向钢筋的连接成了预制构件连接的关键。后浇整体式梁柱节点如图 5-1 所示。我国的《装配式混凝土结构技术规程》(JGJ 1—2014)规定:预制柱纵向受力钢筋在柱底采用套筒灌浆连接时,柱纵筋加密区长度不应小于纵向受力钢筋连接区域长度与 500 mm 之和(如图 5-2 所示);应在后浇节点区混凝土上表面设置粗糙面,柱纵向受力钢筋应贯穿后浇节点区,柱底接缝厚度宜为 20 mm 并应采用灌浆料填实。在后浇节点区,梁下部纵向钢筋可采用直线锚固或弯折锚固的方式锚固在后浇节点区内[图 5-1(a)],也可采用机械连接或焊接的方式直接连接[图 5-1(b)],梁的上部纵向受力钢筋应贯穿后浇节点区。

后浇整体式节点连接技术在实际施工中仍存在一些问题。由于目前装配式结构的施工方法不完善,施工现场管理不规范,施工质量难以得到保证,特别是在地震的高烈度区,结构的抗震设计遵循"强节点、弱构件"的原则。为了满足这一原则,抗震设计需在节点区配置大量箍筋,通过加强节点来提升框架结构抵抗地震作用的能力。节点区钢筋密集导致后浇混凝土变得十分困难,容易造成节点区混凝土浇筑不密实。另外如前文所述,套筒灌浆连接也常常产生一定程度的质量缺陷。

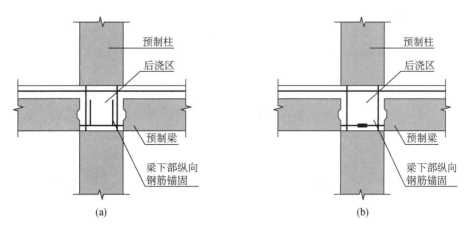

图 5-1　后浇整体式梁柱节点构造示意图

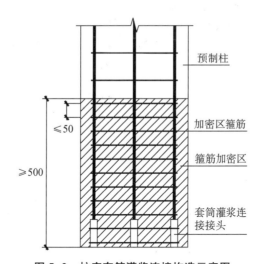

图 5-2　柱底套筒灌浆连接构造示意图

　　认识到这些问题,经过设计单位和施工现场的调研走访,我们在本章对后浇整体式梁柱节点考虑的缺陷类型包括:

　　(1)预制柱根部套筒灌浆缺陷

　　节点区上方的预制柱预埋金属套筒,节点区的纵向钢筋插入金属套筒,通过灌浆料拌合物硬化来实现钢筋轴力的传递。套筒灌浆缺陷影响该轴力的传递,因而影响后浇整体式节点的受力性能。

　　(2)节点区预制梁下部钢筋与混凝土的粘结缺陷

梁下部纵向钢筋锚固在后浇节点区内,节点区混凝土的浇筑不密实会影响其对梁纵向钢筋的粘结作用,削弱钢筋锚固的效果,进而影响后浇整体式节点的受力性能。

(3) 节点区混凝土浇筑缺陷

节点区混凝土的浇筑不密实会影响其对节点区箍筋的约束作用以及节点区整体抗剪能力,进而影响后浇整体式节点的受力性能。

5.1.2 考虑缺陷的后浇整体式梁柱节点有限元模型

为深入分析上述缺陷对后浇整体式梁柱节点抗震性能的影响,本节针对如图 5-3 所示的典型梁柱节点,建立了如图 5-4 所示的简化模型。该模型通过转动弹簧 S_1、S_2、S_3 的弯矩-转角关系反映连接缺陷对节点受力性能的影响。

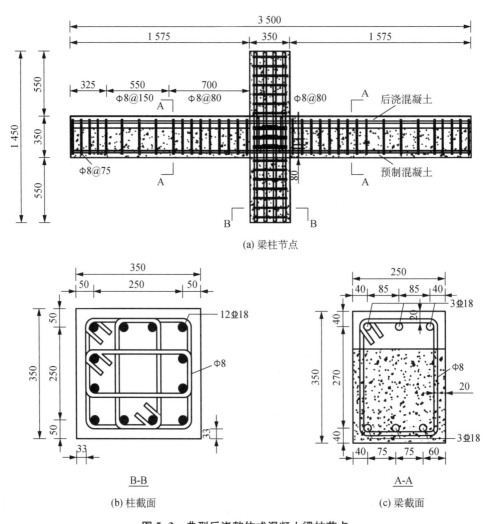

(a) 梁柱节点

B-B

(b) 柱截面

A-A

(c) 梁截面

图 5-3 典型后浇整体式混凝土梁柱节点

为了研究连接缺陷(1)对节点力学性能的影响,把图 5-3 中的混凝土柱取出来进行研究,下端固支。在 ABAQUS 平台上建立的有限元模型如图 5-5 所示,图(a)为混凝土单元,图(b)为钢筋与套筒单元,套筒单元用粗线标出。

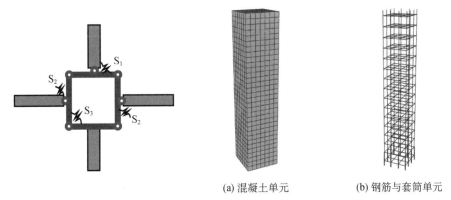

图 5-4   后浇整体式混凝土梁柱节点
抗震受力的简化模型

(a) 混凝土单元   (b) 钢筋与套筒单元

图 5-5   考虑连接缺陷(1)的有限元模型

模型的混凝土部分采用实体六面体单元 C3D8R,套筒连接部分采用二节点桁架单元 T3D2。由于损伤集中出现在套筒连接部位,因此假设钢筋为线弹性材料,其拉力变形曲线调整为与第三章中的试验结果相一致。

为了研究连接缺陷(2)对节点力学性能的影响,把图 5-3 中的混凝土梁取出来进行研究,梁柱节点处固支约束。在 ABAQUS 平台上建立的有限元模型如图 5-6 所示。节点区混凝土浇筑不密实会导致梁下部纵向钢筋在节点区容易发生较大的滑移。为了模拟这个现象,本节采用弹簧单元连接节点区的梁纵向钢筋单元与混凝土单元。弹簧单元采用非线性的 Spring2 单元,单元的力与位移关系采用已有文献[1]所建立的考虑粘结滑移的粘结作用模型,如图 5-7 所示。

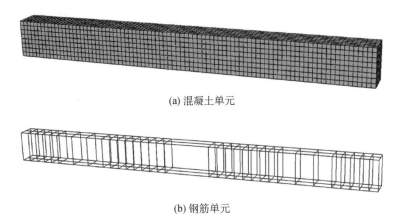

(a) 混凝土单元

(b) 钢筋单元

图 5-6   考虑连接缺陷(2)的有限元模型

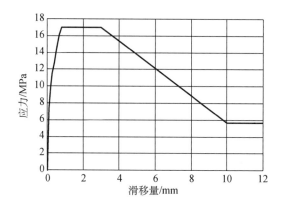

图 5-7 考虑粘结滑移的混凝土-钢筋粘结作用模型

粘结应力与滑移量的关系用下式定义：

$$\tau = \begin{cases} \tau_1 \left(\dfrac{s}{s_1} \right)^{\alpha} & s \leqslant s_1 \\ \tau_1 & s_1 < s \leqslant s_2 \\ \tau_1 - (\tau_1 - \tau_3) \dfrac{s - s_2}{s_3 - s_2} & s_2 < s \leqslant s_3 \\ \tau_3 & s > s_3 \end{cases} \tag{5-1}$$

式中：τ 代表粘结应力；τ_1 代表最大粘结应力；τ_3 代表残余粘结应力；s 代表滑移值；s_1 为达到最大粘结应力的滑移值；s_2 为粘结应力开始下降的滑移值；s_3 为进入残余应力段的滑移值，它等于钢筋肋净距；α 表示上升段系数。在计算中，对于 100% 粘结强度的情况，取 $\tau_1 = 17$ MPa，$\tau_3 = 5.6$ MPa，$s_1 = 0.8$ mm，$s_2 = 3$ mm，$s_3 = 10$ mm，$\alpha = 0.4$。当粘结强度有一定损伤时，滑移量假设不变，但对应的粘结应力有所折减。

为了研究连接缺陷(3)对节点力学性能的影响，把图 5-3 中的梁柱节点取出来进行研究，在 ABAQUS 平台上建立的有限元模型如图 5-8 所示。节点区混凝土浇筑不密实导致节点区受剪性能下降。为了模拟这一缺陷，本节对节点核心区混凝土的材料本构进行了调整，通过减小混凝土材料的刚度来反映浇筑不密实的影响。

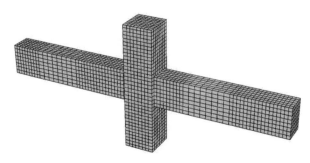

图 5-8 考虑连接缺陷(3)的有限元模型

对于浇筑密实的情况,混凝土应力应变关系按《混凝土结构设计规范》(2015 版)[2] (GB 50010—2010)附录 C 计算。这里的混凝土采用 C50,其强度代表值取标准值,即 f_{ck} = 32.4 MPa,f_{tk} = 2.64 MPa,E_c = 3.46 MPa。规范推荐曲线如图 5-9 所示。实际计算中取 $0.3f_{ck}$ 处的割线刚度作为 E_c,即 E_c = 34 GPa。

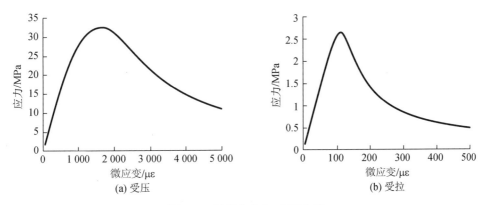

图 5-9 混凝土应力-应变曲线

不同尺寸的实体单元之间采用绑定连接。绑定连接可约束一对尺寸不同的网格面,使得两个网格面的平动、转动以及所有有效的自由度完全相等。该连接形式下的两个接触面在刚度数据传递上相当于刚性连接,绑定区域不发生相对运动和变形。

5.1.3 后浇整体式梁柱节点力学性能的不确定性模型

为了考虑连接缺陷随机性对后浇整体式装配节点受力性能的影响,需要建立节点受力性能的不确定性模型。当考虑上文所述的 3 种缺陷的时候,节点受力性能的不确定性主要体现为如图 5-4 所示的三个转动弹簧 S_1、S_2、S_3 受力性能的不确定性,由它们的不确定性模型描述。

为了获得弹簧 S_1 的不确定性受力模型,首先建立如图 5-5 所示的有限元模型。在这个模型中,影响柱底连接性能不确定性的因素有 3 个:缺陷套筒连接个数的随机性、缺陷套筒连接位置的随机性、缺陷套筒连接受力性能的随机性。

(1) 缺陷套筒连接个数的随机性

由于套筒缺陷只影响连接的受拉性能,不影响受压性能,因此只考虑受拉一侧出现缺陷的影响。若受拉一侧共有 m 个套筒连接,缺陷的发生率为 ρ,则其中 n 个套筒有缺陷的概率为:

$$P_n = C_m^n \rho^n (1-\rho)^{m-n} \tag{5-2}$$

式中:C_m^n 表示从 m 个样本中选出 n 个样本的组合个数。

(2) 缺陷套筒连接位置的随机性

缺陷套筒出现的位置对节点的受力性能也有显著影响。对于如图 5-3 所示的情况,根据受拉一侧套筒连接距中性轴的位置不同可分为两类:最外侧和次外侧。相比于最外侧的套筒,次外侧套筒的性能缺陷对柱底连接截面的影响较小,因此在下面的研究中忽略次外侧套筒存在连接缺陷的情况,只考虑最外侧套筒连接缺陷对节点受力性能的影响。

(3) 缺陷套筒连接受力性能的随机性

如图 5-5 所示的有限元模型中,套筒连接采用的二节点桁架单元的应力-应变关系为随机变量,其概率分布特征已在第 3 章第 3.4 节给出。

为了研究柱底套筒缺陷随机性对后浇整体式节点受力性能的影响,需要将上述 3 个不确定性因素考虑到如图 5-5 所示的有限元模型中,进行大量样本的蒙特卡洛模拟分析。考虑到有限元模拟分析的计算代价巨大,下面利用点估计(Point estimate)的方法对随机变量进行抽样[3],从而得到转动弹簧 S_1 的受力性能的统计模型。

点估计的基本思想是把概率分布已知的某随机变量(X_i)用几个样本点$(x_{i,j})$和对应的权重系数$(w_{i,j})$来替代。$x_{i,j}$ 和 $w_{i,j}$ 通过求解式(5-3)中的线性方程组来获得[3]:

$$\sum_{j=1}^{n} w_{i,j} x_{i,j}{}^A = E[X_i{}^A] \quad A = 0, 1, \cdots, (2n-1) \tag{5-3}$$

式中:$E[X_i{}^A]$ 表示随机变量 X_i 的第 A 阶矩。上式表明,点估计方法所生成的 n 个样本点及相应的 n 个权重系数能够使抽样的前$(2n-1)$阶矩精确满足要求。

对于本次研究中的梁柱节点模型,每个有缺陷的套筒的力学性能可以用一个随机变量 X_i 来表示。当出现 B 个缺陷时(对于本例的柱底截面而言,$B=1\sim4$),模拟中随机变量的个数为 B,分别为 X_1, X_2, $\cdots$, X_B。每个随机变量(X_i)的概率分布特征若通过 3 个样本点$(x_{i,1}, x_{i,2}, x_{i,3})$和 3 个权重系数$(w_{i,1}, w_{i,2}, w_{i,3})$描述,则转动弹簧 S_1 的力学性能参数(θ)的均值表示为:

$$E[\theta]_B = \sum_{j1=1}^{3}\sum_{j2=1}^{3}\cdots\sum_{jB=1}^{3}(w_{1,j1} \cdot w_{2,j2} \cdot \cdots \cdot w_{B,jB}) \cdot \theta[x_{1,j1}, x_{2,j2}, \cdots, x_{B,jB}]$$

$$\tag{5-4}$$

式中:$\theta[x_{1,j1}, \cdots, x_{B,jB}]$ 通过有限元分析获得。同样的,

$$E[\theta^2]_B = \sum_{j1=1}^{3}\sum_{j2=1}^{3}\cdots\sum_{jB=1}^{3}(w_{1,j1} \cdot w_{2,j2} \cdot \cdots \cdot w_{B,jB}) \cdot \theta^2[x_{1,j1}, x_{2,j2}, \cdots, x_{B,jB}]$$

$$\tag{5-5}$$

由此便可以得到 θ 的方差:

$$\text{Var}[\theta]_B = E[\theta^2]_B - E^2[\theta]_B \tag{5-6}$$

根据第 3 章第 3.4 节中给出的有缺陷套筒连接性能的概率模型(图 3-79),该模型以应力曲线峰值点所对应的滑移量作为表征力学性能的随机变量,计算得到该滑移量的零阶矩至五阶矩分别为:$E[X_i{}^0] = 1$,$E[X_i] = 4.18$,$E[X_i{}^2] = 24.35$,$E[X_i{}^3] = 161.80$,$E[X_i{}^4] = 1\,139.4$,$E[X_i{}^5] = 8\,278.6$,代入式(5-3)的非线性方程组中解得:

$$\begin{cases} x_{i,1} = 1.22, & w_{i,1} = 0.377 \\ x_{i,2} = 4.38, & w_{i,2} = 0.318 \\ x_{i,3} = 7.61, & w_{i,3} = 0.305 \end{cases} \tag{5-7}$$

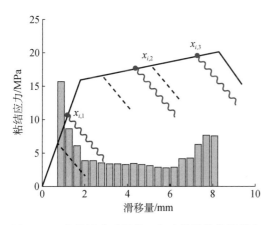

图 5-10　点估计法采用的三条连接性能曲线样本

这几个解对应的灌浆套筒连接性能曲线如图 5-10 所示。

当缺陷套筒连接的个数为 B 时,每个缺陷套筒连接性能的随机性用上述 3 条波浪线描述,则共有 3^B 种组合,需要进行 3^B 次有限元模拟分析,利用前面的公式(5-4)~(5-6)便可计算出力学性能参数(θ)的均值和方差。

图 5-11 给出了当 $B=2$ 时,点估计方法中利用不同样本组合情况所得到的弯矩-转角曲线。当 $B=2$ 时,共有 9 种组合,但是由于有些组合相互重复,因此图 5-11 给出了独立的 6 条曲线。可以看出,灌浆套筒连接缺陷并不影响结构的初始刚度,但会导致承载力提前进入下降段。因此描述转动弹簧 S_1 的受力性能的随机变量有两个:承载力开始下降时的转角(r)和下降后的弯矩值(M_d)。分别分析 $B=1$、$B=2$、$B=3$、$B=4$ 的情况,利用式(5-4)~式(5-6)对这些弯矩-转角曲线进行系统归纳,得到 r 和 M_d 的均值、标准差,列在表 5-1 中。

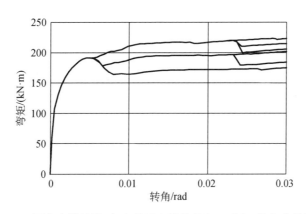

图 5-11　两个套筒缺陷时,点估计方法的几条 S_1 弯矩-转角曲线样本

表 5-1　不同缺陷套筒个数下,转动弹簧 S_1 的概率模型

	$B=1$		$B=2$		$B=3$		$B=4$	
	r	$M_d/(kN \cdot m)$	r	$M_d/(kN \cdot m)$	r	$M_d/(kN \cdot m)$	r	$M_d/(kN \cdot m)$
均值	0.029	216	0.017	201	0.009 6	161	0.006 4	127
标准差	0.023	13	0.016	18	0.007 2	21	0.004 7	33

最后,考虑到缺陷套筒个数的随机性,对于给定的套筒缺陷发生率 ρ,r 和 M_d 的均值、方差可通过下式计算得到:

$$E[r] = \sum_{B=0}^{4} P_B \cdot E[r]_B = \sum_{B=0}^{4} C_4^B \rho^B (1-\rho)^{4-B} \cdot E[r]_B$$

$$E[M_d] = \sum_{B=0}^{4} P_B \cdot E[M_d]_B = \sum_{B=0}^{4} C_4^B \rho^B (1-\rho)^{4-B} \cdot E[M_d]_B$$

(5-8)

同样，r 和 M_d 的二阶矩及方差分别为：

$$E^2[r] = \sum_{B=0}^{4} P_B \cdot E^2[r]_B$$

$$E^2[M_d] = \sum_{B=0}^{4} P_B \cdot E^2[M_d]_B$$

(5-9)

$$\mathrm{Var}[r] = E[r^2] - E^2[r]$$

$$\mathrm{Var}[M_d] = E[M_d{}^2] - E^2[M_d]$$

(5-10)

根据式(5-8)～式(5-10)计算出当 $\rho = 25\%$ 和 $\rho = 50\%$ 时 r 和 M_d 的均值、标准差，如表5-2所示。

表 5-2　不同缺陷率下，转动弹簧 S_1 的概率模型

	r		M_d	
	均值	标准差	均值	标准差/(kN·m)
$\rho = 25\%$	0.029	0.009 4	213	15.3
$\rho = 50\%$	0.019	0.008 7	192	27.3

研究发现，随着缺陷程度的不同，S_1 曲线下降点对应的转角介于 0.005 至 0.05 之间，因此可用上下界分别为 0.005 和 0.05 的 Beta 分布描述 r 的概率分布特征，其概率密度函数表示为：

$$f_R(x) = \frac{\Gamma(a+b)}{\Gamma(a)\,\Gamma(b)} \left(\frac{x-L}{U-L}\right)^{a-1} \left(\frac{U-x}{U-L}\right)^{b-1}$$

(5-11)

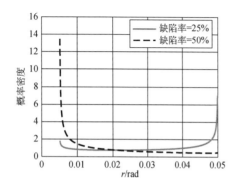

图 5-12　S_1 下降点的转角（r）的概率分布

式中：U、L 分别为 Beta 分布的上界和下界，$U = 0.05$，$L = 0.005$；a、b 是 Beta 分布的两个形状参数。根据均值和标准差，计算出 a、b 的值：当 $\rho = 25\%$ 时，$a = 0.56$，$b = 0.79$；当 $\rho = 50\%$ 时，$a = 0.96$，$b = 0.43$。r 的概率分布如图 5-12 所示。

下降后的弯矩值（M_d）可用对数正态分布描述，概率密度函数为：

$$f_r(x) = \frac{1}{\sqrt{2\pi}\,x\xi} \exp\left[-\frac{1}{2}\left(\frac{\ln x - \mu}{\xi}\right)^2\right]$$

(5-12)

式中：μ 为对数均值；ξ 为对数标准差。根据表 5-2 中的均值和标准差，计算出 μ、ξ 的值：当 $\rho = 25\%$ 时，$\mu = 5.36$，$\xi = 0.072$；当 $\rho = 50\%$ 时，$\mu = 5.25$，$\xi = 0.142$。M_d 的概率分布如图 5-13 所示。

由于 M_d 与 r 这两个随机变量的相关性很强，因此在后面的分析中假设二者完全相关。

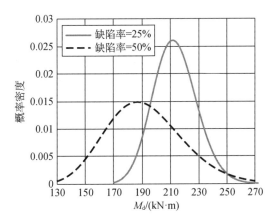

图 5-13 S_1 下降后的弯矩（M_d）的概率分布

为了获得转动弹簧 S_2 的不确定性受力模型，首先建立如图 5-6 所示的有限元模型，这个模型模拟了节点区混凝土对梁下部纵筋的粘结作用。混凝土浇筑不密实会导致粘结强度下降，下降的程度（g_1）在研究中作为随机变量处理。相比于图 5-9 中无缺陷的粘结强度-滑移曲线，假设混凝土浇筑不密实导致粘结强度的下降程度在 0 和 50% 间均匀分布。

依然采用点估计的方法获得转动弹簧 S_2 受力性能的概率统计特征。由于只有一个随机变量 g_1，可采用 5 样本点、5 权重系数进行统计参数的估计，样本点满足随机变量 g_1 的前 9 阶矩。g_1 为 0 到 0.5 之间的均匀分布，其前 9 阶矩在表 5-3 中给出。

表 5-3 g_1 的前 9 阶矩

阶次	1	2 (10^{-1})	3 (10^{-1})	4 (10^{-1})	5 (10^{-2})	6 (10^{-2})	7 (10^{-3})	8 (10^{-3})	9 (10^{-3})
矩	0.25	0.833	0.313	0.125	0.521	0.223	0.975	0.434	0.195

将前 9 阶矩代入方程（5-3）中，解出 g_1 的 5 个样本点和相应的 5 个权重系数分别为：

$$
\begin{aligned}
x_1 &= 0.047; \quad w_1 = 0.2 \\
x_2 &= 0.149; \quad w_2 = 0.2 \\
x_3 &= 0.250; \quad w_3 = 0.2 \\
x_4 &= 0.348; \quad w_4 = 0.2 \\
x_5 &= 0.456; \quad w_5 = 0.2
\end{aligned}
\tag{5-13}
$$

这 5 个样本点对应的粘结强度-滑移曲线如图 5-14 所示。将这几条滑移曲线代入有限元模型中,进行模拟分析,得到梁端弯矩-转角曲线如图 5-15 所示,并与无粘结缺陷的情况进行了对比(图中最上方的粗虚线)。可以看出,随着粘结缺陷程度的增加,梁端转动刚度和抗弯承载力均有所下降。因此描述转动弹簧 S_2 的受力性能的随机变量有两个:转动刚度(K_2)和极限弯矩(M_u)。由于这两个随机变量的相关性很强,即转动刚度很大时,极限弯矩通常很大,因此本研究假设二者完全相关,且均用对数正态描述其概率分布。利用式(5-4)~式(5-6)对这 5 条弯矩-转角曲线进行系统归纳,得到 K_2 的均值为 4.63×10^4 kN·m、标准差为 0.96×10^4 kN·m,M_u 的均值为 152 kN·m、标准差为 16.3 kN·m,二者的概率分布如图 5-16 所示。

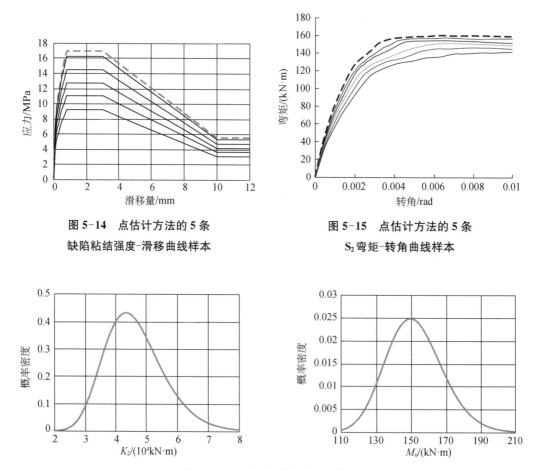

图 5-14　点估计方法的 5 条
缺陷粘结强度-滑移曲线样本

图 5-15　点估计方法的 5 条
S_2 弯矩-转角曲线样本

图 5-16　S_2 中两个参数的概率模型

与 S_2 类似,为了获得转动弹簧 S_3 的不确定性受力模型,首先建立如图 5-8 所示的有限元模型,这个模型模拟了节点区混凝土强度对抗剪性能的影响。混凝土浇筑不密实会导致节点区混凝土力学性能下降,下降的程度(g_2)在研究中作为随机变量处理。相比于图 5-9 中浇筑密实的混凝土应力-应变曲线,假设混凝土浇筑不密实导致力学性能的下降程度在 0 和 50% 间均匀分布。采用 5 个样本点、5 个权重系数进行统计参数的估计,g_2 的 5 个样本点和相应的 5 个权重系数在式(5-13)中给出。

这 5 个样本点对应的混凝土应力-应变关系曲线如图 5-17 所示。将这几条滑移曲线代入有限元模型中,进行模拟分析,得到节点区剪力-剪切变形关系曲线如图 5-18 所示,并与浇筑密实的情况进行了对比(图中最上方的粗虚线)。可以看出,随着混凝土浇筑缺陷程度的增加,节点区的抗剪刚度和抗剪承载力均有所下降。因此描述转动弹簧 S_3 的受力性能的随机变量有两个:转动刚度(K_3)和屈服弯矩(M_y),并考虑屈服后的强化,强化比为 0.03。与 S_2 类似,假设 K_3 和 M_y 这两个随机变量完全相关。利用式(5-4)~式(5-6)对这 5 条弯矩-转角曲线进行系统归纳,并考虑节点区 400 mm×400 mm 的尺寸,得到 K_3 的均值为 $20.1×10^4$ kN·m、标准差为 $2.7×10^4$ kN·m,M_y 的均值为 182 kN·m、标准差为 22.3 kN·m,二者的概率分布如图 5-19 所示。

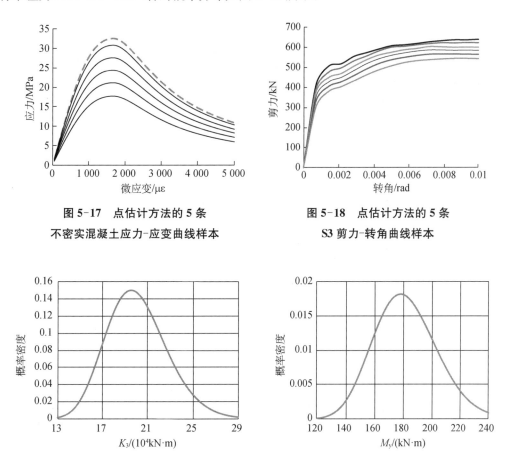

图 5-17　点估计方法的 5 条
不密实混凝土应力-应变曲线样本

图 5-18　点估计方法的 5 条
S3 剪力-转角曲线样本

图 5-19　S_3 中两个参数的概率模型

5.1.4　考虑缺陷的装配式剪力墙有限元模型

目前,我国广泛采用的钢筋混凝土房屋建筑结构中,除了框架结构外,其他结构体系中大多有剪力墙的存在。剪力墙是多层及高层钢筋混凝土建筑中的主要抗侧力结构单元。剪力墙承载能力强,侧向刚度大,在风荷载及地震荷载的作用下变形小,容易满足层间位移角的限值。

全部或部分剪力墙采用预制墙板构建成的装配整体式混凝土结构称为装配整体式剪力墙结构。预制墙板一般包括整体预制墙板和叠合形式的墙板。对于整体预制剪力墙,整个剪力墙墙体均在工厂预制完成之后运输至现场,剪力墙板的竖向连接主要通过剪力墙板竖向钢筋的连接实现,一般可采用套筒灌浆连接或浆锚搭接两种钢筋连接技术。对于叠合形式的剪力墙,剪力墙采用预制内、外叶墙板,墙板件填充现浇混凝土,剪力墙板竖向连接主要通过中部后插钢筋及现浇混凝土实现,因此主体结构实质上仍然是现浇混凝土结构[4]。

从剪力墙的受力特征上看,剪力墙板竖向钢筋的连接可靠性直接决定了构件及结构的整体性以及抗震性能。然而,对于装配式剪力墙而言,目前同样存在施工方法不完善、施工现场管理不规范、施工质量难以保证的问题。其中,钢筋竖向连接套筒的灌浆缺陷就可能成为影响剪力墙结构整体性能的一个关键因素。

本章节为了分析套筒缺陷对于后浇整体式剪力墙抗震性能的影响,对如图5-20所示的剪力墙模型进行了研究。该剪力墙通过12个套筒连接,而中部4个套筒的性能变化对于剪力墙的影响较小。为简化起见,本研究只分析外侧8个套筒连接缺陷对于剪力墙受力性能的影响。

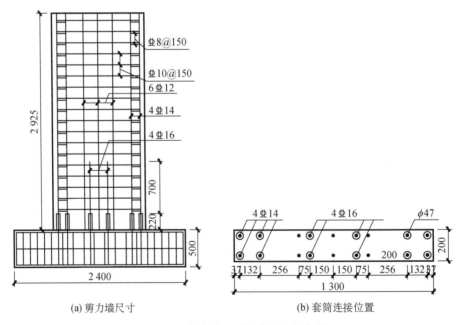

图 5-20 剪力墙尺寸及套筒连接位置

在ABAQUS平台上建立的剪力墙有限元模型如图5-21所示[5]。模型的混凝土部分采用实体六面体单元C3D8R,钢筋部分及套筒连接部分采用二节点桁架单元T3D2。

根据第 3 章中的试验结果调整套筒连接部分的应力-应变关系,可以模拟套筒缺陷对于剪力墙模型力学性能的影响。

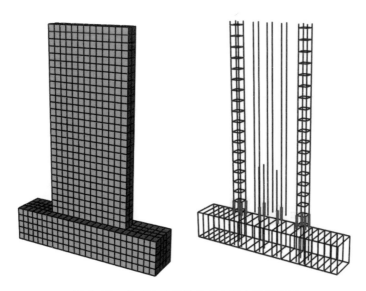

图 5-21　考虑连接缺陷的剪力墙有限元模型

5.1.5　装配式剪力墙力学性能的不确定性模型

与 5.1.3 节所述的预制柱底灌浆套筒连接类似,影响剪力墙连接性能不确定性的因素也分为 3 种:缺陷套筒连接个数的随机性、缺陷套筒连接位置的随机性、缺陷套筒连接受力性能的随机性。

（1）缺陷套筒连接个数的随机性

由于套筒缺陷只影响连接的受拉性能,不影响受压性能,因此只考虑受拉一侧出现缺陷的影响。若受拉一侧共有 m 个套筒连接,缺陷的发生率为 ρ,则其中 n 个套筒有缺陷的概率由式(5-2)给出。

（2）缺陷套筒连接位置的随机性

根据受拉一侧套筒连接距中性轴位置的不同,可以将缺陷套筒可能出现的位置分为如下几种情况分别讨论:

① 一个套筒缺陷

对于只有一个套筒发生缺陷的情况,可能会有两种不同的情形出现,分别命名为情形 $(1,1)$ 和情形 $(1,2)$,如图 5-22(a)所示。每种情形的发生概率相同,即:

$$P_{(1,1)} = 1/2, \ P_{(1,2)} = 1/2 \tag{5-14}$$

② 两个套筒缺陷

对于两个套筒发生缺陷的情况,可能会出现情形 $(2,1)$、情形 $(2,2)$、情形 $(2,3)$,如图 5-22(b)所示。每种情形的发生概率为:

$$P_{(2,1)}=1/6, \ P_{(2,2)}=1/6, \ P_{(2,3)}=2/3 \tag{5-15}$$

③ 三个套筒缺陷

对于三个套筒发生缺陷的情况,可能会出现情形(3,1)和情形(3,2),如图5-22(c)所示。每种情形的发生概率为:

$$P_{(3,1)}=1/2, \ P_{(3,2)}=1/2 \tag{5-16}$$

④ 四个套筒缺陷

四个套筒发生缺陷时只有一种情形,命名为情形(4,1),如图5-22(d)所示。该情形的发生概率为:

$$P_{(4,1)}=1 \tag{5-17}$$

⑤ 无套筒缺陷

所有套筒均无缺陷发生时也只有一种情形,命名为情形(0,1),如图5-22(e)所示。该情形的发生概率为:

$$P_{(0,1)}=1 \tag{5-18}$$

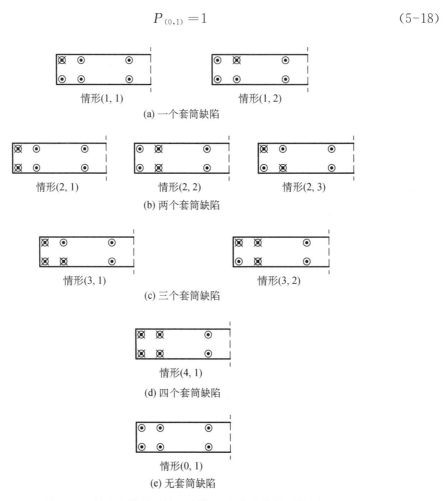

图 5-22 缺陷套筒位置的可能情形(仅考虑套筒受拉侧)

（3）缺陷套筒连接受力性能的随机性

套筒连接受力性能的概率分布特征已在第 3 章第 3.4 节给出，此处不再赘述。

与研究梁柱节点 S_1 模型的力学性能不确定性类似，由于有限元模拟分析的计算代价巨大，本研究利用点估计的方法对随机变量进行抽样，从而得到剪力墙抗震性能的统计模型。

应用点估计的方法，当出现 B 个缺陷时（对于本例的剪力墙而言，$B=1\sim4$），则模拟中随机变量的个数为 B，分别为 X_1，X_2，$\cdots$，X_B。对于上述描述的某个情形 (B,k)，研究中的每个随机变量 (X_i) 选用 3 个样本点 $(x_{i,1}，x_{i,2}，x_{i,3})$ 和 3 个权重系数 $(w_{i,1}，w_{i,2}，w_{i,3})$ 描述，则剪力墙力学性能参数 (θ) 的均值表示为：

$$E[\theta]_{(B,k)}=\sum_{j1=1}^{3}\sum_{j2=1}^{3}\cdots\sum_{jB=1}^{3}(w_{1,j1}\cdot w_{2,j2}\cdot\cdots\cdot w_{B,jB})\cdot\theta[x_{1,j1},x_{2,j2},\cdots,x_{B,jB}]$$

(5-19)

式中：$\theta[x_{1,j1},\cdots,x_{B,jB}]$ 通过有限元分析获得。同样的，

$$E[\theta^2]_{(B,k)}=\sum_{j1=1}^{3}\sum_{j2=1}^{3}\cdots\sum_{jB=1}^{3}(w_{1,j1}\cdot w_{2,j2}\cdot\cdots\cdot w_{B,jB})\cdot\theta^2[x_{1,j1},x_{2,j2},\cdots,x_{B,jB}]$$

(5-20)

再考虑到上述的缺陷套筒连接位置的随机性，则当 B 个缺陷发生的时候，剪力墙力学性能参数 (θ) 的均值表示为：

$$E[\theta]_B=\sum_k P_{(B,k)}E[\theta]_{(B,k)}$$

(5-21)

式中：$P_{(B,k)}$ 已在式(5-14)～式(5-18)中给出。

同样的，力学性能参数 (θ) 的二阶矩可以表示为：

$$E[\theta^2]_B=\sum_k P_{(B,k)}E[\theta^2]_{(B,k)}$$

(5-22)

这样便可以得到力学性能参数 (θ) 的方差：

$$\mathrm{Var}[\theta]_B=E[\theta^2]_B-E^2[\theta]_B$$

(5-23)

描述套筒连接力学性能随机变量的 3 个样本点见式(5-7)和图 5-10。将上述样本点代入有限元模型中进行计算，可以得到当缺陷套筒个数分别为 1 到 4 时剪力墙模型的一些典型力-位移曲线，如图 5-23 所示。通过分析这些曲线的特征可以看出，套筒缺陷对剪力墙模型的力-位移曲线的影响主要体现在峰值点的变化和下降段斜率的变化。因此在本研究中，选取峰值点位移与屈服点位移之差（$\Delta'=\Delta_u-\Delta_y$）、下降段斜率 (K') 两个参数作为描述剪力墙力学性能的参数。通过上述点估计方法，可以计算得到当缺陷套筒个数 B 分别为 1 至 4 时，Δ' 与 K' 的均值及方差，见表 5-4。

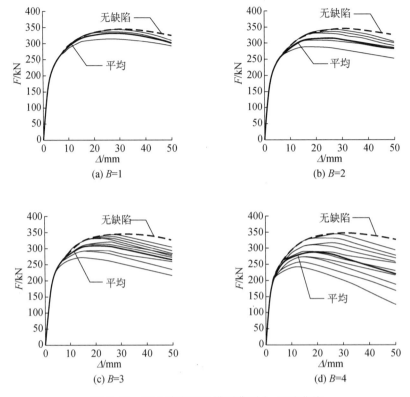

图 5-23 剪力墙有限元模型典型力-位移曲线

表 5-4 剪力墙力学性能参数（$\Delta_y = 3.6$ mm）

	$B = 1$		$B = 2$		$B = 3$		$B = 4$	
	Δ' /mm	K' /(kN·mm^{-1})	Δ' /mm	K' /(kN·mm^{-1})	Δ' /mm	K' /(kN·mm^{-1})	Δ' /mm	K' /(kN·mm^{-1})
均值	22.6	−1.45	17.9	−1.68	16.0	−1.96	13.2	−2.25
方差	3.70	0.15	8.56	0.17	12.11	0.21	15.67	0.25

注：无套筒缺陷（$B=0$）时 $\Delta'=27.2$ mm，$K'=-1.10$ kN/mm。

最后，根据式(5-8)～式(5-10)，考虑缺陷套筒个数的随机性，计算出当缺陷发生率从 0 变化至 100% 时 Δ' 与 K' 均值的变化，如图 5-24 所示。

本研究假设 Δ' 与 K' 服从对数正态分布，当缺陷率 $\rho = 25\%$ 和 50% 时，二者的概率分布如图 5-25 所示。

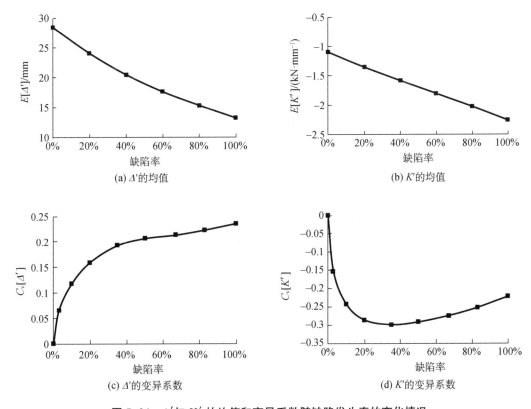

(a) Δ' 的均值   (b) K' 的均值

(c) Δ' 的变异系数   (d) K' 的变异系数

图 5-24 Δ' 与 K' 的均值和变异系数随缺陷发生率的变化情况

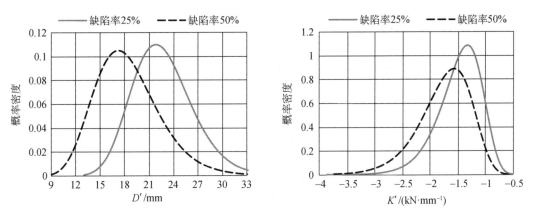

图 5-25   反映剪力墙力学性能不确定性的两个参数的概率模型

5.2   装配式混凝土结构地震安全性分析

5.2.1   地震易损性分析方法简介

地震易损性分析主要用来预测结构在各种强度等级地震作用下发生不同程度破坏的

概率,对于评价结构的抗震性能,以及结构抗震设计与性能加固的决策都具有重要参考意义。

结构的地震易损性(F_R)是指在给定强度的地震作用下,结构达到或超过某种结构极限状态(LS)的条件失效概率[6]。该条件概率可以表示为:

$$F_R[y] = P[LS \mid IM = y] \tag{5-24}$$

式中:IM 代表地震动的强度参数,例如地震峰值加速度(PGA)、结构基准周期反应谱加速度(S_a)等。

地震易损性主要反映为两个量的比较:结构的地震需求(Seismic demand)与抗震能力(Seismic capacity)。结构的抗震能力通常表示为结构达到某种极限状态或者遭受一定程度破坏前所能承受的结构反应,例如,多层框架结构的抗震能力通常表示为发生某种程度破坏的最大层间位移角限值($\theta_{\lim}$),当结构地震下的结构最大层间位移角超过了 $\theta_{\lim}$,则结构达到了 $\theta_{\lim}$ 所对应的破坏等级,反之则未达到。FEMA-273[7]对不同类型结构、不同破坏程度都进行了 $\theta_{\lim}$ 的规定,可作为研究参考。但是即使对于同一种结构类型,由于在整体布局、结构尺寸、材料性能等方面存在诸多差异,针对某一破坏程度 i,结构的抗震能力 $\theta_{\lim,i}$ 仍然具有显著的不确定性,在研究中,通常假设为对数正态分布,其变异系数在 $0.6 \sim 0.8$ 之间[8]。

结构的地震需求表示为结构在地震作用下的最大结构反应,它的不确定性主要由地震的不确定性以及结构自身的不确定性引起。通常情况下,地震的不确定性对结构安全性的影响明显大于结构自身的不确定性,占主导地位,导致结构自身的不确定性显得无足轻重,因此在地震安全性分析中为了简便起见,往往假设结构是确定性的。但是,当考虑随机缺陷的影响时,结构自身的不确定性显著增大,其影响必须在地震安全性分析中加以考虑,不能忽略。关于地震的不确定性,无论用哪个强度参数表示地震强度,都不能完全反映不同地震动在频谱特征、持时等方面的区别,导致结构在强度参数相等的不同地震动作用下,动力响应往往差异显著。为了考虑这种不确定性,研究中往往采取一系列地震动记录进行结构的非线性时程分析,分别获得结构在这些地震作用下的结构反应(θ_i),然后将结构反应(θ_i)与地震动强度参数(IM_θ)的关系用幂函数表示[9]:

$$\theta = a \cdot IM^b \cdot \varepsilon \tag{5-25}$$

式中:a 与 b 是通过回归分析估计得到的两个拟合参数;ε 是反应数值离散性,即模型不确定性的参数,用均值为 1 的对数正态分布描述。式(5-25)可以改写为:

$$\ln\theta = \ln a + b \cdot \ln(IM) + \ln\varepsilon \tag{5-26}$$

令

$$\ln\hat{\theta} = \ln a + b \cdot \ln(IM) \tag{5-27}$$

则

$$\ln\varepsilon = \ln\theta - \ln\hat{\theta} \tag{5-28}$$

由于 ε 满足对数正态分布,其对数 lnε 则为均值＝0 的标准正态分布。ε 的对数标准差通过下式计算得到:

$$\sigma_{\text{ln}\varepsilon} = \sqrt{\frac{\sum\limits_{i=1}^{n}(\ln\theta - \ln\hat{\theta})}{n}} \tag{5-29}$$

式中:n 为拟合结构反应(θ)与地震动强度(IM)的幂函数关系所选取的点个数。对数标准差 $\sigma_{\text{ln}\varepsilon}$ 描述了结构反应与地震动强度之间幂函数关系的不确定性,这是由于不同地震动的频谱特征、持时等存在差异,导致相同强度的地震动引起的结构动力响应存在差异。

有了地震需求和结构抗震能力的概率分布,结构达到或超过某种破坏程度(LS_i)的概率则可表示成:

$$P[LS_i] = P[\theta - \theta_{\text{lim},i} \geqslant 0] \tag{5-30}$$

式中:$\theta_{\text{lim},i}$ 表示结构对破坏程度 i 的抗震能力,即要使结构发生程度 i 的破坏,结构地震反应需达到的限值。

由于地震需求与地震能力均假设为对数正态分布的随机变量,结构达到某一破坏程度的易损性方程可进一步写作:

$$F_{R,i}[y] = P[LS_i \mid IM = y] = \Phi\left[\frac{\ln(a \cdot y^b) - \ln(\tilde{\theta}_{\text{lim},i})}{\xi_F}\right] \tag{5-31}$$

式中:$\Phi[\cdot]$ 为标准正态分布的累计分布函数;$\tilde{\theta}_{\text{lim},i}$ 表示结构对破坏程度 i 的抗震能力($\theta_{\text{lim},i}$)的中值;ξ_F 表示结构易损性方程的对数标准差,包括结构地震需求的不确定性和结构抗震能力的不确定性两方面,即:

$$\xi_F = \sqrt{\sigma_{\text{ln}\varepsilon}{}^2 + \xi_{\text{lim},i}{}^2} \tag{5-32}$$

式中:$\xi_{\text{lim},i}$ 表示结构对破坏程度 i 的抗震能力($\theta_{\text{lim},i}$)的对数标准差。

通过以上方法,连续改变地震动强度($IM = y$)的取值,可以计算得到一条光滑曲线 $F_R[y]$,即为地震易损性曲线。

5.2.2 考虑节点缺陷的装配式混凝土框架结构模型

(1) 结构设计

为研究梁柱节点连接性能缺陷对装配式混凝土框架结构体系安全性的影响,本研究遵照《建筑抗震设计规范》(GB 50011—2010)、《混凝土结构设计规范》(GB 50010—2010)以及《装配式混凝土结构技术规程》(JGJ 1—2014)的要求,进行装配式框架结构设计。结构模型为 5 层钢筋混凝土框架住宅类结构,各层层高均为 3.3 m,建筑总高度 16.5 m。X 方向为 5 跨,跨度为 3.6 m,Y 方向为 3 跨,边跨度为 4.5 m,中跨度为 1.8 m,结构平面布置如图 5-26 所示。

模型位于北京市,抗震设防烈度 8 度($PGA = 0.2\ g$)。结构屋面恒载为 5 kN/m²,楼面屋载为 0.5 kN/m²,楼面恒载为 4 kN/m²,楼面活载为 2 kN/m²。梁和柱的截面尺寸及配筋见图 5-3。楼板厚度为 120 mm，梁柱均采用 C50 混凝土，纵向受力钢筋为 HRB400，箍筋为 HRB335。梁柱均采用预制构件，通过后浇整体式节点进行梁柱的拼接，节点详图如图 5-3 所示。

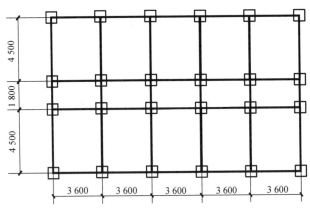

图 5-26　混凝土框架结构平面图

(2) 有限元模型及地震记录

该装配式混凝土框架结构在 OpenSees 中进行有限元建模和地震响应的分析。

OpenSees 中，混凝土材料采用 Concrete01 模型，相关参数按照《混凝土结构设计规范》(GB 50010—2010)的规定选取，如图 5-9 所示。钢筋材料采用 Steel01 模型，相关参数按照《混凝土结构设计规范》(GB 50010—2010)的规定选取，假设屈服后有 3% 的强化率。框架中的梁、柱采用塑性纤维梁柱单元；梁柱-节点采用如图 5-4 所示的多弹簧模型，模拟连接缺陷对抗震性能的影响，相关参数按照弹簧受力性能的概率分布特征选取。选取结构沿 Y 方向的一榀框架进行地震响应分析，OpenSees 中的有限元模型如图 5-27 所示。

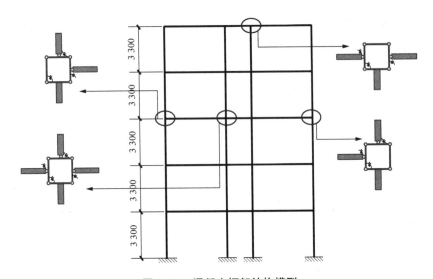

图 5-27　混凝土框架结构模型

当梁柱节点连接不出现缺陷的时候，OpenSees 计算出结构的基本自振周期为 0.92 s。结构地震响应分析时假设结构的阻尼比为 5%。

如表 5-5 所示，选择了 20 条地震动记录，计算结构在地震作用下的响应。这些地震动记录来自美国 PEER 数据库，广泛应用于 ATC、FEMA 及其他抗震研究机构进行结构抗震研究和评估。表 5-5 中所列的地震动记录不同程度地进行了调幅，使其与当地的地震危险性基本一致。图 5-28 给出了这 20 条地震动记录的加速度反应谱，以及规范中规定的罕遇地震的目标谱，可以看出这 20 条地震动记录具有较大的离散性，但总体情况与目标谱保持一致，能够反映当地的地震动特征。

在下面的研究中，以地震动的地面峰值加速度（PGA）作为表征地震动强度的指标。以北京为例，与 50 年超越概率 2%、10% 和 63% 相对应的地震峰值加速度分别为 0.2 g、0.1 g 和 0.05 g，重现期分别为 2 475 年、475 年和 50 年。

表 5-5 地震动记录

编号	基本描述	震级	震中距/km	数据点数	时间间隔/s	PGA/g
la01	Imperial Valley, 1940, El Centro	6.9	10.0	2 674	0.020	0.31
la02	Imperial Valley, 1940, El Centro	6.9	10.0	2 674	0.020	0.46
la03	Imperial Valley, 1979, Array #05	6.5	4.1	3 939	0.010	0.27
la04	Imperial Valley, 1979, Array #05	6.5	4.1	3 939	0.010	0.33
la05	Imperial Valley, 1979, Array #06	6.5	1.2	3 909	0.010	0.20
la06	Imperial Valley, 1979, Array #06	6.5	1.2	3 909	0.010	0.16
la07	Landers, 1992, Barstow	7.3	36.0	4 000	0.020	0.29
la08	Landers, 1992, Barstow	7.3	36.0	4 000	0.020	0.29
la09	Landers, 1992, Yermo	7.3	25.0	4 000	0.020	0.35
la10	Landers, 1992, Yermo	7.3	25.0	4 000	0.020	0.24
la11	Loma Prieta, 1989, Gilroy	7.0	12.0	2 000	0.020	0.45
la12	Loma Prieta, 1989, Gilroy	7.0	12.0	2 000	0.020	0.66
la13	Northridge, 1994, Newhall	6.7	6.7	3 000	0.020	0.46
la14	Northridge, 1994, Newhall	6.7	6.7	3 000	0.020	0.45
la15	Northridge, 1994, Rinaldi RS	6.7	7.5	2 990	0.005	0.36
la16	Northridge, 1994, Rinaldi RS	6.7	7.5	2 990	0.005	0.39
la17	Northridge, 1994, Sylmar	6.7	6.4	3 000	0.020	0.39
la18	Northridge, 1994, Sylmar	6.7	6.4	3 000	0.020	0.55
la19	North Palm Springs, 1986	6.0	6.7	3 000	0.020	0.69
la20	North Palm Springs, 1986	6.0	6.7	3 000	0.020	0.67

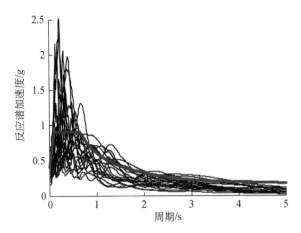

图 5-28 地震动记录的加速度反应谱

5.2.3 装配式混凝土框架结构的地震安全性分析

对装配式混凝土框架结构而言,节点缺陷的随机性体现在 3 个方面:个数的随机性、位置的随机性、受力性能的随机性。

个数的随机性体现在:若结构中共有 m 个节点,节点缺陷的发生率为 λ,则其中 n 个节点有缺陷的概率为:

$$P_n = C_m^n \lambda^n (1-\lambda)^{m-n} \tag{5-33}$$

式中:C_m^n 表示从 m 个样本中选出 n 个样本的组合个数。

位置的随机性和受力性能的随机性通过蒙特卡洛模拟的方法进行考虑,流程图如图 5-29 所示。

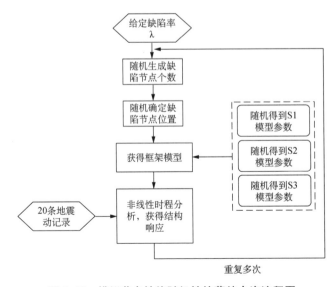

图 5-29 模拟节点性能随机性的蒙特卡洛流程图

在下面的分析中,蒙特卡洛模拟的次数设定为 1 000 次。针对每条地震动,蒙特卡洛生成 1 000 个有缺陷结构的样本,分别进行非线性动力响应的计算。在节点缺陷率 λ = 50%、地震动记录为 la01 的情况下,选取了几条最大层间位移角时程的样本曲线,如图 5-30 所示。

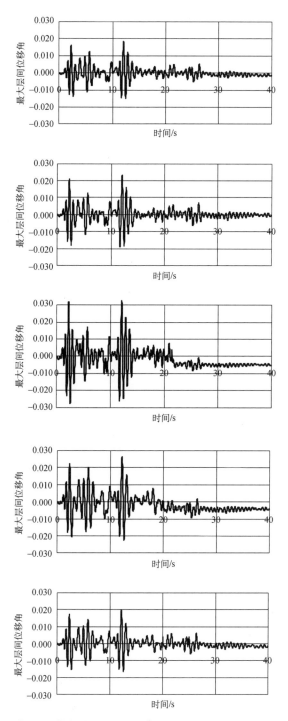

图 5-30　la01 地震下,节点缺陷率为 50% 的混凝土框架最大层间位移角时程曲线

可以看出由于节点缺陷随机性的存在,结构响应也表现出显著的变异性。为了研究节点缺陷随机性对结构响应变异性的影响,选取缺陷率 $\lambda = 50\%$,地震动分别是 la01、la07、la13、la18 的情况,对 1 000 个最大层间位移角的样本进行了统计分析,如图 5-31 所示。

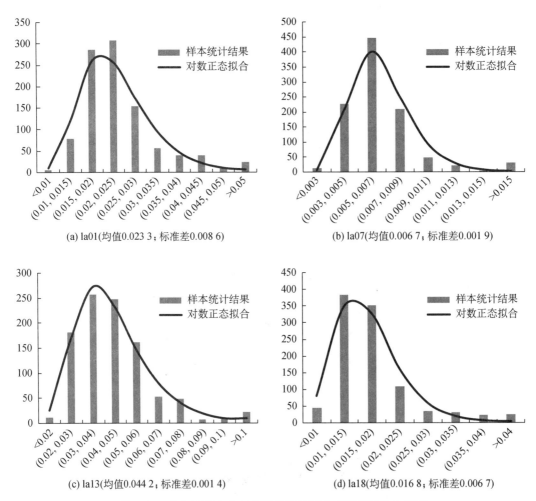

图 5-31　节点缺陷率为 50% 的结构地震响应的随机分布情况

由图 5-31 可以看出,当节点缺陷率为 50% 时,结构最大层间位移角的概率分布基本符合对数正态分布,变异系数为 0.35 左右。当节点缺陷率有所改变时,研究发现最大层间位移角依然基本符合对数正态分布,变异系数变化不大,因此本研究用对数正态描述给定地震动下的最大层间位移角的概率分布情况,并且认为对数标准差为 0.35。

针对每条地震动,计算出 1 000 个有缺陷结构样本的最大层间位移角的均值,其与地面峰值加速度 PGA 的关系如图 5-32 所示。图 5-32 中分别对比了无缺陷 $\lambda = 0$、缺陷率 $\lambda = 25\%$、缺陷率 $\lambda = 50\%$ 的情况,可以看出,随着缺陷率的增加,结构响应显著加剧,最大层间位移角的均值($\hat{\theta}$)与地面峰值加速度的关系分别为:

$$\hat{\theta} = 0.045\ 4PGA^{0.91},\ \sigma_{\ln\hat{\epsilon}} = 0.519\ (\lambda = 0)$$
$$\hat{\theta} = 0.054\ 1PGA^{0.93},\ \sigma_{\ln\hat{\epsilon}} = 0.527\ (\lambda = 25\%) \tag{5-34}$$
$$\hat{\theta} = 0.083\ 6PGA^{0.96},\ \sigma_{\ln\hat{\epsilon}} = 0.540\ (\lambda = 50\%)$$

式中：$\sigma_{\ln\hat{\epsilon}}$ 描述结构动力响应的均值（$\hat{\theta}$）与地震动强度之间指数关系的不确定性,由于不同地震动的频谱特征、持时等存在差异,导致相同 PGA 的地震动引起的结构动力响应存在差异,表现为图 5-32 中各点围绕拟合曲线的离散性。

对于缺陷率 $\lambda = 0$ 的情况,由于不存在缺陷随机性导致的结构响应的不确定性,因而地震需求的不确定性完全体现为式（5-34）中对应关系的不确定性,即：$\sigma_{\ln\epsilon} = \sigma_{\ln\hat{\epsilon}} = 0.519$。对于缺陷率 $\lambda = 25\%$、$\lambda = 50\%$ 的两种情况,结构动力响应 θ 的不确定性包括两部分：缺陷随机性引起的、结构响应与地震动强度的关系不确定性引起的,因此：

$$\sigma_{\ln\epsilon} = \sqrt{\sigma_{\ln\hat{\epsilon}}^2 + \sigma_{\ln\hat{\theta}}^2} \tag{5-35}$$

式中,$\sigma_{\ln\hat{\theta}} = 0.35$,如图 5-31 所示。

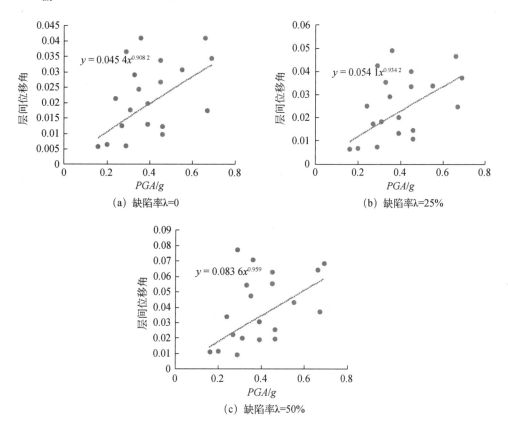

图 5-32　不同缺陷率下结构最大层间位移角及其与 PGA 的关系

在地震易损性分析当中,对于混凝土框架结构,常用最大层间位移角表征结构破坏程度的大小。例如,FEMA 273[7]把结构破坏程度划分为"Immediate Occupancy（IO）""Life Safety（LS）""Collapse Prevention（CP）"和"Incipient Collapse（IC）"四个等级,并以地震过程中的最大层间位移角为标准进行了规定,如表5-6所示。这里需要指出的是,对于装配式混凝土结构,这样的划分是否适用目前还没有研究给出确切说明。鉴于此,本研究继续沿用 FEMA 273 的规定。

表 5-6　框架结构破坏程度的划分

破坏程度	IO	LS	CP	IC
层间位移角($q_{\lim,i}$)	<1.0%	(1.0%,2.0%)	(2.0%,4.0%)	>4.0%

上表中的 $\theta_{\lim,i}$ 也有很大的不确定性,在没有充足补充数据的前提下,研究中通常假定 $\theta_{\lim,i}$ 也为对数正态分布,表5-6列出了均值,其对数标准差($\xi_{\lim,i}$)通常在 0.5~0.8 之间[8],本研究取 $\xi_{\lim,i} = 0.6$。

将 $\xi_{\lim,i} = 0.6$ 和式(5-35)代入式(5-32),得到结构易损性方程的对数标准差 ξ_F,再代入式(5-31)即可获得不同缺陷率下的结构易损性曲线,如图5-33所示。从图中可以看出,随着节点缺陷率的增加,结构的抗震能力明显削弱,同等地震强度下出现各种程度破坏的概率显著增大。按照"小震不坏、中震可修、大震不倒"的结构抗震要求,在小震下的轻微破坏概率、设防地震导致无法继续使用的概率、罕遇地震导致局部倒塌的概率均应低于 10%。随着缺陷率的增加,结构在 3 个等级地震下出现不同程度破坏的概率见表5-7。可以看出,缺陷率为 25% 时,结构抗震安全性已经不满足"小震不坏、中震可修、大

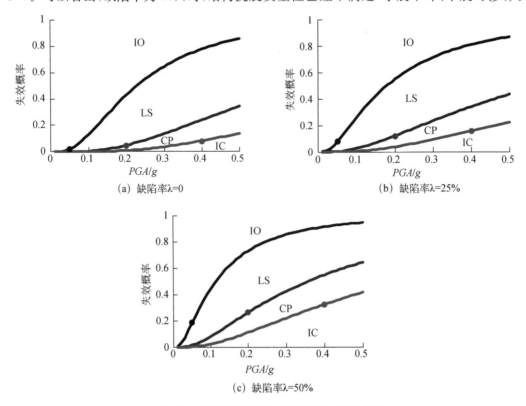

图 5-33　不同缺陷率下的框架结构易损性曲线

震不倒"的设防要求,因此控制施工中的缺陷发生率对结构地震安全性是至关重要的。

表 5-7　不同缺陷率下结构的破坏概率

	小震下,轻微破坏(LS)	设防地震下,无法使用(CP)	罕遇地震下,局部倒塌(IC)
无缺陷	2%	4%	8%
25%缺陷率	8%	12%	16%
50%缺陷率	19%	26%	33%

5.2.4　考虑连接缺陷的装配式混凝土剪力墙结构模型

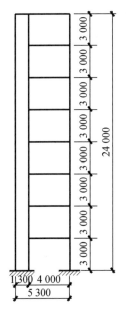

图 5-34　框架剪力墙结构
模型立面图

（1）模型介绍

本研究选取一个符合《建筑抗震设计规范》(GB 50011—2010)的简化结构模型进行分析。该结构共 8 层,位于 8 度抗震区Ⅳ类场地,设计地震分组为第一组。结构立面图如图 5-34 所示。梁截面尺寸为 250 mm× 550 mm,柱截面尺寸为 550 mm×550 mm,剪力墙尺寸见 5.1.4 节中的图 5-20。该结构中柱及剪力墙的轴压比均为 0.2,基本周期为 0.48 s。

框架剪力墙结构中,结构的刚度特征值 Z 是一个重要参数,它对框架剪力墙结构的受力及变形性能都有很大的影响。刚度特征值 Z 通过下式定义:

$$Z = H\sqrt{\frac{C_f}{EI_w}} \tag{5-36}$$

式中: H 为结构总高度; C_f 为总框架抗推刚度; EI_w 为总剪力墙抗弯刚度。可以看出,刚度特征值表征了框架刚度与剪力墙刚度的相对大小。一般认为,当 $Z=1\sim2.5$ 时,框架刚度与剪力墙刚度的比例相当,能合理发挥框架与剪力墙在结构中的协同工作能力。本例中的结构刚度特征值 $Z=1.75$。

（2）有限元模型的建立

考虑到有限元模型的计算代价,本例中使用 OpenSees 平台对整体结构进行模拟。结构中的梁、柱采用塑性纤维梁柱单元进行模拟。结构中的剪力墙沿竖向划分为 8 个单元体,每一个单元体代表结构的一层,如图 5-35 所示。剪力墙单元体通过两端的弯曲弹簧(k_1 和 k_2)以及一个剪切弹簧(k_H)来模拟剪力墙受弯、受剪的力学性能。弹簧的材料特性按照 5.1.4 节剪力墙力学性能的随机模型确定。计算得到结构基本自振周期为 0.48 s。结构地震响应分析时假设结构的阻尼比为 5%。地震动记录选取与 5.2.2 节一致。

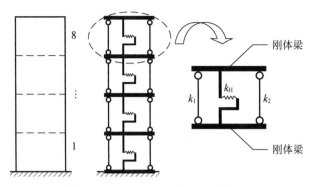

图 5-35　剪力墙单元体划分示意图

5.2.5　装配式框架剪力墙结构的地震安全性分析

　　剪力墙连接性能的随机性通过蒙特卡洛模拟的方法进行考虑，流程图如图 5-36 所示。

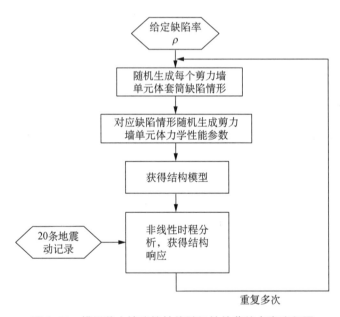

图 5-36　模拟剪力墙连接性能随机性的蒙特卡洛流程图

　　分别考虑灌浆套筒缺陷率 $\rho = 0$，$\rho = 25\%$，$\rho = 50\%$，$\rho = 75\%$，$\rho = 100\%$ 的情况，进行对比分析。针对每条地震动，利用蒙特卡洛模拟方法生成 1 000 个结构样本，进行非线性动力时程分析，获得结构反应的均值和方差。将每条地震动作用下最大层间位移角的均值（$\hat{\theta}$）和地面峰值加速度绘在图 5-37 中，二者的关系分别为：

$$\hat{\theta} = 0.023\ 2PGA^{1.14},\ \sigma_{\ln\hat{\varepsilon}} = 0.312\ (\rho = 0)$$
$$\hat{\theta} = 0.026\ 5PGA^{1.20},\ \sigma_{\ln\hat{\varepsilon}} = 0.329\ (\rho = 25\%)$$
$$\hat{\theta} = 0.031\ 1PGA^{1.22},\ \sigma_{\ln\hat{\varepsilon}} = 0.342\ (\rho = 50\%) \tag{5-37}$$
$$\hat{\theta} = 0.039\ 4PGA^{1.24},\ \sigma_{\ln\hat{\varepsilon}} = 0.347\ (\rho = 75\%)$$
$$\hat{\theta} = 0.049\ 2PGA^{1.23},\ \sigma_{\ln\hat{\varepsilon}} = 0.338\ (\rho = 100\%)$$

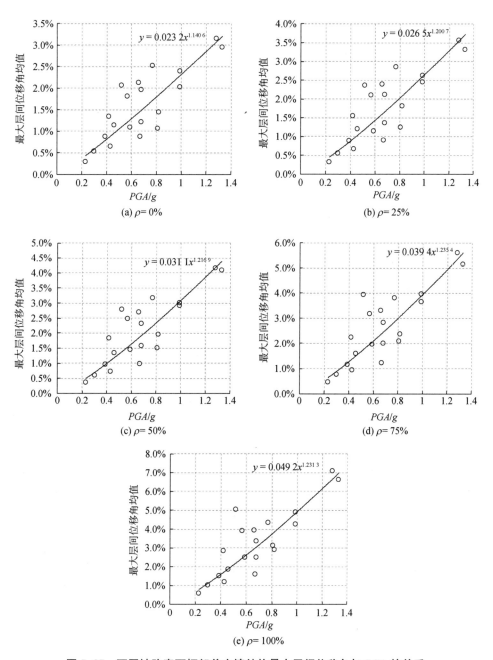

图 5-37　不同缺陷率下框架剪力墙结构最大层间位移角与 **PGA** 的关系

对于缺陷率 $\rho = 0$ 的情况,由于不存在缺陷随机性导致的结构响应的不确定性,因而 $\sigma_{\ln e} = \sigma_{\ln \hat{e}} = 0.312$。当缺陷率分别为 25%、50%、75%、100% 时,灌浆套筒缺陷随机性导致的结构动力响应的不确定性,经计算分别为 0.082、0.145、0.164、0.171。最后根据式 (5-35) 计算出结构地震需求的对数标准差 $\sigma_{\ln e}$。

对于混凝土框架剪力墙结构,同样沿用 FEMA 273 对结构破坏程度划分的四个等级 "Immediate Occupancy (IO)" "Life Safety (LS)" "Collapse Prevention (CP)" 和 "Incipient Collapse (IC)"。结构破坏程度与最大层间位移角的关系见表 5-8。

表 5-8 框架剪力墙结构破坏程度的划分

破坏程度	IO	LS	CP	IC
层间位移角($\theta_{\lim,i}$)	<0.5%	[0.5%,1%)	[1%,2%)	≥2%

将 $\xi_{\lim,i} = 0.6$、式 (5-35) 计算得到的 $\sigma_{\ln e}$ 代入式 (5-32),得到结构易损性方程的对数标准差 ξ_F,再和式 (5-37) 一起代入式 (5-31) 即可获得不同缺陷率下的结构易损性曲线,如图 5-38 所示。

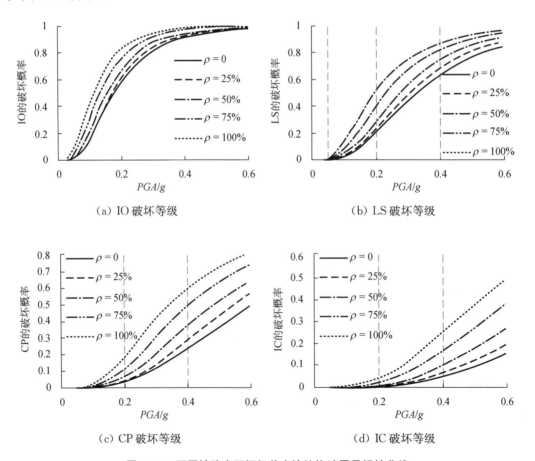

(a) IO 破坏等级 (b) LS 破坏等级

(c) CP 破坏等级 (d) IC 破坏等级

图 5-38 不同缺陷率下框架剪力墙结构地震易损性曲线

通过比较不同缺陷率下结构的易损性曲线可以看出,竖向钢筋连接套筒缺陷对于框架剪力墙结构整体地震响应有显著的影响,尤其对于较为严重的破坏状态,套筒缺陷带来的影响更为巨大。例如,当 9 度地震($PGA=0.4g$)发生时,对于无套筒缺陷($\rho=0$)的结构,局部倒塌(IC)的概率仅有 4.3%。随着缺陷发生率的增加,如图 5-38(d)所示,概率上升至 6.3%($\rho=25\%$),10.5%($\rho=50\%$),17.3%($\rho=75\%$),25.8%($\rho=100\%$)。当 8 度地震($PGA=0.2g$)发生时,如图 5-38(c)所示,不能继续使用(CP)的概率从 2.8%上升至 3.8%($\rho=25\%$),6.7%($\rho=50\%$),12.6%($\rho=75\%$),19.7%($\rho=100\%$)。而当小震($PGA=0.2g$)发生时,如图 5-38(b)所示,结构发生轻度破坏(LS)的概率很小,即使是缺陷率达到 100%,概率也只有 1.5%,说明套筒连接缺陷对结构在小震作用下的安全性几乎没有影响,因为结构处在弹性状态,套筒连接的受力很小。随着缺陷率的增加,结构在 3 个等级地震下出现不同程度破坏的概率见表 5-9。可以看出,缺陷率为 50%时,结构抗震安全性已经不满足"小震不坏、中震可修、大震不倒"的设防要求,因此现场施工中必须对灌浆套筒连接的操作过程进行严格控制,对连接质量进行严格检查,以降低缺陷发生率,这对结构地震安全性是至关重要的。

表 5-9　不同缺陷率下框架剪力墙结构的破坏概率

	小震下,轻微破坏(LS)	设防地震下,无法使用(CP)	罕遇地震下,局部倒塌(IC)
无缺陷	0.07%	2.8%	4.3%
25%缺陷率	0.07%	3.8%	6.3%
50%缺陷率	0.15%	6.7%	10.5%
75%缺陷率	0.48%	12.6%	17.3%
100%缺陷率	1.5%	19.7%	25.8%

本章参考文献

[1] Filippou F C, Popov E P, Bertero V V. Modeling of R/C joints under cyclic excitations [J]. Journal of Structural Engineering, 1983, 109(11): 2666-2684

[2] 中华人民共和国住房和城乡建设部. 混凝土结构设计规范: GB 50010-2015[S]. 北京:建筑工业出版社,2015

[3] Rosenblueth E. Two-point estimates in probabilities[J]. Appl. Math. Modeling, 1981(5): 329-335

[4] 郭正兴,朱张峰,管东芝. 装配整体式混凝土结构研究与应用[M]. 南京:东南大学出版社,2018

[5] 彭媛媛. 预制钢筋混凝土剪力墙抗震性能试验研究[D].北京:清华大学,2010

[6] Ellingwood B R. Earthquake risk assessment of building structures[J]. Reliability Engineering & System Safety, 2001, 74(3): 251-262

[7] Federal Emergency Management Agency (FEMA-273). NEHRP guidelines for the

seismic rehabilitation of buildings ［S］. Building Seismic Safety Council，Washington，D. C.，1997

［8］ Luco N，Ellingwood B R，Hamburger R O，et al. Risk-targeted versus current seismic design maps for the conterminous United States ［C］. SEAOC 2007 Convention Proceedings，2007

［9］ Cornell C A，Jalayer F，Hamburger R O . Probabilistic basis for 2000 SAC federal emergency management agency steel moment frame guidelines［J］. J Struct Eng，2002，128(4)：526-533